本书由以下项目资助

国家自然科学基金重大研究计划“黑河流域生态-水文过程集成研究”重点支持项目
“黑河流域生态系统结构特征与过程集成及生态情景研究”（91425301）

“十三五”国家重点出版物出版规划项目

黑河流域生态–水文过程集成研究

祁连山区青海云杉林空间分布特征及其水文影响

杨文娟　王彦辉　赵永宏 等　著

科学出版社　龍門書局

北京

内 容 简 介

为在祁连山区合理恢复因人类活动和气候变化等影响而减少的青海云杉林分布面积，需要通过合理经营青海云杉林，充分发挥其水文调节、木材生产、固碳释氧等多种生态服务功能，本书系统总结和论述青海云杉林的空间分布、物候响应、林分结构（树高、胸径、年龄、郁闭度、叶面积指数、林地植被和枯落物层盖度等）、树木生长等植被特征，及其影响下的蒸散组成（冠层截留、林冠蒸腾、林下蒸散等）和林地产水功能，以期为祁连山区青海云杉林的合理保护、科学恢复、优化管理、质量改善和功能提升等提供科学依据。

本书适合林学、生态学、生态水文学等专业的广大科研工作者、研究生和本科生阅读，也可供相关学科的研究人员参考。

图书在版编目(CIP)数据

祁连山区青海云杉林空间分布特征及其水文影响 / 杨文娟等著.
—北京：龙门书局，2020. 6

（黑河流域生态-水文过程集成研究）

“十三五”国家重点出版物出版规划项目　国家出版基金项目

ISBN 978-7-5088-5782-4

Ⅰ. ①祁…　Ⅱ. ①杨…　Ⅲ. ①祁连山-云杉-研究　Ⅳ. ①S791. 18

中国版本图书馆 CIP 数据核字（2020）第 087760 号

责任编辑：李晓娟　王勤勤 / 责任校对：樊雅琼

责任印制：肖　兴 / 封面设计：黄华斌

科学出版社　龍門書局　出版

北京东黄城根北街 16 号

邮政编码：100717

http://www.sciencep.com

中国科学院印刷厂　印刷

科学出版社发行　各地新华书店经销

*

2020 年 6 月第　一　版　开本：787×1092　1/16

2020 年 6 月第一次印刷　印张：13 1/4　插页：2

字数：311 000

定价：168.00 元

（如有印装质量问题，我社负责调换）

《黑河流域生态-水文过程集成研究》编委会

《祁连山区青海云杉林空间分布特征及其水文影响》
撰写委员会

主　笔　杨文娟　王彦辉　赵永宏

成　员　于澎涛　刘贤德　张学龙

王顺利　赵维俊　田　奥

总　　序

20 世纪后半叶以来，陆地表层系统研究成为地球系统中重要的研究领域。流域是自然界的基本单元，又具有陆地表层系统所有的复杂性，是适合开展陆地表层地球系统科学实践的绝佳单元，流域科学是流域尺度上的地球系统科学。流域内，水是主线。水资源短缺所引发的生产、生活和生态等问题引起国际社会的高度重视；与此同时，以流域为研究对象的流域科学也日益受到关注，研究的重点逐渐转向以流域为单元的生态–水文过程集成研究。

我国的内陆河流域占全国陆地面积 1/3，集中分布在西北干旱区。水资源短缺、生态环境恶化问题日益严峻，引起政府和学术界的极大关注。十几年来，国家先后投入巨资进行生态环境治理，缓解经济社会发展的水资源需求与生态环境保护间日益激化的矛盾。水资源是联系经济发展和生态环境建设的纽带，理解水资源问题是解决水与生态之间矛盾的核心。面对区域发展对科学的需求和学科自身发展的需要，开展内陆河流域生态–水文过程集成研究，旨在从水–生态–经济的角度为管好水、用好水提供科学依据。

国家自然科学基金重大研究计划，是为了利于集成不同学科背景、不同学术思想和不同层次的项目，形成具有统一目标的项目群，给予相对长期的资助；重大研究计划坚持在顶层设计下自由申请，针对核心科学问题，以提高我国基础研究在具有重要科学意义的研究方向上的自主创新、源头创新能力。流域生态–水文过程集成研究面临认识复杂系统、实现尺度转换和模拟人–自然系统协同演进等困难，这些困难的核心是方法论的困难。为了解决这些困难，更好地理解和预测流域复杂系统的行为，同时服务于流域可持续发展，国家自然科学基金 2010 年度重大研究计划“黑河流域生态–水文过程集成研究”（以下简称黑河计划）启动，执行期为 2011~2018 年。

该重大研究计划以我国黑河流域为典型研究区，从系统论思维角度出发，探讨我国干旱区内陆河流域生态–水–经济的相互联系。通过黑河计划集成研究，建立我国内陆河流域科学观测–试验、数据–模拟研究平台，认识内陆河流域生态系统与水文系统相互作用的过程和机理，提高内陆河流域水–生态–经济系统演变的综合分析与预测预报能力，为国家内陆河流域水安全、生态安全以及经济的可持续发展提供基础理论和科技支撑，形成干旱区内陆河流域研究的方法、技术体系，使我国流域生态水文研究进入国际先进行列。

为实现上述科学目标，黑河计划集中多学科的队伍和研究手段，建立了联结观测、试验、模拟、情景分析以及决策支持等科学研究各个环节的“以水为中心的过程模拟集成研究平台”。该平台以流域为单元，以生态-水文过程的分布式模拟为核心，重视生态、大气、水文及人文等过程特征尺度的数据转换和同化以及不确定性问题的处理。按模型驱动数据集、参数数据集及验证数据集建设的要求，布设野外地面观测和遥感观测，开展典型流域的地空同步实验。依托该平台，围绕以下四个方面的核心科学问题开展交叉研究：①干旱环境下植物水分利用效率及其对水分胁迫的适应机制；②地表-地下水相互作用机理及其生态水文效应；③不同尺度生态-水文过程机理与尺度转换方法；④气候变化和人类活动影响下流域生态-水文过程的响应机制。

黑河计划强化顶层设计，突出集成特点；在充分发挥指导专家组作用的基础上特邀项目跟踪专家，实施过程管理；建立数据平台，推动数据共享；对有创新苗头的项目和关键项目给予延续资助，培养新的生长点；重视学术交流，开展“国际集成”。完成的项目，涵盖了地球科学的地理学、地质学、地球化学、大气科学以及生命科学的植物学、生态学、微生物学、分子生物学等学科与研究领域，充分体现了重大研究计划多学科、交叉与融合的协同攻关特色。

经过连续八年的攻关，黑河计划在生态水文观测科学数据、流域生态-水文过程耦合机理、地表水-地下水耦合模型、植物对水分胁迫的适应机制、绿洲系统的水资源利用效率、荒漠植被的生态需水及气候变化和人类活动对水资源演变的影响机制等方面，都取得了突破性的进展，正在搭起整体和还原方法之间的桥梁，构建起一个兼顾硬集成和软集成，既考虑自然系统又考虑人文系统，并在实践上可操作的研究方法体系，同时产出了一批国际瞩目的研究成果，在国际同行中产生了较大的影响。

该系列丛书就是在这些成果的基础上，进一步集成、凝练、提升形成的。

作为地学领域中第一个内陆河方面的国家自然科学基金重大研究计划，黑河计划不仅培育了一支致力于中国内陆河流域环境和生态科学研究队伍，取得了丰硕的科研成果，也探索出了与这一新型科研组织形式相适应的管理模式。这要感谢黑河计划各项目组、科学指导与评估专家组及为此付出辛勤劳动的管理团队。在此，谨向他们表示诚挚的谢意！

2018 年 9 月

前　言

发源于我国西北干旱区祁连山的黑河流域，是我国第二大内陆河流域，流经青海、甘肃和内蒙古，汇聚于东、西居延海，全长821 km，养育着河西走廊四百多万人口。由于地处干旱区，在黑河的上游、中游、下游的居民之间，以及在农业、工业、林业、城市之间，都存在严重的用水冲突。祁连山区能够提供很多生态系统服务功能，但从维持河西内陆河流域水源供给的稳定性和可持续发展的角度而言，最主要的功能之一就是水文调节。近几十年来，由于气候变化及各种人为活动影响，祁连山区冰川消退、雪线上升、林线上移、林地面积缩减，生态环境不断恶化，荒漠化日趋严重，水源调节功能下降。青海云杉（*Picea crassifolia*）是祁连山区植被的主要建群种，占到祁连山区森林总面积的79.6%，在祁连山区水量平衡和水文调节等方面的作用举足轻重。为在祁连山区合理恢复因人类活动和气候变化等影响而减少的青海云杉林分布面积，需要通过合理经营青海云杉林而充分发挥其水文调节、木材生产、固碳释氧等多种生态服务功能。

然而，受严重干旱胁迫、山地空间异质性强烈、气候变化等影响，青海云杉林的恢复异常困难，因此需要详细研究和准确理解在气候、地形、土壤等因素共同影响下的森林空间分布规律及其主要限制因子和相关阈值。作为祁连山区的水源涵养林，青海云杉林的林分结构在很大程度上通过一系列的水文过程与气象、地形、土壤等因素共同影响林地产水功能，要想通过合理管理和调整林分结构来维持或提高林地产水功能，需要深入理解和定量描述林分结构（树高、胸径、年龄、郁闭度、叶面积指数、林地植被和枯落物层盖度等）对水文过程（尤其是蒸散数量及其组分的变化）和产水功能的影响。在以往研究中，对青海云杉林的空间分布涉及较少，更是缺乏多因素影响下的青海云杉林空间分布规律研究；在相对较多的青海云杉林水文影响研究中，多集中在单个水文过程方面，如林冠截留、林下降水再分配、土壤入渗、枯落物持水等，虽然深化了对某些生态水文过程特点的认识，但多停留在对特定条件下某个环境特征或水文过程的刻画和比较上，缺乏对林分结构影响蒸散耗水与组分特征的研究，更是缺乏森林分布和林分结构对完整的水量平衡与产水功能的影响，导致难以指导以提高森林水文功能为目标的森林经营。由此可见，十分有必要开展祁连山区青海云杉林的空间分布规律和林分结构特征影响水文过程与产水功能的研究，为青海云杉林的合理保护、科学恢复、优化管理、质量改善和功能提升等提供科学依据。

从2010年起，国家自然科学基金委员会启动“黑河流域生态–水文过程集成研究”重大研究计划（简称黑河计划）项目，目标是以我国黑河流域为典型研究区，从系统思路出发，通过建立我国内陆河流域科学观测–试验、数据–模拟研究平台，认识内陆河流域生态系统与水文系统相互作用的过程和机理，建立流域生态–水文过程模型和水资源管理决策支持系统，提高内陆河流域水–生态–经济系统演变的综合分析与预测预报能力，为国家内陆河流域水安全、生态安全以及经济的可持续发展提供基础理论和科技支撑。在黑河计划集成项目“黑河流域生态系统结构特征与过程集成及生态情景研究”（91425301）支持下，本书收集并整理分析了祁连山区青海云杉林的已有研究成果和数据，对缺乏的重要数据进行了补充观测，形成了一套相对完整的祁连山区青海云杉林生态水文参数集，并在此基础上分析总结了青海云杉林的空间分布格局和林分结构特征变化规律及其影响蒸散组成和林地产水的数量关系。在祁连山区青海云杉林的空间分布格局规律上，以典型流域大野口和排露沟为例，确定青海云杉林的潜在分布区和限制其空间分布的立地因子及其阈值，建立相应的数量关系。在祁连山区青海云杉林的林分结构特征变化规律上，分析青海云杉林的树高、胸径和蓄积量生长与年龄、林分密度、海拔、坡向、坡度等单个因子关系，在此基础上建立综合考虑年龄、林分密度、海拔和坡向影响的林木生长响应多因子作用的耦合模型；分析青海云杉林的生物量特征及器官分配比例，以及各林分结构特征间的数量关系。在青海云杉林的水文调节功能上，建立青海云杉林的蒸散组分（冠层截留、林分蒸腾、林下蒸散）随环境变化的耦合模型，并用于计算2008年大野口流域内青海云杉林产水的空间分布。

本书共11章。第1章简要介绍祁连山区的自然地理特征、植被分布等情况，简要综述森林空间分布、结构特征及水文影响。第2章描述青海云杉生长物候特征，并分析生长季的水热因子（降水、气温、土壤温度及土壤含水量）与青海云杉展叶和球果物候的关系。第3章阐述青海云杉林在典型流域内的空间分布特征，分析影响青海云杉林空间分布的气候和地理因素。第4章描述青海云杉林高生长特征，并预测和分析其在多因素影响下的变化。第5章描述青海云杉林胸径生长特征，并预测和分析其在多因素影响下的变化。第6章描述青海云杉个体材积及林分蓄积量的生长特征，并预测和分析其在多因素影响下的变化。第7章利用青海云杉解析木数据，建立各器官的生物量计算公式，并分析青海云杉林生物量与林分特征的关系。第8章研究青海云杉林乔木层、灌木层、草本层、苔藓层、枯落物层和根系土壤层的主要垂直结构特征。第9章阐述青海云杉林叶面积指数的季节动态，以及与降水、气温、土壤温度及土壤含水量的关系。第10章论述青海云杉林结构的水文影响，包括林冠截留、树干茎流、苔藓枯落物截留、林冠层蒸腾、土壤蒸发、林下蒸散、土壤入渗等。第11章研究青海云杉林产水量及在典型流域的空间分布。

本书由杨文娟、王彦辉完成全书的章节编制与统稿工作，各章执笔人分别为：第1章，杨文娟、王彦辉、于澎涛；第2章，赵永宏、刘贤德；第3章，杨文娟、王彦辉、王顺利、于澎涛；第4章，杨文娟、王彦辉、田奥、刘贤德；第5章，杨文娟、王彦辉、田奥、刘贤德；第6章，杨文娟、王彦辉、田奥、刘贤德；第7章，杨文娟、王彦辉、张学龙；第8章，杨文娟、王彦辉、赵维俊；第9章，赵永宏、刘贤德；第10章，杨文娟、王彦辉、田奥、于澎涛、王顺利；第11章，杨文娟、王彦辉、田奥、于澎涛、王顺利。

本书研究过程中得到了甘肃省祁连山水源涵养林研究院金铭博士、牛赟博士、车宗玺工程师等在野外数据调查中的大力支持，以及中国林业科学研究院资源信息研究所李增元研究团队、中国科学院西北生态环境资源研究院何志斌研究团队、北京大学范闻捷研究团队、清华大学杨大文研究团队、中国地质大学（北京）高冰老师等的数据支持与学术指导，在此一并感谢。

本书对青海云杉林空间分布的分析局限在大野口流域和排露沟小流域，由于流域较小，所得定量结论尤其是影响因子的阈值不一定完全适用于其他区域。此外，作为展示本书研究成果应用价值的一个案例，在大野口流域尺度上计算青海云杉林的林分蒸腾和林下蒸散在典型年份（2008年）对多因素变化的响应，所用的林冠叶面积指数为多年平均遥感观测数据，与地面实测数据可能存在一定偏差，因此在一定程度上可能降低了精度；而且计算时不得已采用了一些假设，研究结果未必能完全准确地反映青海云杉林的水文影响和产水能力，还不能将结果直接广泛用于定量指导生产实践。在未来流域生态水文研究中，仍需开展多种观测与数据融合，尽快积累形成更全面、更准确的成套数据，以提高预测能力和精度。

由于作者水平有限，书中不足之处在所难免，敬请广大读者批评指正！

作　者

2019年10月22日

目　　录

第1章 绪 论

全球干旱半干旱区面积占陆地总面积的1/3，在我国，干旱半干旱地区面积占国土面积的比例更是高达47.5%（余跃辉，1995），且主要集中在西北地区。我国西北内陆河流域年降水量除海拔较高的山区以外均在200mm以下，个别地方甚至不足50mm（程国栋等，2006），在本就极端干旱缺水和气候变化影响加剧的背景下，人类活动使水资源的配置严重失衡，导致河流断流、尾闾湖干涸、地下水位急剧下降、水质恶化、绿洲萎缩、沙漠入侵。例如，在黑河流域，中游城市化与农业经济迅速发展，引起用水量激增和下泄水量锐减，下游额济纳绿洲的年入境水量由20世纪40～50年代的$10\times10^8m^3$减少到21世纪初的2×10^8～$3\times10^8m^3$（耿雷华等，2002），东、西居延海相继干涸，下游胡杨林大面积死亡，草场大片沙漠化（王超，2013），沙尘暴发生频繁（龚家栋等，2002）。虽然上述问题基本发生在流域中游和下游地区，但作为一个整体，干旱区内陆河流域不仅包括绿洲和荒漠，还包括流域的上游山地部分。上游山地作为流域这个有机复合系统的重要组成部分，不仅是干旱区水资源的形成区和涵养区，也是流域内生态过程与水文过程相互作用和耦合演进的关键区（黄奕龙等，2003；王超，2013）。在干旱区上游山地，森林生态系统具有最典型的生态过程与水文过程相互作用和耦合演进的过程（张志强等，2003；王让会等，2005；田风霞，2011；王超，2013），它一方面通过调控物质循环（如调节大气水分的内循环和外循环）和能量流（如通过蒸散发调节显热与潜热的比值）影响着冰源水库（冰川和积雪）安全，另一方面通过对山地水文路径的直接调节（如降水和融水的截留与入渗、产流、汇流）担当着涵养水源、净化水质、保持水土等重任（田风霞，2011；王超，2013）。森林面积的减少被视为环境退化的一个重要原因和指标，因此目前的林业政策往往针对森林恢复计划以期改善环境并满足对各种森林生态系统服务功能迅速增长的需求。例如，塞内加尔、乌干达、尼泊尔、印度尼西亚、玻利维亚和尼加拉瓜通过将森林管理的权力下放，增加当地管理者的权力和责任，从而保护了许多地区的森林（Ribot et al.，2006；Phelps et al.，2010）。类似的还有我国“三北”防护林工程和“天然林资源保护工程”（Wang et al.，2011）。

位于我国西北干旱区的祁连山，地处黑河、石羊河、疏勒河三大内陆河流域的上游（许仲林，2011），是我国西北地区主要的高大山系之一，其生态环境不仅受区域环境和社会经济发展条件的限制，而且对全球变化响应敏感。作为三大内陆河流域的发源地，其最主要的生态系统服务功能是保持水土和调节水文，维持河西内陆河流域水资源供给的稳定性和可持续性。祁连山现有冰川水储量$811.2\times10^8m^3$，分布有$43.61\times10^4hm^2$水源涵养林，以及大面积的各类草地或草甸，每年汇集形成$72.6\times10^8m^3$的出山水，通过黑河、石羊河、疏勒河三大内陆河流域，浇灌着河西走廊70×10^4 hm^2田地（孙昌平，2010），养育着四百多万河西人民（李效雄，2013）。近几十年来，由于气候变化及各种人为活动影响，祁连山区冰川消退、雪线上升、林线上移、林地面积缩减，森林植被盖度从20世纪50年代初期的22.4%下降到90年代的12.4%（齐善忠等，2004），森林带下限由海拔1900m退缩到海拔2300m（白福等，2008），导致祁连山区生态环境不断恶化，荒漠化日趋严重，水源调节功能下降，产水量减少（刘兴明，2012）。

青海云杉（*Picea crassifolia*）是祁连山区植被的主要建群种，占到祁连山区森林总面积的79.6%（程国栋等，2014）。由此可见，青海云杉林在祁连山区水量平衡和水文调节等方面的作用举足轻重。为逆转人类活动和气候变化等造成的祁连山区青海云杉林分布面积急剧减少的趋势，需对青海云杉林进行快速有效的保护、恢复和重建。但由于严重干旱缺水限制、山地空间异质性强烈、气候变化等，青海云杉林的恢复和重建异常困难，需准确了解在气候、地形、土壤等因素共同影响下的森林空间分布规律及主要限制因子和相关阈值。

作为祁连山区的水源涵养林，青海云杉林的林分结构在很大程度上通过一系列的水文过程与气象、地形、土壤等因素共同影响林地产水功能。要想通过合理管理和调整林分结构来维持或提高林地产水功能，只有深入理解和定量描述林分结构［树高、胸径、年龄、郁闭度、叶面积指数（leaf area index，LAI）、林地植被和枯落物层盖度等］对水文过程（尤其是蒸散数量及其组分的变化）和产水功能的影响。

以往的青海云杉林水文研究多集中在单个水文过程方面，如林冠截留（金博文等，2001；谭俊磊等，2009）、林下降水再分配（田风霞等，2012；万艳芳等，2016）、土壤入渗（高婵婵等，2016）、枯落物持水（王瑾等，2014a）等，虽然深化了对某些生态水文过程特点的认识，但多停留在对特定条件下某个环境特征或水文过程的刻画和比较上，缺乏对林分结构影响蒸散耗水与组分特征的研究，更是缺乏森林分布和林分结构对完整的水量平衡与产水功能的影响，导致难以指导以提高森林水文功能为目标的森林经营。由此可见，十分有必要开展祁连山区青海云杉林的空间分布格局规律和林分结构影响水文过程与产水功能的研究，为青海云杉林的合理保护、科学恢复、优化管理、质量改善和功能提升等提供科学依据。

从2010年起，“黑河流域生态-水文过程集成研究”重大研究计划以我国黑河流域为典型研究区，从系统思路出发，通过建立我国内陆河流域科学观测-试验、数据-模拟研究平台，认识内陆河流域生态系统与水文系统相互作用的过程和机理，建立流域生态-水文过程模型和水资源管理决策支持系统，提高内陆河流域水-生态-经济系统演变的综合分析与预测预报能力，为国家内陆河流域水安全、生态安全以及经济的可持续发展提供基础理论和科技支撑。因此，本书以黑河上游水源区——祁连山为研究对象，收集并整理分析了祁连山区青海云杉林的已有研究成果和数据，对缺乏的重要数据进行了补充观测，形成了一套相对完整的祁连山区青海云杉林生态水文参数集，并在此基础上分析总结青海云杉林的空间分布格局和林分结构特征变化规律及其影响蒸散组成和林地产水的数量关系，为祁连山区青海云杉林的恢复、管理和质量提升提供理论与技术指导。

1.1 研究区祁连山概况

祁连山位于青海的东北部和甘肃的西部边缘（94°10′～103°04′E，35°50′～39°19′N）。

东西方向全长 800km，南北方向全长 200 ~ 400km。祁连山是我国多条内陆河的发源地，其中包括我国第二大内陆河——黑河。黑河提供的水源非常重要，养育着河西走廊四百多万人口。黑河流经青海、甘肃和内蒙古，汇聚于东、西居延海，全长 821km，流域面积 $1.3\times10^5km^2$，年径流量 $24.5\times10^8m^3$。由于地处干旱区，在黑河的上游、中游、下游的居民之间，以及在农业、工业、林业、城市之间，都存在严重的用水冲突。过去几十年中游用水量的增加，尤其是绿洲农田面积扩张和用水增多，下游径流量急剧减少，造成 30 多条支流和尾闾湖干涸。保证祁连山水源地的持续供水以及平衡各产业和各地区的用水竞争，是祁连山区生态保护的重大任务乃至保障各流域可持续发展的关键。

1.1.1　地质地貌条件

祁连山位于青藏高原东北边缘，是黄土高原、蒙新高原及青藏高原三大高原交汇地带，介于河西走廊与柴达木盆地凹陷之间（许仲林，2011），是晚近地质构造的强烈隆升区，由一组饱经褶皱和断裂作用的高大山系组成，地形起伏悬殊。主要地貌有冰川、高山、中山、山间盆地和宽谷、河谷盆地、峡谷、低山丘陵等，北坡由于强烈上升和切割侵蚀作用，常呈峡谷地貌，最宽处在酒泉市与柴达木盆地之间，达 300km。

祁连山属高山深谷地貌，其形态受地质构造控制，山系的主要构造线是北西向，北东向的构造线也经常出现。由于两种不同方向构造线的存在，许多山间盆地和谷地形成了两段封闭或半封闭式的菱形盆地。以大面积隆起和强烈切割为主的新构造运动的强烈作用，祁连山区的地貌常呈准平原化的古剥蚀地、丘陵、阶地、冲积锥等。祁连山区的丁字形河流，如疏勒河、北大河、黑河等的发育，就是由原来已经上升的山地，经过新构造运动作用而产生夺流的结果。外营力，特别是古代和现代冰川作用，对地貌形态与景观的形成有决定性作用，祁连山区海拔 4500m 以上的高山地带广泛发育着冰川及冰蚀景观，如角峰、刀脊、古冰斗、古冰槽及现代冰川等（田风霞，2011）。

祁连山区地域宽广，地质历史发展复杂，在地形、气候及内外营力作用下，无论东西南北方向地质均存在不均一性，造成各部位具有一定的差异。这种差异在东、中、西水平带和高山地区垂直分布带上十分明显，见表 1-1。

表 1-1　青海云杉物候观察样地基本信息

水平带	海拔/m	垂直分布现象
西	4700	粒雪线
	4500	以上为现代冰川作用之下限
	3700	以上为古冰川作用带，遗留有各种冰川地形及冰川沉积物
	3000	以上为山前丘陵，由冰积、洪积物等组成
	2000	以下为戈壁滩、戈壁草滩

续表

水平带	海拔/m	垂直分布现象
中	4100	粒雪线、现代冰川作用带
	3850	为现代冰川作用之下限，山坡达40°左右，坡积岩屑
	3560	古冰川作用切割，高山保存有冰川地形及冰川沉积物，坡缓（20°～25°）有沼泽，以及植物生长，构成高山草原
	3000	以下为山间盆地，是良好的草原
东	3900	粒雪线
	3600	为现代冰川作用之下限，现代冰川作用带
	3000	古冰川雕刻作用强烈，山坡多岩屑堆积，大部分有植被覆盖，森林草原茂盛，部分开垦农田
	2800	以下为森林草原及农作物区域

资料来源：刘贤德和杨全生（2006）。

祁连山区自北而南，分布有大雪山、托来山、托来南山、野马南山、疏勒南山、党河南山、土尔根达坂山、柴达木山和宗务隆山，山峰海拔为4000～5000m，山间谷地海拔为3000～3500m。东段包括走廊南山—冷龙岭—乌鞘岭、大通山—土尔根达坂山、青海南山—拉背山三列平行山系。其间夹有大通河谷地、湟水和青海湖盆地。西北是库姆塔格沙漠，西南是柴达木盆地沙漠，北和东北被巴丹吉林和腾格里沙漠包围。因此，祁连山区的地缘基础是荒漠，气候、植被、土壤等自然环境随高度垂直变化明显。

1.1.2 水文条件

祁连山区河流水系发育良好，河流较多，可分为内陆河水系和外流河水系。其中内陆河水系流域面积约24×10^4km^2，有大小河流56条，年径流量约170×10^8m^3。主要包括河西走廊水系、柴达木水系、青海湖水系的80余条大小河流。外流河水系主要是黄河的一级支流庄浪河、湟水及其支流大通河，年径流量约50×10^8m^3，流域面积约3.29×10^4km^2。

祁连山区河流水系除少量归入黄河外，大多为内陆河水系，以哈拉湖到东经99°为中心，向四周辐射，终端为湖泊或散失在沙漠之中。在山前形成大片绿洲，山南山北的水资源极不平衡。河西走廊有三大水系；从东向西为石羊河水系、黑河水系、疏勒河水系，年径流量约170×10^8m^3。而祁连山南坡流入柴达木盆地的鱼卡河、喀克吐郭勒河和巴音郭勒河都是流量小、长度短的小河，加上流入青海湖的几条河流，年径流量约21×10^8m^3，无法与河西走廊的河流相比。

祁连山区海拔4400m以上的山峰终年积雪，发育有冰川2859条，总面积约为1972.5km^2，储量为954.38×10^8m^3，占我国冰川总面积的3.4%。其中分布于甘肃境内的冰川面积为1596.04km^2，约占祁连山冰川总面积的81%；分布于青海境内的冰川面积仅占祁连山冰川总面积的19%。

冰川是祁连山区河川径流的重要组成部分。祁连山区来自冰川的融水径流量为11.56×10^8m^3，其中对河西三大水系补给的融水径流量约为10×10^8m^3，约占总量的87%；而汇入青海的融水径流量约为 1.56×10^{8}m^3，约占总量的 13%。河西地区河川径流量为 72.39×10^{8}m^3，约有 14% 是冰川补给。河西三大水系冰川融水补给占比由东向西增大，石羊河占 3.7%，黑河占 8.2%，疏勒河占 32%。

冰川好像是一座天然的“固体水库”，有调节河川径流的功能；在干旱少雨的年份，晴朗天气多使冰川消融强烈，释放出大量的融水并流入河道；而在低温湿润的年份，辐射量不足使冰川消融减弱，冰川累积量增加。河西三大水系均发源于祁连山区的高寒地带。春季空气温度低于 0℃时，冰川的消融会变弱，使祁连山区许多地方为无产流区，导致河西地区的春旱非常严重；河西春季（3～5 月）的径流量仅占年径流量的 10%～20%。冰川融水对河道的补给期基本在高温的夏季，此时也是祁连山区的雨季，祁连山夏季降水量占年降水量的 70%～80%，因此冰川融水进一步加剧了祁连山区河川径流量年内分配的不均匀性。

1.1.3　气候条件

祁连山区位于欧亚大陆的中心地带，山体上方邻接青藏高原北缘，山前为荒漠带，形成了较大的地势高差，气候差异很大。祁连山区位于西风带上，且山区海拔较高，高空上的西风对祁连山区气候的影响很大。整个祁连山区的气温呈现出明显的垂直地带性，气温随着海拔的升高而递减，海拔每升高 100m，平均气温约降低 0.5℃。祁连山区东西部降水量差别很大，降水从东南部到西北部逐渐减少；随着海拔的升高降水量逐渐增多。在海拔 2500～3300m 的森林草原带，年降水量为 300～500mm，且大部分降水集中在 6～9 月；多年平均气温为-0.6～2.0℃，极端最高、最低气温分别为 28℃和-36℃；年相对湿度为 50%～70%，年蒸发量为 1200mm 左右，无霜期为 90～120 天，多年平均日照时数为 2130h 左右，日照百分率为 48% 左右。

祁连山气候的垂直分布按海拔从低到高大致可分为五个气候带：①山地荒漠草原气候带，位于海拔 1700～2100m 的中山地带，气候特点是夏热冬冷，气候干燥，热量丰富，年平均气温为 6.2～7.5℃；②山地草原气候带，位于海拔 2100～2400m 的阴坡，海拔 2100～2500m 的阳坡为山地荒漠草原；③山地森林气候带，位于海拔 2400～3300m 的阴坡和海拔 2500～3400m 的阳坡，气候特点是冬长寒冷，多云雾，年平均气温为 0～12℃，最热月气温为 11.1～14.3℃，最冷月气温为-14.5～-11.4℃，≥10℃的活动积温为 1060℃，无霜期为 100 天左右，年降水量为 326.4～539.7mm，相对湿度为 60% 左右，是森林的主要分布带；④亚高山草甸气候带，位于海拔 3400～3900m 的阳坡和海拔 3300～3800m 的阴坡，气候特点是常年严寒，年平均气温为 0℃，≥10℃的活动积温小于 500℃，几乎全年有霜冻出现，年降水量小于 400mm；⑤高山亚冰雪稀疏植被气候带，位于海拔 3800m 以上的阳坡和海拔 3900m 以上的阴坡，气候特点是常年处于冬季，云雾弥漫，气候变化无常，春夏常降冰雹（张剑挥，2010）。

1.1.4 土壤条件

祁连山区的土壤受地质过程、成土母质、母岩、气象、水文、植被等自然因素的综合作用，随海拔的升降、水热的变化状况、坡向的阴阳变化，呈现出明显的垂直地带性结构，同时阴、阳两坡土壤垂直带谱不一样，随纬度和坡向的不同，形成与植被相对应的垂直带谱（图1-1），主要包括山地灰钙土、山地栗钙土、灰褐土、亚高山草甸土、高山寒漠土等几个类型。

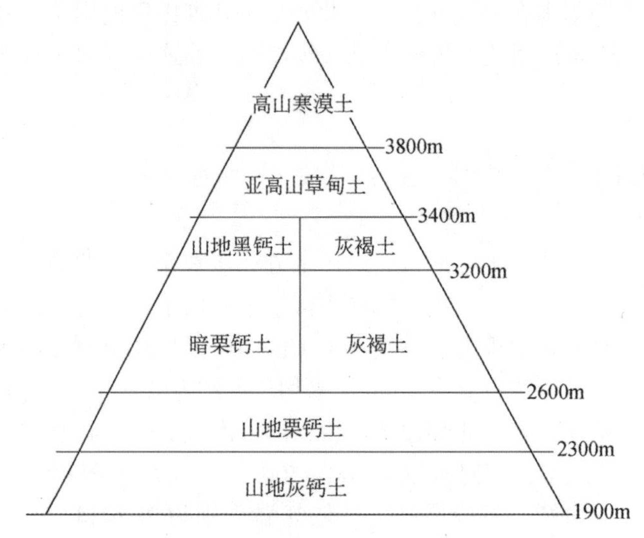

图1-1　祁连山区土壤垂直分布示意

资料来源：刘兴明（2012）

山地灰钙土：主要分布在走廊南山阴坡海拔2000～2350m、阳坡海拔2300～2600m的山麓丘陵和地势平缓的河流西岸的冲积阶地，块状结构，结持力紧，腐殖质含量少，土壤肥力不高，盐化和碱化现象较普遍。

山地栗钙土：属松软腐殖质土纲，主要分布在走廊南山海拔2700～3000m的低山丘陵顶部和冷龙岭海拔2800～3000m的低山丘陵坡地、高山山麓盆地，因气温低，植被茂盛，呈粒状或块状结构，浅褐色，腐殖质积累厚度为40～60cm，根系多集中在此层，有白色菌丝体形成。

灰褐土：主要分布在东祁连山中山地带，龙首山脉的东大山、走廊南山、冷龙岭、连城山、大黄山、昌岭山等海拔2600～3400m的山地。因森林盖度较大，腐殖质积累较厚，在成土过程中有腐殖质积累过程、钙化过程和淋溶过程，为森林、森林草原或森林（灌丛）草甸条件下形成的土壤，一般无土壤灰化和黏化现象，有机物分解活跃，土壤肥力较高。

亚高山草甸土：主要分布在祁连山中段、东段及龙首山脉的东大山顶部，以及连城山、冷龙岭海拔3000～3600m的阴坡、3600～4000m的阳坡。因植物生长茂密，盖度大，剖面少有泥炭化表层，腐殖质层厚度为 20 ~ 30cm，成土母质主要为坡积残积物，在走廊南山气候和高山灌丛下发育起来的土壤，含石砾较多，有机质含量在 14%~20%，腐殖质积累明显，淋溶较强。

高山寒漠土：主要分布在祁连山海拔 3900 ~ 4500m 的高山冰缘雪线以下的亚冰雪带的冰积物上，是高原上居于土壤垂直带中位置最高的土壤，土壤表层常有微突的融冰结壳，腐殖质发育微弱，有机质含量低，一般在 1% 以下，其上分布和生长着耐低温适冰雪的高山冰缘植物、垫状植被和藓类、地衣等，植物生长稀疏，群落盖度小于 15%。

1.1.5　森林植被

因水热条件的关系，祁连山区的植被在水平分布上自东南向西北逐渐荒漠化，大体为森林、灌丛、草原及荒漠四个植被带，垂直带谱极其分明（图 1-2），东西山区略有差异。

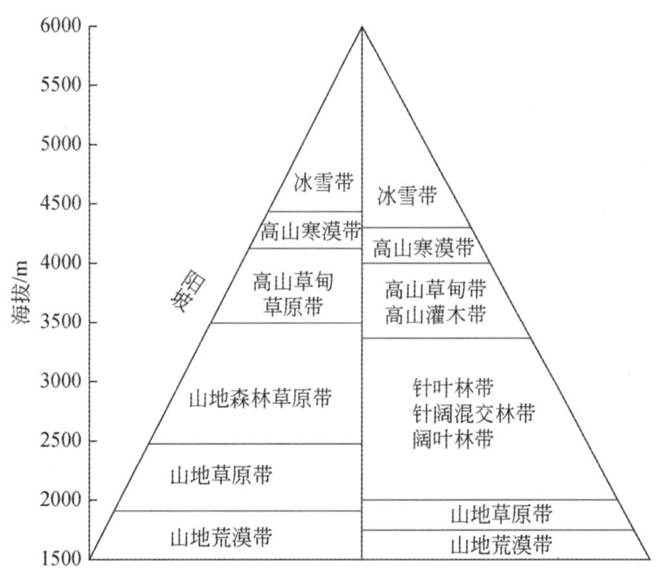

图 1-2　祁连山区植被垂直分布示意

资料来源：刘兴明（2012）

在水平方向上，同一植被带的分布高度，由东向西增高，地带宽度则由东向西变窄，且种类组成也发生变化，从低海拔向高海拔具体概述如下。

1）山地荒漠带：在东部，以驴驴蒿、短花针茅、旱生蒿、菊蒿、阿盖蒿、珍珠、合头草为主；在西部，以沙生针茅、菊蒿、合头草为主。

2）山地草原带：在东部，以克氏针茅、短花针茅为主；在西部，以金露梅、短花针茅、冰草为主。

3）山地森林草原带：出现在祁连山东部和中部。在阴坡，主要由青海云杉组成；在阳坡，局部由祁连圆柏组成疏林分布，其他大部分地区由克氏针茅、紫花针茅组成。但在连城山一带则出现油松林和针阔叶混交林。

4）高山灌木带与高山草甸带：在西祁连山，高山灌丛呈斑块状镶嵌在山地草甸带中；在东部皇城滩以东，以常绿的杜鹃灌丛为主，皇城滩以西，以杯腺柳和鬼箭锦鸡儿组成的落叶灌丛为主。排水条件良好，高山草甸带由蒿草和杂草组成；排水条件不良（如在广大的夷平面和河流源区谷地），由一些湿生杂草组成沼泽草甸，有的甚至形成高山沼泽。

5）高山寒漠带：由风毛菊、水母雪莲花、短管兔耳草、绢毛菊、红景天和甘肃蚤缀组成，在西祁连山局部尚有垫状驼绒藜寒漠类型。

2009 年，祁连山国家级自然保护区总面积为 $2.65\times10^6\text{hm}^2$，其中有林地为 166 834.3$\text{hm}^2$，疏林地为11 910$\text{hm}^2$，灌木林地为 412 569$\text{hm}^2$。保护区优势树种以青海云杉为主体，面积占全林分的 79.6%，蓄积量占 91.2%，占绝对优势；其次为祁连圆柏，面积占全林分的 9.1%，蓄积量占 3.0%；再次为红桦，面积占全林分的 3.5%，蓄积量占 1.2%，其他林种、树种比例较小，见表 1-2（李效雄，2013）。

表 1-2　祁连山国家级自然保护区有林地优势树种面积、蓄积量统计

优势树种	面积/hm^2	占比/%	蓄积量/m^3	占比/%
青海云杉	132 806.8	79.6	194 389 44	91.2
祁连圆柏	15 261.7	9.1	645 330	3.0
落叶松	125.9	0.1	3 519	0.0
油松	1 493.9	0.9	193 894	0.9
白桦	2 071.8	1.2	110 391	0.5
红桦	5 821.7	3.5	250 891	1.2
杨类	272.6	0.2	15 623	0.1
山杨	3 075.9	1.8	119 740	0.6
针叶混交	1 776.2	1.1	181 011	0.9
阔叶混交	796.8	0.5	48 223	0.2
针阔混交	3 331.0	2.0	299 565	1.4
合计	166 834.3	100	21 307 131	100

资料来源：《甘肃祁连山国家级自然保护区志》编纂委员会（2009）。

1.1.6　植被服务功能需求

（1）祁连山区环境现状

长期以来，受气候变迁、超载放牧、人为破坏和保护手段滞后等多因素的影响，祁连山区出现冰川退缩、水源涵养效能减弱、植被退化严重、水土流失加剧等诸多问题。20 世纪 50～70 年代过度采伐、毁林开荒、滥伐灌丛、过度放牧，使大片天然林遭到破坏，祁连山区的森林植被盖度从50年代初期的22.4%下降到90年代的12.4%（齐善忠等，2004），森林带下限由海拔1900m退缩到海拔2300m（白福等，2008）。且森林覆盖率低，林地分布不均匀，森林分布相对集中，加之林分密度低，树种单一，成、幼林比例失调，结构不合理，生存力差，整体抵抗性削弱，另外受风、水、冻融侵蚀，水土流失面积达6750km^2（阿艺林，2008），部分水源干涸，蓄水固沙能力日益减弱，水土流失严重，大量泥沙进入野牛沟、八宝河和黑河。

（2）水文调节

森林能够增加大气下垫面的粗糙程度，降低地面温度，增加空气湿度，延缓冰川、积雪的消融速度，且容易使沿山体上升气流中的水汽形成地形雨；通过林地枯枝落叶、根系截留、阻挡等，在减少地表侵蚀、延缓汇流时间的同时，蓄积大量水分，然后再缓慢释放出来，发挥消洪补枯的作用，成为天然的"绿色水库"。祁连山区水源涵养林由森林和灌木林组成，森林主要为青海云杉林，占到祁连山区森林总面积的79.6%（程国栋等，2014），主要分布在海拔2500～3300m的阴坡、半阴坡和半阳坡。据研究，祁连山区有林地、灌木林地、疏林地年均降水量分别为471.5mm、480.1mm、475.5mm，年均蒸发量分别为253.28mm、146.30mm、199.79mm，年均地表径流量分别为76.50mm、210.40mm、143.45mm，枯枝落叶和土壤中储存的水分分别为140.7mm、123.4mm、131.8mm（袁虹等，2016）。受降水量级及林冠郁闭度等影响，已有研究报道中，祁连山区青海云杉林的冠层截留率平均约为37.5%。青海云杉林下的苔藓枯落物层最大持水率为276.65%～370.48%，平均为322.53%，最大持水率可达其自身干重的3倍，变化范围为7.6～29.1mm（张剑挥，2010），在涵养水源、保持水土等方面有重要意义。

（3）土壤改良

森林土壤层具有较好的蓄水和渗透能力，对于水分的转化利用具有重要意义。森林土壤具有良好的调节作用，通过蓄水作用能延长和阻滞流域产流分配时间，从而缓解雨季降水的汇集，并发挥水源涵养林涵养水源和保持水土的功能。土壤渗透性是森林涵养水源和调节水分的重要指标，也是制约水土流失的重要因子，是研究土壤水文效应的重要指标。研究表明，土壤渗透性越好，地表径流发生概率和数量就越小，土壤流失量也就越少，因而对水土保持有重要影响。对祁连山区青海云杉林土壤水文性状，如土壤容重、土壤孔隙度等物理性状，土壤初渗率、稳渗率等土壤入渗性状，以及土壤吸持、有效涵蓄量等土壤储水性能都已有研究，如刘贤德等（2009）、胡健等（2016）在祁连山中段排露沟流域进行的研究，田风霞（2011）、彭焕华（2013）在天老池流域进行的研究，张勇等（2013）在祁连山南段冰沟流域进行的研究，姜红梅等（2011）在祁连山东段天祝藏族自治县进行的研究。研究显示，祁连山区青海云杉林的土壤容重为0.37～1.46g/cm^3，土壤孔隙度为46.4%～75.8%，土壤饱和持水量最大可达自身重量的174.4%（常学向等，2001），土壤饱和导水率平均约为7.59mm/min。

（4）固碳释氧

全球约80%的地上碳储量和约40%的地下碳储量均发生在森林生态系统（Dixon et al.，1994），因此森林生态系统在全球碳循环过程中起着重要的作用。在自然状态下，森林进行光合作用同化 CO_2，将碳固定于生物量中，同时以枯落物碎屑形式补充土壤的碳储量，是土壤碳库的重要来源之一。森林在同化 CO_2 的同时，通过林木呼吸、枯落物及死亡杆体的分解释放 CO_2。由于单位森林面积的碳储量很大，森林变化尤其是人类活动干扰很可能引起大气中 CO_2 浓度较大的波动。Fang 等（2001）估算每年中国的森林碳汇为 0.021PgC，认为中国森林的固碳能力与美国是相当的。彭守璋等（2011a）研究显示，2008 年祁连山区青海云杉林平均碳密度为 109.8t/hm^2，总碳储量为 1.8×10^7t。刘兴明（2012）研究指出，祁连山西部单位森林面积碳储量仍有 75.8% 的提高潜力，中西部有 65.8% 的提高潜力，中东部有 59.5% 的提高潜力，东部有 49.9% 的提高潜力，说明祁连山森林生态系统拥有巨大的碳汇潜力，碳汇功能的增加可减缓大气中 CO_2 浓度的升高。

1.1.7 典型流域基本概况

（1）大野口流域概况

大野口流域位于祁连山中部北侧，38°25′~38°35′N，100°12′~100°19′E，总面积 80km^2，流域内山体海拔在 2500~3800m，属温带大陆性气候。在冬季受蒙古反气旋的影响，天气寒冷干燥，降水较少；在夏季则受大陆气旋的影响，表现为相对温暖多雨。位于流域内海拔 2580m（100°17′18″E，38°34′03″N）处的气象站观测资料显示，1994~2016 年流域内年均降水量为 368mm，年均气温为 1.6℃。其中有 60% 的降水出现在夏季（6~9 月）。然而，受山地气候影响，随着海拔增加，气温逐渐降低，降水逐渐增多，这种变化特点极大地影响了山地森林及其他植被的空间分布。在流域内的中高海拔段内，广泛分布着季节性和永久性冻土。流域内主要母质是钙质岩石，主要土壤类型是具有粗糙质地的灰褐土，其 pH 变化范围为 7~8。

（2）排露沟流域概况

排露沟流域位于祁连山国家级自然保护区的西水林区，位于 100°17′~100°18′E，38°32′~38°33′N。该区域属于高寒山地森林草原气候，年均降水量为 290.2~467.8mm，雨季主要集中分布在 5~9 月，占全年降水量的 85% 左右。多年平均蒸发量为 1082.7mm，年均气温为 1.6℃，年日照时数为 1895h，日平均辐射总量为 110.58kW/m^2（2015~2016 年）。海拔为 2500~3800m，纵坡比降为 1∶4.2，流域面积为 2.74km^2。气温年较差和日较差均很大，且排露沟流域气候在水平方向上，东部、北部比西部和南部湿润，呈东湿西干型；并且呈现由浅山区向深山区空气温度递减、降水量递增的趋势。在垂直方向上，随海拔升高呈现出大陆性寒温带半湿润气候和大陆性高山气候。

受气候、水热条件和人为活动等影响，排露沟流域内土壤类型呈现出明显的多样性。土壤类型主要包括：①山地栗钙土，分布于海拔 2700~3000m。土壤颜色呈浅褐色，表层积累了较多的腐殖质，呈粒状或块状结构。②灰褐土，分布于海拔 2600~3400m，是森林、森林草原或森林草甸的主要土壤类型。土壤腐殖质积累较厚，有机物含量多，土壤灰化和黏化现象较少。③山地灰钙土，分布于海拔 2000~2350m 和阳坡海拔 2300~2600m。该类土壤表土颜色呈浅黄色块状结构，腐殖质含量较少，普遍存在盐化和碱化现象，土壤肥力较低。④山地黑钙土，分布于海拔2600～3200m。土壤有机质含量较高，腐殖层厚，颜色灰黑，呈粒状结构。⑤高山灌丛草甸土，分布于海拔3000～3600m。土壤石砾含量较多，有机质含量较多，有明显的腐殖质层。⑥高山草甸土，分布于海拔3400～3800m。土壤质地以砂壤和轻壤为主，腐殖质含量较多。

流域内森林类型单一，主要是以青海云杉（*Picea crassifolia*）为主的寒温性针叶林，呈斑块状分布在海拔2500～3300m的阴坡、半阴坡；阳坡以草地为主，零星分布有祁连圆柏（*Sabina przewalskii*）和灌丛。草本植被主要有披针薹草（*Carex lancifolia*）、紫花针茅（*Stipa purpurea*）、冰草（*Agropyron cristatum*）、火绒草（*Leontopodium longifolium*）、蒲公英（*Taraxacum mongolicum*）、二裂委陵菜（*Potentilla bifurca*）、马先蒿属（*Pedicularis*）。流域内灌丛主要有高山灌丛林和中低山阳性灌丛林；其中高山灌丛林分布在海拔3200～3700m的阴坡和半阴坡，主要有高山柳（*Salix cupularis*）、鬼箭锦鸡儿（*Caragana jubata*）、银露梅（*Potentilla glabra*）等；中低山阳性灌丛林分布在海拔2600m左右的阳坡和半阴坡及沟谷地区，主要有鲜黄小檗（*Berberis diaphana*）、青甘锦鸡儿（*Caragana tangutica*）和金露梅（*Potentilla fruticosa*）等。林下草本主要有马蔺（*Iris lactes*）、披针薹草（*Carex lancedata*）、马先蒿属（*Pedicularis*）和狼毒（Stellera chamaejasme）等。林下苔藓较为发达，但种类较少，以山羽藓（*Abietinella abietina*）为主，零星分布有红叶藓（*Bryoerythrophyllum recurvirostrum*）、长尖叶墙藓（*Tortula longimucronata*）等。

排露沟流域降水随海拔升高而增加，通过冠层截留，林冠对降水进行首次分配，因降水强度和降水持续时间的不同，截留量有较大的差异。超过95%的降水被森林通过林冠截持、林木蒸腾和林地蒸散消耗，森林生态系统的年产水量占流域总产水量的比率很小（占流域总面积38.37%的森林，年产水量仅占流域总产水量的3.6%）。在降水偏少的年份，排露沟流域青海云杉林为维持自身生长还需要消耗一部分前期已经储存的土壤水，这就会导致土壤出现干化。另外，枯枝落叶及苔藓层也会通过截留降水调节降水分配，而枯落物和苔藓蓄积量、类型、组成结构、分解状况与其作用的大小有关。同时，降水分配也会受到草地截留的影响，草地降水截留因草地植被种类的不同存在明显差异。土壤水文是山地生态水文的一个重要分支，排露沟流域土壤水文效应随土壤深度变化，变化幅度依次为高山灌丛草甸土、灰褐土及山地栗钙土。

(3) 寺大隆流域概况

寺大隆流域（99°31′～100°15′E，38°14′～38°44′N）是黑河上游的主要支流，位于祁连山腹地的原始林区，海拔为2650～4345m，面积为109.7km^2，海拔3200～4200m的面积占流域总面积的50%。流域源头年均气温为-4.0℃，年均降水量为594mm，季节性积雪厚度为0.3m，最大可达0.6～0.8m。寺大隆流域属温带高寒半干旱、半湿润森林草原气候，林区地面气象站年均气温为0.7℃，最热月（7月）气温为12.2℃，最冷月（1月）气温为-12.9℃，年均降水量为433.6mm，年均蒸发量为1081.7mm，年均相对湿度为60%，年日照时数为1892.6h，日平均辐射总量为110.28kW/m^2。

寺大隆流域在地质结构上属昆仑祁连山褶皱系北祁连山褶皱带，为高山深谷、坡度陡峻的地貌形态。岩石破碎，褶皱剧烈、断层多，具有明显的冰成地形，坡积物疏松，常发生浅层滑坡、泥石流和崩塌，主要有泥灰岩、砾岩、紫红色砂页岩等。流域处在祁连山国家级自然保护区的核心区，动植物种类丰富，植被类型和土壤类型的垂直变化具有典型性与代表性。建群种青海云杉呈块状分布在流域内海拔2400～3300m的阴坡和半阴坡，与阳坡草场呈犬牙状交错；祁连圆柏呈小块状分布于阳坡、半阳坡；灌木优势种有金露梅（*Potentilla fruticosa*）、鬼箭锦鸡儿（*Caragana jubata*）、吉拉柳（*Salix gilashanica*）等；草本主要有珠芽蓼（*Polygonum viviparum*）、薹草（*Koeleria cristata*）等。

（4）天老池流域概况

天老池流域位于黑河上游干流的寺大隆林场，属于黑河一级支流寺大隆河的子流域。流域位于河西走廊祁连山北麓，肃南裕固族自治县境内，地理范围为99°53′～99°57′E，38°23′～38°26′N。流域总面积为12.8km^2，河流长为6.0km，纵坡比降为1：12.5，海拔分布在2600～4450m，是目前祁连山森林植被最丰富、生物群落最完整的核心试验区和水源涵养林生态定位基地。

天老池流域属大陆性高寒半湿润山地森林草原气候，表现为夏短温凉而湿润，冬长寒冷而干燥。气温由低海拔向高海拔递减，雨量由低海拔向高海拔递增。海拔每升高100m，气温递减0.58℃左右，递减率因时间不同而存在差异。无霜期在90天左右，年均气温为0.2℃，最高气温为25.7℃，最低气温为-23.4℃。年均降水量为450～550mm，降水主要集中在5～9月，占全年降水量的96.2%，潜在蒸发量为1051.7mm，年日照时数为1892.6h，年平均大气相对湿度为56.9%。5月植物开始萌发，6～8月植物生长旺盛，9月初植物开始枯黄、凋落，9月偶有降雪，地表清晨出现薄冰层。生长季平均气温为10.4℃，平均降水量为481.4mm，平均大气相对湿度为76.2%。

天老池流域海拔为2600～4400m，植被类型因水分和温度条件的影响，呈明显的垂直梯度分布。海拔2900m以下，阳坡分布着一定面积的干草原，冰草（*Agropyron cristatum*）和紫花针茅（*Stipa purpurea*）为优势种，在边缘区域镶嵌着部分灌木，接近河流的地方有稀疏的祁连圆柏生长；2700～3100m较平坦且水分含量较高的区域分布着小面积的亚高山草地，由三穗薹草（*Carex tristachya*）、羊茅（*Festuca ovina*）和针茅（*Stipa capillata*）等组成；2700～3300m为森林草原分布带，阴坡为青海云杉林，并伴有金露梅（*Potentilla fruticosa*）、鬼箭锦鸡儿（*Caragana jubata*）等灌木林，阳坡为祁连圆柏林，林内丛生着金露梅等灌木，在林线边缘伴有亚高山草甸；3300～3800m为亚高山灌木林，金露梅占主体，鬼箭锦鸡儿与金露梅相伴生长，吉拉柳（*Salix gilashanica*）和高山绣线菊（*Spiraea alpina* Pall.）分布在海拔相对较高的地方；3800m以上为稀疏垫状植被、裸岩和冰雪。流域土地覆盖类型共有8类，包括青海云杉林、祁连圆柏林、亚高山灌木林、干草原、森林草原、高山草甸、裸岩和河流。其中亚高山灌木林面积最大，为437.61hm^2，其次为青海云杉林，面积为320.36hm^2，再次为裸岩，面积为257.03hm^2，祁连圆柏林面积为180.02hm^2，草地面积（包括干草原和森林草原）为96.21hm^2。

受地形、气候和植被等的影响，流域土壤呈明显的垂直地带性的分布。主要的土壤类型有高山寒漠土、亚高山草甸土、灰褐土和山地灰钙土。寒漠土分布在3800m的裸岩和冰雪以上，阴坡青海云杉林的林线在3300m左右，阳坡祁连圆柏林的林线在3400m附近，林线以上至裸岩以下部分均为亚高山草甸土，在海拔2900～3300m的阳坡和海拔2600～3300m的阴坡为灰褐土，海拔2600～2900m的阳坡为干草原群落，此处的土壤为山地灰钙土（高云飞，2016）。

1.2　理论基础与研究进展

森林与水具有紧密的相互作用，一方面水是森林生态系统中最活跃的因子，决定或影响着森林的分布格局、生长速率、结构特征和各种功能；另一方面森林通过其多变的空间格局和多样的结构特征影响着降水截持、植被蒸腾、土壤蒸发、土壤入渗和土壤蓄水、地面径流和壤中流及深层渗漏、坡面水分再分配等各种水文过程，进而影响着林地和流域的水量平衡及径流水资源形成（Wang Y H et al.，2012）。森林与水的相互关系在干旱地区显得更加突出、紧密和重要，因为水分条件对森林的分布和生长等起着决定性作用，同时森林的水资源调控影响对保障区域供水安全格外关键（王彦辉等，2006）。因此，对干旱地区森林与水的相互关系和协调管理的重视程度不断提高，已成为生态水文学、水土保持、流域综合管理、森林多功能经营等众多研究方向和生产实际共同关注的热点问题。

1.2.1　山地森林的空间分布

物种空间分布格局深受环境影响，分析物种与环境之间的关系一直是植物生态学的中心问题，早期人们就已认识到气候对森林分布的重要作用，当今在人类活动造成的全球变化环境问题研究中，植被与气候的关系研究又成为全球变化与陆地生态系统关系研究的前沿（周广胜和王玉辉，1999；刘兴明，2012）。2013年政府间气候变化专门委员会（Intergovernmental Panel on Climate Change，IPCC）第五次评估报告显示，与1850～1900年相比，全球气温在21世纪末预计会升高1.5～6.0℃或更高（IPCC，2013）。这种在短时间内的升温幅度是史无前例的，且这种升温在干旱区表现得尤为明显，尤其是干旱区的高山地区。例如，亚洲中部干旱区在20世纪气温持续增高（Jacoby et al.，1996），我国祁连山地区年均气温的升幅更是达到0.29℃/10a（张耀宗，2009）。除了气温持续升高外，使干旱区的气候变得更为干燥，降水减少是气候变化的另一特征（Narisma et al.，2007），如在西非的半干旱地区，降水从20世纪60年代以来持续降低，撒哈拉地区的降水已减少了20%～40%（Dai et al.，2004）。气候变化对森林的影响在过去几十年得到越来越多的证明（Parmesan and Yohe，2003；Kurz et al.，2008；Wang T et al.，2012）。由于气候变化会改变树木生长和森林空间分布的湿度、温度和立地条件（Chmura et al.，2011），现在已被广泛认为是影响森林和树种地理分布的主要因素（Woodward and Williams，1987；McKenney et al.，2007；Wang T et al.，2012）。气候变暖在北半球的亚北方带、北方带及亚北极地区表现得最强烈，因此这些地区的植被对于气候变化的响应也就更为明显（Zhou et al.，2001；Bogaert et al.，2002；Lloyd et al.，2002；Lloyd and Fastie，2003）。一些北方树种，如从上一次冰河时代起分布范围发生彻底变化的北美云杉，是这种情况的很好例证（Williams et al., 2004)。而且一些山区森林更易受影响，Kelly 和 Goulden（2008）比较了加利福尼亚州南部圣罗莎山海拔 2314m 附近的植被覆盖情况，发现 1997 年和 2006～2007 年两次调查之间主要植被的平均分布海拔上升了约 65m，主要是此期间的气候变暖所致。同样，欧洲的高山植被可能被迫迁移到更高的海拔（Hughes，2000），对阿尔卑斯山未来物种分布的一项预测研究也表明，树种将在更高的海拔生存（Theurillat and Guisan，2001）。与之相似的是，1960～2002 年在西伯利亚南部地区同样观察到了气候变化引起高山森林空间分布格局发生明显变化的现象（Kharuk et al.，2010）。He 等（2013）研究发现，祁连山区青海云杉的树线 1907～1957 年上升了 5.7～13.6m，1957～1980 年上升了 6.1～10.4m。

但从较小区域来看，影响森林分布的因素除气候因子外，还包括地形（海拔、坡向、坡位、坡度等）、土壤、地下水等环境因子。确定影响森林空间分布格局的主导因素及其阈值并建立随影响因素变化的数量关系，引起了从事区域潜在森林分布研究的生态学家的极大兴趣。海拔对森林分布的影响主要通过降水、温度等气象因子的变化来体现。坡向主要是通过影响太阳辐射量来影响温度、蒸散发等，从而影响植被的水量平衡和土壤可利用水分（REW）。与阳坡相比，阴坡由于山地的遮挡，减少了太阳辐射量，增加了土壤可利用水分和湿度条件（Olivero and Hix，1998），这是决定山地森林空间分布的一个重要因素。例如，华盛顿东部的花旗松总是占据北面的阴坡，而在南面的阳坡完全不存在（Turesson，1914）。土壤深度可通过影响树木可利用的土壤含水量、根系发育、幼苗更新（Dovčiak et al.，2003）、抗旱能力等来影响森林的生长和空间分布。Meerveld 和 McDonnell（2006）研究发现，土壤深度的空间差异是物种分布空间差异的重要原因之一。坡位对森林分布的影响主要通过地表径流和壤中流向下的横向运动，使得上坡位较下坡位更加干燥（Hewlett and Hibbert，1963；Mowbray and Oosting，1968），或者说下坡位较上坡位更加湿润。坡度可以通过影响很多环境因子来影响森林分布，如太阳辐射、土壤质地、土壤侵蚀、土壤水分和土壤养分等，通常情况下较平缓的坡度能提供更多的土壤水分和土壤养分（章皖秋等，2003）。

关于祁连山区青海云杉林的空间分布，Zhao 等（2006）最早基于边界函数模型，综合野外观测数据与遥感数据，成功反演了青海云杉林潜在分布区。该方法可用于提取与青海云杉分布区相关的环境变量的空间范围并确定边界函数，进而对青海云杉栖息地进行合理估计。之后，彭守璋等（2011b）、刘兴明（2012）也参照上述方法进行了研究。但是，遥感数据无法精确地将青海云杉与其他针叶树种区分开，如祁连圆柏，且野外调查多选择典型样地，不具有普遍代表性。Xu Z 等（2009）模拟了青海云杉在当前和未来气候情景下的潜在分布区，但是未考虑地理因素的影响。此外，青海云杉林当前的分布很可能受到了人类活动的强烈影响，因此上述方法可能无法准确反映其适宜的分布区，需要进行流域的全面调查，但当前关于祁连山区青海云杉林空间分布格局的研究很少。

如何预测森林空间分布对气候变化的响应，使森林恢复和经营规划更具适应性，这是我们必须面对的全球性挑战。尽管极端天气的影响也很重要，但大多数的研究都集中在年均气温和年均降水的影响上。为了预测未来气候变化对森林和树种地理分布的影响，许多研究使用内插基准气候数据来生成当前和未来物种分布图。这些研究表明，树种将扩大或缩小其原始分布范围（Klasner and Fagre，2002；Yu et al.，2011）。然而，森林空间分布对气候变化的响应模式在山区，特别是在占据全球1/3陆地面积的干旱区山地更加复杂。在山地环境条件下，环境因子存在明显的空间异质性，立地条件（如海拔、坡向、土壤深度等）和气象条件（如降水量、温度、光照等）变化剧烈，森林空间分布对其非常敏感，且受其强烈影响。因此，首先要确定影响森林空间分布的重要地形因素；其次要量化这些地形因素的阈值；最后推导气候因子（主要是降水量和温度）的界限，为气候变化加剧背景下的干旱区山地森林恢复提供更加准确和可靠的指导。

关于气候变化对山地森林空间分布的影响，Hamann 和 Wang（2006）认为未来50年有些山地森林可能会从空间上移出现在的分布区域。欧洲的高海拔山地森林被预测是最易受气候变暖影响的（Watson et al.，1998）。例如，如果瑞士高原的年均气温升高2.2～2.75℃，*Carpinion* 森林会扩展到现在被亚高山和低山区山毛榉林占据的地区（Brzeziecki et al.，1995）。对祁连山区青海云杉林响应气候变化的研究较少，Xu Z 等（2009）应用最大熵模型预测了祁连山区青海云杉林的潜在分布面积，发现未来气候情景下青海云杉林的潜在分布面积会增大1%。但是这些研究都是仅考虑气候因子对山地森林空间分布的影响，未考虑山地普遍存在的空间异质性及其影响。在一些造林研究中，仅根据立地环境因子划分立地类型，忽略了气候因子及其变化的影响，因而不能适应气候变化背景下的山地森林空间分布格局预测。因此，只有综合考虑气候因子与立地环境因子对山地森林空间分布的影响，才能更准确地发现并预测山地森林的空间分布与变化规律。

1.2.2　森林的结构特征

林分结构是决定森林各种服务功能的重要基础，包括很多相互联系的结构指标，如孟宪宇（2006）指出，林分结构指标包括树种组成、形数、林层、密度和蓄积量，以及林龄、树高、胸径等；李毅等（1994）在研究甘肃胡杨林的更新和演替时，认为林分结构是指林分中树种、株数、胸径、树高等因子的分布状态。目前来看，林分结构的概念非常广泛，各学科所关注的森林主要功能不同，对森林结构的理解、定义和分类等均有所差异；即使在相近学科之间，或同一学科的不同研究者针对不同的研究地点或研究目标，所关注的林分结构特征也存在差异。例如，对格外关注木材生产功能的森林经营学，一般将林分结构分为空间结构和非空间结构两类，其中非空间结构指标主要包括树种、胸径、树高、林龄、密度、生物量等（亢新刚，2001），是描述林分数量化特征所必需的，也是森林资源基础信息的重要体现；惠刚盈等认为林分空间结构是指林木的分布格局及其属性在空间上的排列方式，决定着树木之间的竞争势及其空间生态位，在很大程度上影响着林分的稳定性、演替方向、发展可能性和经营空间大小（惠刚盈，1999；惠刚盈等，2004，2007）。相比之下，对于森林生态水文学科，则更加关注对水文过程和水文功能具有重要影响的林分垂直分层结构特征，一般划分为林冠层（及其亚层）、林下植被层（灌木层和草本层及苔藓层）、枯落物层、根系层（土壤分层）等水分作用层，各层又包括一些具有不同水文影响的结构指标，如直接影响冠层截留和林分蒸腾的林分郁闭度、叶面积指数，影响林下蒸散的灌木层、草本层、枯落物层的盖度和生物量等；另外，林分的年龄、树高、胸径、蓄积量等是森林培育学经常用的指标，是描述森林特征的重要指标，虽然上述指标对森林水文作用的影响不是直接的，但与直接影响指标具有紧密的联系，在估计和推求直接指标时具有重要作用，因而在森林生态水文研究中也经常用到。

对于乔木林冠层，树高和胸径是最主要和最基本的林分结构特征指标。目前关于树高、胸径生长特征的研究报道非常丰富。树高、胸径的生长直接受年龄影响，但因不同树种生长速度不同，树高、胸径随年龄的增长趋势有所不同，熊斌梅等（2016）研究发现，三次曲线模型可以很好地表达湖北黄杉树高、胸径对年龄的响应。李兵兵（2012）对塞罕坝林场两种主要林分的研究表明，采用 Logistic 模型拟合华北落叶松人工林的树高、胸径随年龄的生长过程时效果最好，而白桦天然次生林采用对数方程拟合时效果最好。刘兴聪（1992a）、王学福和郭生祥（2014）、杨秋香和牛云（2003）研究了青海云杉树高、胸径生长随年龄的变化过程，但没有建立数学模型。同时，立地因子也会对林分的树高、胸径生长产生影响，如随着海拔的升高，温度降低，生长季缩短，树高和胸径生长速度均会降低，但胸径的降低幅度一般较树高要小，这是由密度在高海拔范围内随海拔升高而降低所导致的，因此高海拔树木多呈现“矮粗”现象。张雷（2015）对祁连山不同海拔段青海云杉高径比的研究显示，青海云杉高径比在海拔 2500～2600m 处为 0.61m/cm，在海拔 2800～2900m 处为 0.73m/cm，在海拔 3200～3300m 处仅为 0.45m/cm。坡向主要通过影响太阳辐射的接收量影响温度、湿度、土壤含水量等，进而影响树高、胸径的生长，史元春等（2015）对兰州北山的侧柏研究发现，树高和胸径生长均表现出南坡>西坡>东坡>北坡。刘谦和和车克钧（1995）依据祁连山北坡 32 块青海云杉林标准样地调查资料，定量分析并建立了青海云杉树高对海拔、坡度、坡向等立地因子的响应模型。

蓄积量是评估森林生产功能大小的重要指标，基于经验公式的计算及基于遥感数据的森林蓄积量估算是目前得到蓄积量的两种主要方法；胸径、树高和林龄均直接影响蓄积量，同时蓄积量也会受到人为干扰、立地因子等影响（邓秀秀，2016）。相关研究表明，海拔和坡向是影响蓄积量的主要地形因子（邓秀秀，2016），李明军等（2015）对贵州中龄杉木林的研究表明，蓄积量大小的海拔段排序为 300～600m>600～900m>1200～1500m>1500～1800m>900～1200m；马俊等（2016）对秦岭林区红桦林的研究表明，阳坡（东南、正南、西南、正西）的蓄积量为 188.90m^3/hm^2，大于阴坡（西北、正北、东北、正东）的 142.35m^3/hm^2（邓秀秀，2016）。俞益民等（1999）在研究贺兰山区青海云杉林时发现，林分蓄积量随海拔升高出现先增加后减少的变化趋势。

以上研究多注重年龄、林分特征、立地因子等对树高、胸径、蓄积量生长特征的影响，其中一些研究建立了数学模型，但是缺乏关于树高、胸径、蓄积量生长过程综合响应这些因素的耦合模型。建立响应多因素的耦合模型，有助于更深入理解和预测林分的树高、胸径、蓄积量生长特征，并用于指导林分管理和林业建设。尤其是对生长于我国西北祁连山地区的青海云杉林，准确了解其林分树高、胸径、蓄积量生长特征，将有助于促进理解青海云杉林的空间分布和生长规律，指导调节其水源涵养功能，科学指导其管理、恢复和重建工作。

林冠层的结构对森林水文过程具有重要影响。杜强（2010）在泰山罗汉崖对典型林分的研究发现，较高的郁闭度、林分密度和树高都有提高林冠截留能力的作用，且在一定密度范围内有改善土壤渗透性的作用。潘紫重和应天玉（2008）在黑龙江帽儿山的研究显示，林分郁闭度不同会影响林下植被的种类及数量，从而影响林下植被层的持水能力。喻阳华（2015）研究赤水河上游32个水源涵养林树种时发现，冠层持水量随树高、胸径/地径、冠长的增加而增大，并呈现显著的幂函数关系。王威（2009）研究建立了北京山区水源涵养林的林分结构（林龄结构、林分郁闭度、林分层次结构、林分生物量结构等）与功能的耦合关系模型。

对于作为林下灌木层和草本层，由于靠近地表或直接覆盖地表，在盖度较大的情况下同样具有显著的水源涵养作用，如截持降水、拦截地表径流、增加土壤入渗等。林下灌木层和草本层的种类、数量、生物量等受乔木层的林分郁闭度、林木密度、林龄等结构特征的深刻影响。随着林分郁闭度增加，林下灌木层和草本层生物量呈减少趋势；而当林分郁闭度减少时，林下灌木层和草本层生物量呈增加趋势。林下灌木层和草本层生物量与林分郁闭度和林木密度呈极显著的负相关，因为较低的林分密度和郁闭度使林下透光度大，有利于林下植被发育（杨昆和管东生，2006；何列艳，2011）。何列艳（2011）研究表明，长白山过伐林区杨桦次生林林下灌木、草本层的物种数量和生物量分别在郁闭度为0.8、0.6时最大，在郁闭度均为1.0时达到最小。李帅英（2002）在河北平泉的研究显示，油松林林下物种（灌木+草本）多样性在林分郁闭度为0.8时最大，而山杨林多样性在林分郁闭度为0.53时最大。

林地枯落物层对维持森林在涵养水源、保持水土等方面的生态系统服务功能有着特别重要的作用，因为枯落物层疏松多孔，在增加截持损失的同时有利于减少土壤水分蒸发，还能直接拦截地表径流、保护土壤结构和入渗能力，从而增加入渗和减少地表径流与土壤侵蚀（赵鸿雁等，1994）。枯落物的蓄积量受到林型、密度、冠层郁闭度、分解速度等多种因子影响。赵丽等（2014）对内蒙古扎兰屯市三种典型林分枯落物的研究表明，天然兴安落叶松林由于树种组成较为丰富，其林下枯落物量高于密度较大但林分组成单一的人工落叶松林。周彬（2013）对山西太岳山油松人工林的研究表明，林下枯落物储量随郁闭度增加而增加。

祁连山区青海云杉林在自然状态下的成层现象较为明显，结构相对简单，在垂直方向上可划分为乔木层、灌木层、草本层、苔藓层和枯落物层（赵维俊等，2012；李效雄等，2013）。但是，关于青海云杉林垂直结构的研究非常少，赵维俊等（2012）对青海云杉林的林下灌木层和草本层盖度的研究发现，祁连山东段、中段、西段的灌木层盖度平均分别为0.73%、0.64%和0.80%，草本层盖度分别为16.20%、5.64%和6.20%。张天斌等（2016）对祁连山东段哈溪林区的青海云杉林下灌木和草本植物分布特征的研究显示，在海拔2790m的青海云杉林样地（25m×25m）内仅有银露梅灌木17株、薹草和珠芽蓼共138株，表明林下灌木层和草本层分布稀疏，这可能也是有关研究和报道较少的原因之一。关于祁连山区青海云杉林下苔藓层和枯落物层的研究报道相对较多，刘旻霞和车克钧（2004）研究发现，祁连山区青海云杉林的凋落物量为2.689t/(hm^2·a)；王顺利等

(2006) 对 15 个祁连山区青海云杉林的样地调查发现，林内枯落物层的蓄积量为 113.4t/hm²；高婵婵（2016）调查了 87 块不同立地条件的青海云杉林样地，发现苔藓生物量介于 0～34.88t/hm²，平均为 16.40t/hm²，并建立了苔藓生物量与海拔、坡向、坡度等立地条件及林冠郁闭度的数量关系。

上述研究多集中在对单个样地或单个结构特征的表观现象的研究报道上，且还没有系统地建立定量化关系，无法将其结果推广应用。对于山地森林，很多地区由于地形陡峭、天气条件恶劣或其他原因，无法进行地面调查，已有的调查数据也多存在无法匹配成套的问题，需根据现有研究数据建立不同结构特征间的数量转换关系，为不同结构特征间的相互转化与比较提供可能。

1.2.3 森林的水文影响

森林的水文影响是由于森林影响水文过程而形成的。森林水文过程是指森林在生长过程中对水分的传输、转化等发生干扰和调节，主要分为森林水文的物理过程与化学过程（黄奕龙等，2003）。森林水文的物理过程是指植被对水文循环（数量）的作用，森林水文的化学过程是指植被对水质变化（质量）的作用。在干旱地区水资源格外缺乏的情况下，加之工农业污染相对较轻，森林水文的物理过程研究在森林水文过程研究中占据着核心地位（Rodriguez-Iturbe，2000），主要是研究森林水文影响大小和作用机制，深入探讨森林中水分运动规律，包括降水的林冠层截留与蒸发、枯落物层的水分截持、植物的水分吸收、土壤水分的渗透、蒸散耗水、产流功能等。由于在使用微型蒸渗仪测定时难以区分林下植被和枯落物层的截持、蒸腾和林地蒸发，就将其统称为林下蒸散。在干旱地区，林冠层截留、冠层蒸腾、林下蒸散这三个组分的林分蒸散往往是森林水分平衡中最大的输出项，对林地产流大小起着决定性的作用。因此，干旱地区的森林水文影响研究常把林分结构对林分蒸散及其组分的影响作为核心内容。

(1) 林冠层截留

国外对林冠层截留降水研究较早，研究结果表明，温带针叶林和阔叶林的降水截留率分别为 20%～40% 和 11%～36%（Rutter et al.，1971；Gash et al.，1980；Bonell，1993；Viville et al.，1993）。我国也对主要林种进行了截留研究和定量描述，主要森林群落的林冠截留率范围在 11.4%～34.3%（王彦辉，1987，2001；温远光和刘世荣，1995；王彦辉和于澎涛，1998），变动较大。这是由于林冠截留率受林分结构特征、林冠特征、冠层蒸发能力、降水历时、降水强度、降水频率、风速等多因素的影响。

林冠截留作用的发生以存在大气降水为前提，降水的频率、强度、历时及时空分布均会明显影响森林冠层截留，而林分因素是决定林冠截留量大小的内在因素，也是影响林冠截留最复杂的因子；研究发现，不同森林类型的林冠截留率明显不同，一般来说针叶林大于阔叶林，且不同气候带的森林截留率差异显著；对处于同一地区的相同树种，林分结构特征对林冠截留影响显著（田风霞等，2012）。受降水量级及林冠郁闭度等影响，在已有研究报道中，祁连山区青海云杉林的冠层截留率平均约为 37.5%。郝帅等（2009）对天山云杉林冠截留量的研究发现，林冠截留率与林分郁闭度表现出显著正相关，并建立了适合不同郁闭度条件下的林冠截留量与次降水量的数学关系：

$$I=a\times P^2+b\times P+c \tag{1-1}$$

式中，I 为林冠截留量（mm）；P 为次降水量（mm）；a、b、c 为参数。

徐丽宏等（2010）在对六盘山主要植被类型冠层截留特征的研究中，提出：

$$I=d\times \text{LAI}\times\left[1-\exp\left(-\frac{C\times P}{d\times \text{LAI}}\right)\right]+\alpha\times P \tag{1-2}$$

式中，I 为林冠截留量（mm）；α 为降水蒸发率；P 为次降水量（mm）；d 为单位叶面积指数的截留容量（mm/LAI）；C 为冠层郁闭度，C=0.05LAI；LAI 为叶面积指数。

国内一些学者对青海云杉林冠截留特征进行了研究，党宏忠等（2005）对青海云杉林冠截留的研究得出林冠截留与降水、林分郁闭度的复合模型：

$$I=a\times[1-\exp(-P\times C)]+b\times P\times C \tag{1-3}$$

式中，I 为林冠截留量（mm）；P 为次降水量（mm）；C 为林分郁闭度。

彭焕华（2013）在对祁连山天老池小流域青海云杉林进行观测后，认为不同降水等级下的青海云杉林的林冠截留量与林冠郁闭度呈线性关系。田风霞（2011）、柳逸月（2013）和高婵婵（2016）等对祁连山区青海云杉林冠截留的研究也得到了类似结果。

以往关于冠层截留模型的研究多止步于采用同一样地不同场次的降水进行验证，对模型在流域上推广应用的重视和研究不够。Cui 等（2017）基于 Remote Sensing-Gash 模型估算了黑河上游地区四种植被类型的冠层截留量，发现森林冠层截留量和降水总量之间存在较强的线性关系，且这种线性关系在不同地区有所不同。因此需增加对适用于流域尺度上的冠层截留模型的研究。

一般树干茎流（干流）占降水量的比例往往在 5% 以下，很少超过 10%（周晓峰等，2001），研究显示，祁连山区青海云杉林树干茎流率更低，在 0.1% 以下（党宏忠等，2005；赵维俊，2008），因此本研究暂不考虑青海云杉的干流作用。

（2）冠层蒸腾

位于干旱半干旱区的森林，其林分冠层蒸腾对林地水量平衡和产水量具有决定性的作用。苏建平和康博文（2004）的研究显示，半干旱区的林分冠层蒸腾可占到同期降水量的 40%～70%，因此准确计算冠层蒸腾对估算林地产水量和建立水文模型具有重要作用。目前，由于热脉冲或热扩散探针法具有使用方便、精度高，且基本保持树木自然生活状态不变等优势，已被研究人员广泛应用。应用热脉冲或热扩散探针法可对单株树木的液流密度进行长期监测，并结合林分的边材面积、叶面积指数、基面积、林木密度等指标计算单株蒸腾及林分的蒸腾（万艳芳，2017）。例如，吴芳（2011）利用热扩散探针法对黄土丘陵半干旱区的刺槐和侧柏人工林的树干液流密度进行监测，发现 2010 年刺槐林地和侧柏林地的生长季蒸腾总量分别为 96.75mm 和 181.90mm。张小由等（2006）应用热脉冲技术测定了黑河下游额济纳绿洲胡杨的液流通量，推算出胡杨近熟林生长季（4～10 月）的蒸腾耗水量为 3172.0m^3/hm^2。关于青海云杉林分蒸腾的研究报道还非常少，且差别较大，如万艳芳（2017）于 2015 年 6～10 月应用 SF-L 型热扩散液流计对排露沟小流域青海云杉林的蒸腾研究显示，林分平均日蒸腾为0.47mm。Chang等（2014a，2014b）应用SF-300树干液流仪对排露沟小流域青海云杉林的蒸腾研究显示，2011年和2012年生长季（6～9月）林分平均日蒸腾分别为1.6mm和1.8mm。

冠层蒸腾同样受到植被组成、林分结构、立地环境、土壤供水能力［如土壤可利用水分（REW）］和大气蒸发需求［如潜在蒸散（PET）、饱和水汽压差］等因素的影响。尤其是在干旱半干旱地区，特别需要关注土壤可利用水分和潜在蒸散对冠层蒸腾的影响。通常认为，随着土壤水分增加，蒸腾先是快速的近线性增加，当土壤水分达到一定阈值后不再增加或逐渐趋近一个最大值（李振华，2014）。因植被类型、气候、地区的不同，土壤可利用水分阈值通常在0.2～0.5。Sadras和Milroy（1996）的研究发现，很多植被气孔开始关闭时，土壤水分阈值在0.37左右。Lagergren和Lindroth（2002）对瑞典中部50年生松杉混交林进行研究时发现，当根区土壤可利用水分<0.2时，欧洲云杉（*Picea abies*）、欧洲赤松（*Pinus sylvestris*）的蒸腾速率开始快速下降。王艳兵（2016）对六盘山华北落叶松林的研究表明，当土壤可利用水分<0.4时，冠层蒸腾随土壤可利用水分增加而快速增大，但当土壤可利用水分>0.4时，增速渐缓。万艳芳（2017）对祁连山排露沟流域青海云杉林的研究表明，当土壤可利用水分<0.2时，冠层蒸腾主要受到土壤可利用水分的限制。众多气象因子对冠层蒸腾的复杂影响可通过潜在蒸散来实现，通常冠层蒸腾随着潜在蒸散增加而增大，当潜在蒸散达到一定阈值后停止增大，甚至出现降低，如王艳兵（2016）对六盘山华北落叶松林的研究表明，当潜在蒸散<4.0mm/d时，冠层蒸腾随潜在蒸散增加而快速增大，当潜在蒸散>5.4mm/d时，反而减少。关于叶面积指数（LAI）对冠层蒸腾影响的研究还较少，Bucci等（2008）对巴西中部5个不同密度的稀树草原样地进行研究时发现，当LAI<3时，冠层蒸腾与LAI呈近线性关系；Forrester等（2012）对澳大利亚东南部的桉树人工林进行研究时发现，当LAI介于1～6时，冠层蒸腾随LAI线性增加。

目前关于冠层蒸腾的研究还多停留在对单株或某个林分的水平上，其研究结果不具有普遍应用价值，这是因为缺乏关于冠层蒸腾响应不同影响因子的数量关系研究。若能通过耦合冠层蒸腾响应主要单因子的关系式，而建立能够反映冠层蒸腾综合响应环境条件和植被特征的耦合模型，将有助于深入理解和准确预测冠层蒸腾及其空间分布规律。

（3）林下蒸散

林下蒸散（包括林地上灌木、草本、枯落物的截持、蒸腾与土壤蒸发）是林地水量平衡必不可少的组分。

由于空间和时间分布差异较大，对灌木层和草本层降水截留的测定难度很大，马雪华（1993）曾尝试用小型沟槽集水器来测定灌草截留，但因有雨水击溅损失而使获得的测定数值偏大。成晨（2009）用浸水法测定了缙云山林下灌木层和草本层的持水能力，表明灌丛具有较好的持水性。段劼等（2010）对不同立地的侧柏林下灌草水文功能进行了研究，表明阴坡厚土立地的灌草层涵养水源功能最大，阳坡薄土立地的最小，即灌草层水文功能与立地条件关系显著。胡建朋（2012）对鲁中南石灰岩退化山地不同造林模型的蓄水保土效益进行了研究，发现林下灌草植被盖度和生物量最大的刺槐纯林，其改善土壤物理性质和增加土壤水文效应的作用最好。程良爽（2010）对岷江上游山地森林水源涵养效益进行了研究，发现油松–臭椿人工林下的灌草层持水量与其单位面积储量有密切关系，随着蓄积量的增大，持水量也增大。崔鸿侠（2006）对湖北巴东县朱砂土小流域的研究也发现，林下灌草层的持水量与其生物量具有密切关系，生物量多的持水量也多。谭长强等（2015）在珠江中上游都安地区的研究表明，林下灌草持水量与其生物量呈正相关关系。但这些都只是提出了相关关系，缺乏建立相应的数学关系，甘肃省祁连山水源涵养林研究院曾布设样地观测了祁连山区青海云杉林下灌草层持水能力，但观测结果偏差较大。

枯落物层持水能力直接影响林地和森林流域的产水量，且它同时受林分类型、枯落物组成、厚度、分解程度等多因素的影响。通常情况下，枯落物层持水能力在室内采用人工实验方法进行测定和推算。王凤友（1989）研究得出，成熟林的枯落物层持水能力较幼龄林和过熟林高，混交林和复层林较纯林和单层林高。刘向东等（1991）研究表明，阔叶林枯落物持水能力较针叶林和草丛高。相关研究表明（刘向东等，1989；张光灿和赵玫，1999），在不同森林类型条件下，枯落物层的蒸发量占林地总蒸发量的3%~21%，平均最大持水率达309.54%，持水量为自身重量的2~4倍。整理关于祁连山区青海云杉林枯落物最大持水率的研究报道后发现，平均最大持水率为327.6%。

枯落物层持水量计算公式为

$$V=B_L \times R \tag{1-4}$$

式中，V为枯落物层持水量（t/hm^2）；B_L为枯落物层生物量（t/hm^2）；R为枯落物层最大持水率（%）。

马正锐等（2012）首先通过计算枯落物层的有效拦蓄量，估算了青海云杉林下枯落物层对于降水的实际截留能力，枯落物层有效拦蓄量的计算式为

$$M_i=(0.85R_m-R_o)\times B_L \tag{1-5}$$

式中，M_i为枯落物层有效拦蓄量（t/hm^2）；R_m为最大持水率（%）；R_o为平均自然含水率（%）；B_L为枯落物层生物量（t/hm^2）。

然后通过计算有效拦蓄量得到青海云杉林枯落物层的实际截留能力，对其结果进行拟合，得到枯落物层的实际截留能力与生物量的回归方程：

$$I_L=\frac{B_L}{8.07-0.00819B_L} \tag{1-6}$$

式中，I_L为枯落物层的实际截留量（mm）；B_L为枯落物层生物量（t/hm^2）。

苔藓层具有很强的吸水和保水能力，对干旱半干旱区的水土保持、涵养水源和维持生态系统稳定性方面具有重要作用。高婵婵（2016）对祁连山87块样地的观测数据进行分析，发现苔藓层吸附截留容量与苔藓层生物量呈良好的线性关系：

$$I_M=0.4409B_M \tag{1-7}$$

式中，I_M为苔藓层吸附截留容量（mm）；B_M为苔藓层生物量（t/hm^2）。

同时，高婵婵（2016）对祁连山天老池小流域的青海云杉林进行了研究，建立了苔藓层生物量经验方程：

$$B_M=-0.018\times H+0.0002\times A^2-0.09\times A+0.26\times S-1.45\times \mathrm{LAI}^2+6.89\times \mathrm{LAI}+64.65 \tag{1-8}$$

式中，B_M为苔藓层生物量（t/hm^2）；H为海拔（m）；A为坡向（°）；S为坡度（°）；LAI为叶面积指数。

祁连山区青海云杉林下广泛分布着苔藓植物，且不易将苔藓与青海云杉的落叶进行分离，因此祁连山区青海云杉林枯落物层常常是指苔藓枯落物层。祁连山中段排露沟流域青海云杉林下苔藓枯落物层持水率在276.65%~370.48%，平均为322.53%，最大持水量可达其自身干重的3倍，变化范围在7.6~29.1mm（张剑挥，2010）。

土壤蒸发是林下蒸散和森林水文循环中的重要环节，特别是在干旱半干旱区林冠层和地被物层比较稀疏或单薄的情况下，对林内水量平衡具有重要影响。陈丽华等（2008）的研究表明，华北土石山区油松人工林的土壤蒸发占林地总耗水的22.15%。熊伟等（2005）对六盘山辽东栎、少脉椴天然次生林的研究表明，日均土壤蒸发量占林分总蒸发量的13.3%。王瑾等（2014b）对祁连山区青海云杉林的研究表明，2004~2006年林地土壤年蒸发量占年降水量的54.16%。影响土壤蒸发的因子包括土壤自身特征，如土壤质地、结构、色泽、表面粗糙度等，也包括土壤自身的温度、水分等条件，同时还包括辐射、气温、湿度、风速等气象因子（莫康乐等，2013）。地面植被的有效覆盖可以减少土壤水分的无效蒸发，同时因覆盖程度的不同，土壤蒸发有所不同。杨晓勤和李良（2013）对河北塞罕坝华北落叶松人工林的研究显示，土壤蒸发受林分密度与林龄的影响，土壤蒸发量排序为幼龄林（密度4500株/hm^2）<中龄林（2175株/hm^2）<近熟林（750株/hm^2）<林外对照（空地）。王顺利等（2017）对祁连山排露沟流域青海云杉林下藓类的研究表明，有苔藓覆盖的林地土壤日平均蒸发量为0.706mm，较无苔藓覆盖的林地减少10.76%。

不同林分由于树种组成等不同，林下蒸散有所不同，曹恭祥（2010）对宁夏六盘山森林的研究表明，华北落叶松人工林林下蒸散占总蒸散的41.8%，而华山松天然次生林占29.1%。杨晓勤和李良（2013）对河北塞罕坝华北落叶松人工林的研究显示，林下蒸散量占降水量的占14%~33%。林下蒸散除受植被自身生理特征影响外，还受上方林冠或其他植被遮蔽的影响，同时也受气温、潜在蒸散、空气相对湿度等气象因子的影响，曹恭祥（2010）比较了宁夏六盘山两种不同林分的林下蒸散特征，发现密度较大的华北落叶松人工林的灌木日均蒸腾量（0.14mm）远低于稀疏的华山松天然次生林的灌木日均蒸腾量（0.61mm），整个生长季两者相差3.3~4.8倍；孙浩等（2014）对宁夏六盘山香水河小流域4种不同结构林分的林下蒸散进行研究，发现当林外气象因子固定时，林下蒸散量随林冠层叶面积指数增加呈对数函数下降的趋势（$P<0.01$）。

由于林下蒸散包含的组分较多，受到的影响因素也较多，确立林下蒸散响应林分、土壤、气候等因子特征变化的数量关系，并进一步建立多因子耦合模型，有助于深入理解和准确预测林下蒸散的空间分布。

（4）林下土壤水分

土壤水是联系地表水与地下水的纽带，也是“四水”（大气降水、地表水、地下水和土壤水）转化的核心，在水资源的形成、转化及消耗过程中起着重要的作用。在干旱半干旱缺水地区，林地土壤水分在很大程度上决定着林木生长状况，当土壤水分降低到萎蔫点之前，树木就会出现水分亏缺，生长受到严重抑制。此外，土壤水分的入渗和储存对森林生态系统径流的形成具有十分重要的意义，故林地土壤水分一直是森林生态学、森林水文学和水土保持学关注的重点问题。

目前，观测土壤水分的常规方法有烘干法、土壤湿度计法、张力计法、蒸渗法、中子仪和TDR（时域反射仪）测定法，其中烘干法的测量精度最高，经常作为其他观测方法或模型模拟结果的基础数据。然而，上述常规测定方法均属样点测定法，虽然具有很多优点，如精度高、操作便捷、不受土壤剖面深度和天气的影响等，但是拟通过定点观测，穷尽所有影响因素的分布特征及其内在规律几乎是不可能的，因此在观测区域尺度土壤水分时具有很大的局限性，仅能获得有限样点的土壤水分数据，以点代面。幸运的是，当今计算机技术飞速发展，GIS和RS技术手段不断完善，研究者可采用遥感方法反演区域尺度土壤水分。然而，遥感方法在反演大尺度不同植被盖度下的土壤水分时，无法剔除植被的影响，且仅对土壤表层水分的反演比较精确。加之，土壤水分在时间和空间分布上具有巨大的变异性，因此，在大中尺度上预测土壤水分的时空变化规律时，模型模拟则成为一种有效工具。例如，有关土壤湿度与气象因子关系的统计模型、通用水量平衡模型，以及引入随机变量的机理模型。

大气降水通过林冠层渗入林地土壤后，除少部分渗漏到地下，其余的主要用于林木蒸腾和林地土壤蒸发。雨后表层土壤开始蒸发变干，且干土层逐渐增厚，呈现由上而下土壤水分递增的趋势。同时根系从土壤中吸收水分供应树木蒸腾，有时又会出现根系分布层变干的趋势，因此林地土壤水分有明显的季节变化和土壤剖面垂直变化特征（田风霞，2011）。

一般来说，林地水分含量比非林地高，且在降水充足的年份季节变化不明显。李志飞等（2010）对樟子松、红松、兴安落叶松等5种森林类型土壤水分时空分布特征的研究表明，土壤水分在生长季内与降水量正相关，且随土层深度的增加而降低。陈佳等（2009）通过定点观测小流域内的土壤水分，发现不同深度土壤剖面的含水量差异显著，其中0～20cm土层含水量较低，与降水有相似的变化趋势且季节变化大；20～40cm土层含水量中等且季节变化不大；40cm以下土层含水量较高且季节变异极不显著。地形因子对降水的再分配作用和对植被类型的影响，造成不同坡向、坡位和植被类型间土壤水分差异明显。何庆宾等（2010）对长白落叶松人工林土壤水分变化规律的研究表明，阴坡土壤水分含量明显高于阳坡，且不同坡位的土壤水分含量亦有差异，坡上部土壤水分含量较低，为10%；坡中部土壤水分含量为14%左右；坡下部土壤水分含量最高，为18%。

土壤水是联系森林生态系统水文过程和生态过程的纽带，且土壤水分平衡是对气候、土壤、生态等多种过程的综合响应。有学者认为土壤水分是定量研究水文动态和生态格局及生态过程等众多基本问题的基础。

第2章 青海云杉生长物候及对水热因子的响应

植物物候是植物长期适应环境条件的周期性变化，因此当植物生长的外部环境条件发生变化时，植物的物候期会表现出一定的响应关系，如某个物候期的提前或者延迟。祁连山区青海云杉林面积占山地森林面积的90%左右，森林生态系统结构单一，受外部环境影响大（如放牧、开矿及水电开发等人为干扰），因此青海云杉对环境条件很敏感。

祁连山地处西北干旱半干旱地区，水热条件是影响青海云杉生长的重要因素。本章将分析青海云杉展叶和球果两个关键物候的时间动态，量化青海云杉展叶和球果成熟期的积温阈值，研究生长季水热因子（降水、气温、土壤温度及土壤含水量）与青海云杉展叶和球果物候的关系。

2.1 青海云杉物候观测

2.1.1 青海云杉物候观测的样地选取

依托祁连山森林生态系统国家定位观测研究站，我们于2015年、2016年的5～10月生长季，在祁连山西水林区的排露沟流域，海拔2700m（100°17′E，38°33′N）处选择3个青海云杉林固定样地（25m×25m）进行青海云杉展叶和球果成熟物候现象观测，所选样地为青海云杉纯林，林分起源为天然次生林，属于中龄林。3个样地（分别记为1号、2号和3号）之间的水平距离约为50m。于2016年生长稳定期（10月底）对3个青海云杉林（胸径≥5cm）固定样地进行每木检尺调查，调查因子包括树高、胸径、冠幅、郁闭度、林龄及林下灌木、草本生长状况等，保证青海云杉每木检尺调查结果与样株编号一一对应，具体调查结果见表2-1。林下灌木层主要由银露梅（*Potentilla glabra*）组成，灌木平均高度为0.6cm，盖度在4%左右；草本层有披针薹草（*Carex lancifolia*）、马先蒿属（*Pedicularis*）、甘肃棘豆（*Oxytropis kansuensis*）等，草本平均高度为8cm，盖度在38%左右，苔藓层厚度介于5～10cm，盖度在35%左右。

表2-1 青海云杉物候观察样地基本信息

编号	郁闭度	林龄/年	林分密度/(株·hm^2)	平均树高/m	平均胸径/cm	平均冠幅/m
1	0.66	83	1344	10.4±4.2	7.9±3.9	2.9±0.9

续表

编号	郁闭度	林龄/年	林分密度/(株·hm^2)	平均树高/m	平均胸径/cm	平均冠幅/m
2	0.68	84	1328	11.9±6.3	8.9±4.0	3.0±0.9
3	0.56	86	1128	15.5±9.1	10.7±5.6	3.9±1.1

2.1.2 青海云杉物候观测采取的方法

根据中华人民共和国林业行业标准《森林生态系统长期定位观测方法》（LY/T 1952—2011）中的物候观测方法，选择 3 个 25m×25m 的固定样地，每个样地内选择发育正常、无病虫害、生长健壮的 9 株青海云杉为观测对象，记录样株的号牌，在每株青海云杉的东西南北四个方向分别选一个树枝，一共选取 108 个树枝，用红色线绳在这些树枝上做上标记，每次都在做了标记的同一部位进行青海云杉展叶物候观测，观测的同时做好记录。后期有青海云杉球果出现时，在做了标记的树枝的四个方向各找一个球果，并在该球果所在的树枝上用喷漆做记号，一共标记 108 个球果，然后对标记的球果进行变色观测。根据以往经验，青海云杉树枝一般在 5 月中旬开始展叶，球果一般在 9 月中下旬开始变色，从 5 月 10 日开始，每天观测一次青海云杉展叶情况，9 月 15 日开始，每天观测一次青海云杉球果变色情况。本研究为了便于观测，标记离地面较近的青海云杉树枝和球果进行展叶期与果实成熟期物候观测。

本研究有标记的青海云杉树枝出现幼针叶的日期即为展叶始期；标记的树枝上的新针叶达到老针叶长度的一半时即为青海云杉展叶盛期（用卷尺测量）；展叶始期到展叶盛期之间的持续日数即为青海云杉展叶期。标记的青海云杉球果开始变为黄褐色时的日期即为青海云杉果实成熟始期；标记的青海云杉球果有 50% 以上数目变为黄褐色时的日期即为果实成熟盛期；球果成熟始期到球果成熟盛期之间的持续日数即为青海云杉的果实成熟期。

2.1.3 青海云杉物候观测资料处理

物候期持续日数的计算：将物候出现日期转化为距 1 月 1 日的实际日数，即年序列累积日数（day of years，DOY），得到各物候期的时间序列。把物候期数据由日期型转化为数值型，转化方法是 1 月 1 日为第 1 天、1 月 2 日为第 2 天，依此类推，12 月 31 日为第 365 天，计算出展叶始期、展叶盛期、球果成熟始期和球果成熟盛期的时间格局。

积温持续日数及积温的计算：展叶期积温日数为展叶始期到展叶盛期；果实成熟期积温日数为球果成熟始期到球果成熟盛期。物候期持续日数及持续期积温的计算公式（常兆丰等，2010）为

$$d_i = b - a \tag{2-1}$$

$$at_i = \sum_{j=a}^{b} t_{ij} \tag{2-2}$$

式中，d_i为第 i 物候的持续日数；a 为物候开始日期；b 为物候结束日期；at_i为第 i 物候在持续日数内的积温；t_{ij}为第 i 物候在 j 日的平均气温。

2.2 青海云杉物候对气温的响应

2.2.1 积温与青海云杉物候变化的关系

从表2-2 可知，2015 年青海云杉展叶始期发生在 5 月 27 日，2016 年发生在 5 月 24 日，比 2015 年提前了 3 天。2015 年青海云杉展叶盛期发生在 6 月 16 日，2016 年发生在 6 月 14 日，比 2015 年提前了 2 天。2015 年青海云杉展叶期持续了 21 天，2016 年持续了 22 天。2015 年和 2016 年展叶始期发生时，≥0℃积温分别是 375. 0℃和 299. 5℃，展叶盛期发生时，≥0℃积温分别是 547. 4℃和 521. 9℃。2015 年展叶期阶段积温为 172. 4℃，2016 年为 222. 4℃。

表 2-2 2015 年和 2016 年青海云杉物候变化与物候期积温

项目	2015 年				2016 年			
	展叶期		球果成熟期		展叶期		球果成熟期	
	始期	盛期	始期	盛期	始期	盛期	始期	盛期
日期	5 月 27 日	6 月 16 日	7 月 17 日	9 月 25 日	5 月 24 日	6 月 14 日	7 月 13 日	9 月 18 日
持续天数/天	21		71		22		68	
≥0℃积温/℃	375. 0	547. 4	911. 1	1727. 9	299. 5	521. 9	943. 5	1834. 2
阶段积温/℃	172. 4		816. 8		222. 4		890. 7	

2015 年青海云杉球果成熟始期发生在 6 月 16 日，2016 年发生在 6 月 14 日，比 2015 年提前了 2 天。2015 年青海云杉球果成熟盛期发生在 9 月 25 日，2016 年发生在 9 月 18 日，比 2015 年提前了 7 天。2015 年青海云杉球果成熟期持续了 71 天，2016 年持续了 68 天。2015 年和 2016 年球果成熟始期发生时，≥0℃积温分别是 911. 1℃和 943. 5℃，球果成熟盛期发生时，≥0℃积温分别是 1727. 9℃和 1834. 2℃。2015 年球果成熟期阶段积温为 816. 8℃，2016 年为 890. 7℃。

2.2.2 气温与青海云杉物候期的关系

图 2-1 是祁连山西水林区排露沟流域 2700m 处青海云杉林 2015 年和 2016 年的日平均气温变化情况。从图中可知，青海云杉林日最高平均气温在 23℃以下，8 月中上旬日平均气温最高；日最低平均气温在-22℃以上，1 月中下旬日平均气温最低。从 5 月中下旬开始，日平均气温均在 0℃以上，除了 2015 年 10 月 1 日左右平均气温低于 0℃以外，一般在 10 月下旬日平均气温开始小于 0℃，2016 年日最低平均气温低于 2015 年日最低平均气温，

2016 年日最高平均气温高于 2015 年日最高平均气温。

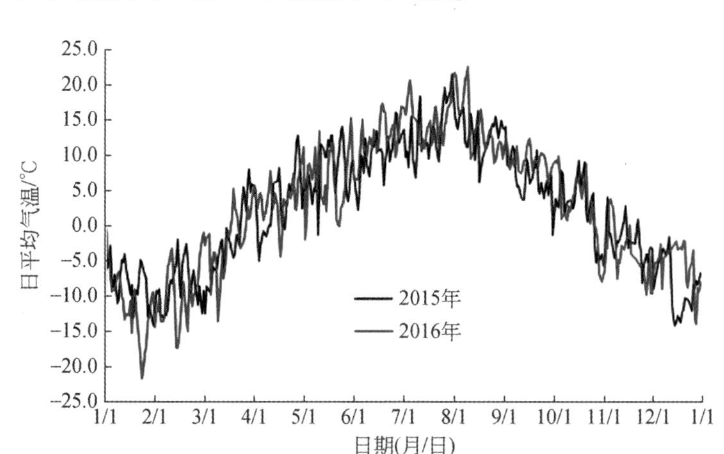

图 2-1　2015 年和 2016 年排露沟流域日平均气温

图 2-2 是祁连山西水林区排露沟流域 2700m 处青海云杉林 2015 年和 2016 年的月平均气温变化情况。从图中可知，青海云杉林月最高平均气温出现在 7 月，2016 年月平均气温在 23℃左右，明显大于 2017 年的月平均气温。2015 年 3 ~ 10 月的月平均气温大于 0℃，2016 年 4 ~ 10 月的月平均气温大于 0℃，2016 年 6 ~ 9 月的月平均气温均大于 2015 年 6 ~ 9 月的月平均气温。月最低平均气温在−13℃以上。2015 年平均气温为 2.81℃，2016 年平均气温为 3.18℃，2016 年平均气温比 2015 年平均气温高 0.37℃。

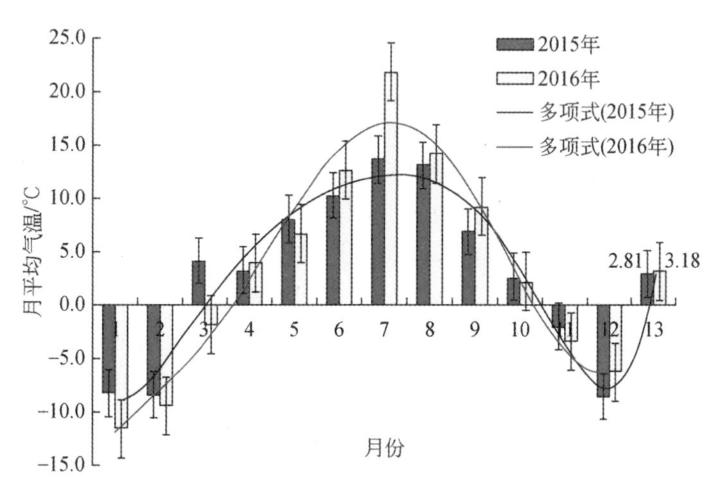

图 2-2　2015 年和 2016 年排露沟流域月平均气温

横轴 13 代表年平均气温

从图 2-2 可知，2016 年平均气温比 2015 年高 0.37℃，结合表 2-2 的结果，可初步得出：气温升高 0.37℃，青海云杉展叶期物候提前了 3 天，展叶期物候持续天数延长 1 天，展叶期阶段积温增加了 50.0℃；果实成熟期物候提前了 2 天，球果成熟期物候持续天数缩短了 3 天，球果成熟期阶段积温增加了 73.9℃。

表 2-3 分析了青海云杉物候持续日数与该物候开始上个月的气温、物候持续日数与该物候开始月的气温、物候持续日数与该物候结束月的气温以及物候持续日数与该物候持续期各月平均气温、年平均气温的相关系数，并进行了 t 检验。结果表明，青海云杉展叶期持续日数与展叶期开始上个月的气温、开始月的气温、结束月的气温、持续期各月平均气温均呈极显著正相关（$P<0.01$），与年平均气温在 0.1 水平上正相关，即气温升高，展叶期物候持续日数缩短。球果成熟期持续日数与球果成熟期开始上个月的气温、开始月的气温、结束月的气温、持续期各月平均气温均呈极显著负相关（$P<0.01$），与年平均气温在 0.1 水平上负相关，即气温升高，球果成熟物候持续日数缩短。

表 2-3　物候持续日数与气温变化的相关系数及其 t 检验

物候期	上个月	开始月	结束月	月平均	年平均
展叶期	* * *	* * *	* * *	* * *	*
球果成熟期	+++	+++	+++	+++	+

注：+、+++分别表示在 $P=0.1$ 和 0.01 水平上负相关（随着气温增加物候持续日数减少）。
、 * *分别表示在 $P=0.1$ 和 0.01 水平上正相关（随着气温增加物候持续日数增长）。

植物是响应区域性气温变化最灵敏的指示物，因此国内外很多学者研究了物候与环境因子的关系。植物物候变化是众多环境因子共同作用的结果，其中最重要、最活跃的环境因子是气候，而气温又是影响物候变化最重要的气候因子（范广洲和贾志军，2010；王连喜等，2010）。除气温外，影响植物物候的因子还有水分、养分、自身遗传因素等。有学者对祁连山区青海云杉物候进行研究，发现 2001～2011 年驱动春季物候期提前的主要因子是年平均气温和最低气温的增加，另外，在模拟增温条件下青海云杉幼树生长季延长了 12 天，生长量也呈显著增加趋势（Du et al.，2014）。对荒漠区植物物候与积温的关系研究发现，气温升高，物候持续日数出现增长趋势，积温增加显著，而且春、秋两季是积温变化比较敏感的季节（常兆丰等，2009），这与本研究结果是一致的。有学者利用遥感技术研究了祁连山区气候变化对物候的影响，但是并没有研究土壤温度和土壤含水量与物候变化的关系（邓少福，2013；赵珍等，2015）。利用遥感监测物候时，遇到裸露地表或无植被覆盖区域时结果会产生误差，因此遥感监测物候的时间应与地面物候站点的观测时间同步，通过对比研究来验证遥感数据的可靠性是遥感技术在物候研究中应用的基本前提（范广洲和贾志军，2010），因此本书利用地面站点对青海云杉展叶和球果成熟物候进行人工观测，结果可以用来校正和比对遥感物候研究。

2.3　青海云杉物候对降水的响应

图 2-3 是祁连山西水林区排露沟流域 2700m 处 2015 年和 2016 年生长季（5～10 月）的月平均降水量变化情况。从图中可知，2015 年月平均降水量大小排序为 7 月（97.4mm）>9 月（73.0mm）>6 月（63.6mm）>8 月（35.8mm）>5 月（33.7mm）>10

月（2.8mm），2016 年月平均降水量大小排序为 8 月（103.3mm）>7 月（56.7mm）>6 月（44.6mm）>5 月（37.0mm）>9 月（22.2mm）>10 月（13.8mm）。2015 年生长季降水量为 306.3mm，全年降水量为 355.3mm，2016 年生长季降水量为 277.6mm，全年降水量为 305.3mm。

从上述结果可以看出，2015 年和 2016 年生长季降水量分别占全年降水量的 86.2% 和 90.9%（不计降雪），祁连山西水林区排露沟流域 2700m 处不同年份降水量差别很大，且同一年不同月份之间的降水量差别也很大。

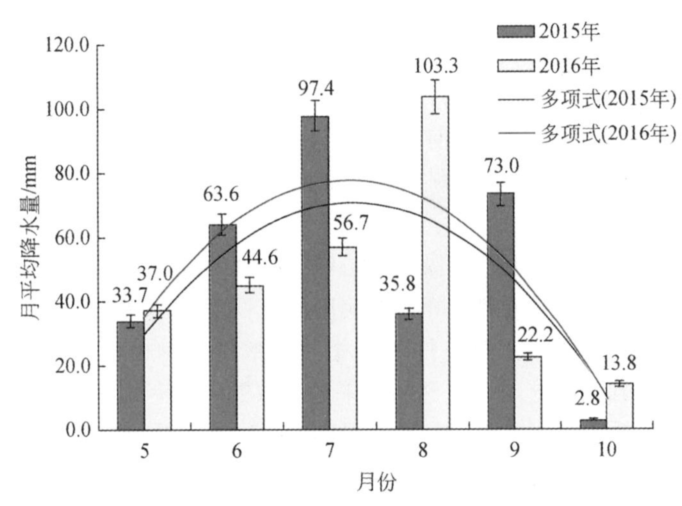

图 2-3　2015 年和 2016 年排露沟流域月平均降水量

表 2-4 分析了青海云杉物候持续日数与该物候开始上个月的降水、物候持续日数与该物候开始月的降水、物候持续日数与该物候结束月的降水以及物候持续日数与该物候持续期各月平均降水、年平均降水的相互关系，并进行了 t 检验。结果表明，青海云杉展叶期物候持续日数与展叶期开始上个月的降水呈极显著正相关（$P<0.01$），与开始月的降水呈显著正相关（$P<0.05$），与结束月的降水、持续期各月平均降水、年平均降水在 0.1 水平上正相关，这表明青海云杉展叶物候受展叶期开始上个月的降水影响较大，受开始月的降水影响一般，受结束月的降水、持续期各月平均降水以及年平均降水的影响较小。青海云杉球果成熟期物候持续日数与球果成熟期开始上个月的降水呈极显著负相关（$P<0.01$），与开始月的降水呈显著负相关（$P<0.05$），与结束月的降水、持续期各月平均降水、年平均降水在 0.1 水平上负相关，这表明青海云杉球果成熟期持续日数受成熟期开始上个月的降水影响较大，受成熟期开始月的降水影响一般，受成熟期结束月的降水、持续期各月平均降水以及年平均降水的影响较小。从青海云杉展叶期和球果成熟期物候与降水的关系来看，两者都受上个月降水的影响显著，这说明降水对青海云杉展叶期物候和球果成熟期物候的影响具有一定程度的滞后性。

表 2-4　物候持续日数与降水变化的相关系数及其 *t* 检验

物候期	上个月	开始月	结束月	月平均	年平均
展叶期	***	**	*	*	*
球果成熟期	+++	++	+	+	+

注：+、++、+++分别表示在 P=0.1，0.05 和 0.01 水平上负相关（随着降水量增加物候持续日数减少）。

*、**、***分别表示在 P=0.1，0.05 和 0.01 水平上正相关（随着降水量增加物候持续日数增长）。

有学者对西非不同纬度森林气候、土壤水分和物候的关系进行了研究，结果表明，在典型干旱地区，由于雨季较短的显著周期性，植物的展叶与累积降水显著相关（Seghieri et al., 2009）。同时有学者研究了 1969～1998 年欧洲树木物候对气候变化的响应，发现春季早晨气温升高 1℃，树木生长季提前 7 天，年平均气温升高 1℃，树木生长季延长 5 天（Chmielewski and Rötzer，2001）。裴顺祥等（2015）研究了我国保定市 8 种乔木和灌丛开花始期对气候变化的响应，结果表明，保定市 8 种乔木和灌丛开花始期受气温、降水和日照 3 种气候要素的共同影响，但各气候要素影响作用大小不同，表现为气温>降水>日照。对北部湾沿海地区植被盖度对气温和降水的响应研究发现，不同类型植物的生长对气温和降水的响应时间不一致，但与水热条件时滞相关系数越高的植被类型，响应的时间越短（田义超和梁铭忠，2016），这与本研究的结果是一致的。也有学者研究了西安市木本植物物候与气候要素的关系，结果表明，春季物候期的早晚主要受春季气温的影响，尤其是春季物候期发生当月和上个月的平均气温对物候期的影响最为显著；叶物候和物候期发生期上个月的降水量有较为明显的相关关系（白洁等，2010）。本研究结果表明，降水对青海云杉展叶期物候和球果成熟期物候的影响具有一定程度的滞后性。

2.4　青海云杉物候对土壤温度和土壤含水量的响应

2.4.1　土壤温度与青海云杉物候期的关系

图2-4、图2-5 是2015 年和2016 年青海云杉样地内不同土层的加权日平均土壤温度和月平均土壤温度变化情况。从图中可知，2015 年 2 月土壤温度高于 2016 年 2 月土壤温度，2016 年 6 月和 7 月土壤温度略高于 2015 年 6 月和 7 月土壤温度，2016 年 8～10 月土壤温度明显高于 2015 年 8～10 月土壤温度，也就是说，2016 年生长季土壤温度总体上高于 2015 年生长季土壤温度。

从表 2-5 可知，青海云杉展叶期物候持续日数与展叶期开始月的土壤温度呈极显著正相关（P<0.01），与展叶期开始上个月的土壤温度、结束月的土壤温度、持续期各月平均土壤温度均呈显著正相关（P<0.05），与年平均土壤温度在 0.1 水平上正相关，即土壤温度升高展叶物候持续期延长。青海云杉球果成熟期物候持续日数与球果成熟期开始上个月的土壤温度、开始月的土壤温度、结束月的土壤温度、持续期各月平均土壤温度均呈显著

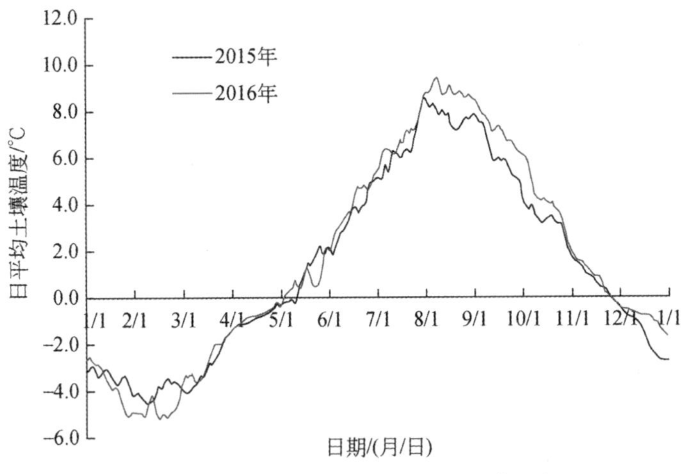

图 2-4　2015 年和 2016 年日平均土壤温度

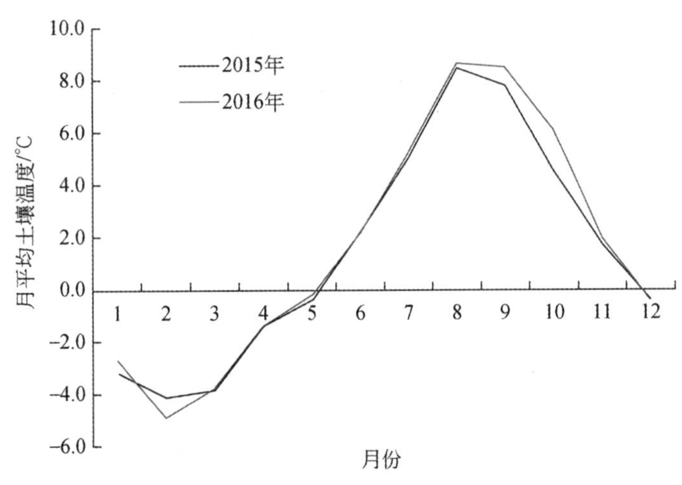

图 2-5　2015 年和 2016 年月平均土壤温度

负相关（$P<0.05$），与年平均土壤温度在 0.1 水平上负相关，即土壤温度升高球果成熟期物候持续期缩短。

表 2-5　物候持续日数与土壤温度的相关系数及其 *t* 检验

物候期	上个月	开始月	结束月	月平均	年平均
展叶期	＊＊	＊＊＊	＊＊	＊＊	*
球果成熟期	++	++	++	++	+

注：＊、＊＊、＊＊＊分别表示在 $P=0.1$、0.05 和 0.01 水平上正相关（随着土壤温度增加物候持续日数增长）。+、++分别表示在 $P=0.1$、0.05 和 0.01 水平上负相关（随着土壤温度增加物候持续日数减少）。

2.4.2　土壤含水量与青海云杉物候期的关系

图2-6、图2-7是2015年和2016年青海云杉样地内不同土层的加权日平均土壤含水量和月平均土壤含水量变化情况。从图中可知，2016年5月和6月土壤含水量明显高于2015年5月和6月土壤含水量，2015年7月和8月土壤含水量明显高于2016年7月和8月土壤含水量，2016年9月土壤含水量略高于2015年9月土壤含水量，2015年10月土壤含水量明显高于2016年10月土壤含水量。

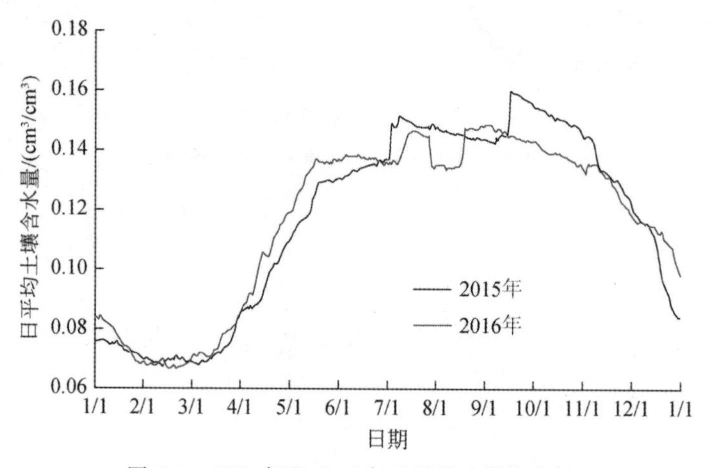

图2-6　2015年和2016年日平均土壤含水量

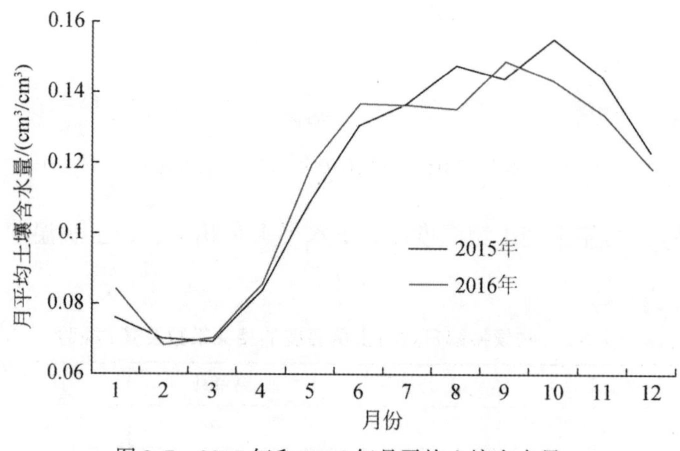

图2-7　2015年和2016年月平均土壤含水量

从表2-6可知，青海云杉展叶期物候持续日数与展叶期开始上个月的土壤含水量呈极显著正相关（$P<0.01$），与开始月的土壤含水量呈显著正相关（$P<0.05$），与结束月的土壤含水量、持续期各月平均土壤含水量、年平均土壤含水量在0.1水平上正相关。青海云

杉球果成熟期物候持续日数与球果成熟期开始上个月的土壤含水量呈极显著负相关（$P<0.01$），与开始月的土壤含水量呈显著负相关（$P<0.05$），与结束月的土壤含水量、持续期各月平均土壤含水量、年平均土壤含水量在 0.1 水平上负相关，这一结果与降水和物候持续期的关系是一致的。

表 2-6　物候持续日数与土壤含水量的相关系数及其 *t* 检验

物候期	上个月	开始月	结束月	月平均	年平均
展叶期	* * *	* *	*	*	*
球果成熟期	+++	++	+	+	+

注：*、* *、* * * 分别表示在 $P=0.1$、0.05 和 0.01 水平上正相关（随着土壤含水量增加物候持续日数增长）。+、++、+++分别表示在 $P=0.1$、0.05 和 0.01 水平上负相关（随着土壤含水量增加物候持续日数减少）。

大量研究表明，在众多影响植物物候的环境因子中，温度的作用是最主要的，在植物长期进化过程中，植物物候与气候变化之间形成了稳定的耦合关系（莫非等，2011；裴顺祥等，2011）。本研究结果表明，土壤温度和土壤含水量对青海云杉物候有明显的影响（$P<0.01$）。本研究结果可以为确定水热因子与物候变化的关系以及建立植物物候研究模型提供基础数据，并为森林生态系统的生产经营以及进一步物候研究提供科学依据。

2.5　小　　结

对祁连山西水林区排露沟流域海拔 2700m 处 3 个样地内 27 株青海云杉的 108 个树枝的展叶物候和 108 个球果的果实成熟物候进行了两年的人工观测，分析了青海云杉展叶和球果成熟物候特征以及两个物候持续期与气温、降水、土壤温度及土壤含水量的关系，得到以下结论。

1）研究区 2016 年平均气温比 2015 年高 0.37℃，2016 年青海云杉展叶期比 2015 年提前了 3 天，2016 年青海云杉球果成熟期比 2015 年提前了 2 天。2015 年青海云杉展叶期阶段积温为 172.4℃，2016 年为 222.4℃；2015 年青海云杉球果成熟期阶段积温为 816.8℃，2016 年为 890.7℃，积温增加是物候持续期增加的原因，积温达到一定值时，青海云杉的物候就会发生变化。

2）青海云杉展叶期物候持续日数与展叶期开始上个月的降水呈极显著正相关（$P<0.01$），青海云杉球果成熟期物候持续日数与球果成熟期开始上个月的降水呈极显著负相关（$P<0.01$），从青海云杉展叶期和球果成熟期物候与降水的关系来看，两者都受上个月降水的影响显著，这说明降水对青海云杉展叶期物候和球果成熟期物候的影响具有一定程度的滞后性。

3）青海云杉展叶期持续日数与展叶期开始月的土壤温度极显著正相关（$P<0.01$），土壤温度升高，展叶期物候持续日数延长。球果成熟期持续日数与球果成熟期开始月的土壤温度极显著负相关（$P<0.01$），土壤温度升高，球果成熟期物候持续日数缩短。青海云

杉展叶期和球果成熟期物候都受上个月的土壤含水量影响显著，这说明土壤含水量也对青海云杉展叶期物候和球果成熟期物候的影响具有一定程度的滞后性。青海云杉展叶期和球果成熟期持续日数受开始上个月的土壤含水量影响较大，受开始月的土壤含水量影响一般，受结束月、月平均以及年平均土壤含水量的影响较小。

第3章　祁连山区青海云杉林空间分布特征

本章的研究区位于祁连山大野口流域（以及流域内的排露沟小流域），这里具有长期进行青海云杉林生态水文研究的基础。本章旨在预测青海云杉林的空间分布对气候和地理因素的响应，确定主要影响因子及其阈值，具体而言，首先通过分析森林分布的遥感数据和地面调查数据，并结合来自当地气象站的气候数据，确定直接决定青海云杉林空间分布的年均气温和年均降水量的阈值，并预测气候变化条件下的分布区海拔边界推移；然后利用野外调查数据来区分和量化限制青海云杉林空间分布（以郁闭度作为生长质量指标）的地形因子；最后按照重要性依次添加限制因子，并根据其阈值计算青海云杉林（和非森林植被）空间分布的准确性。希望本研究能使人们更可靠地预测青海云杉林的空间分布，并由此指导未来在不断变化环境条件下的干旱区山地森林的恢复工作。

3.1　数据获取与预处理

3.1.1　遥感观测数据（大野口流域）

大野口流域和排露沟小流域的森林覆盖率分别为36.0%和38.37%，主要由青海云杉和祁连圆柏组成，但青海云杉林占森林总面积的95%，且祁连圆柏林多分布在高海拔的阳坡。由于青海云杉和祁连圆柏都是针叶树种，遥感影像很难像地面调查一样精确区分这两个树种，本研究在遥感数据分析中忽视了祁连圆柏的存在。

在大野口流域上空飞行高度800m处，本研究于2008年6月，利用机载LiDAR遥感相机和机载CCD相机进行了近地遥感调查，成像覆盖范围为10km×6km，应用的波长为1550nm，从LiDAR系统获得的点云密度约为1.88点 m^2。计算得到的数字高程模型（DEM）及其衍生的地形因子（如海拔、坡向等）和森林生长参数（如郁闭度、树高等）数据具有30m的分辨率。根据国家林业和草原局对于森林的定义，只保留郁闭度≥0.2，平均树高≥5.0m的数据点作为森林数据。

由于遥感数据量很大，不便于作图展示青海云杉林的空间分布特征，将大野口流域的遥感数据集细分为海拔间距50m、坡向间距10°的空间单元。虽然可以计算每个空间单元中的森林栅格数，但不同空间单元内的坡度不同，以及随海拔升高而引起的水平距离变化，使每个空间单元覆盖的绝对面积不同，因此这样的数据不能直接用于比较不同空间单元间的森林盖度。而且，每个空间单元内的非森林数据无法从现有的遥感数据中获得，因此不能直接利用每个空间单元的森林栅格数据计算其森林盖度。为了解决这种限制，本研究提出了两点假设：①在同一海拔段范围内所有空间单元的面积相同（或具有相同数量的栅格）；②在每一个海拔段范围内，都有一个空间单元可被森林完全覆盖（或非常密集的覆盖），将该海拔段范围内拥有最多森林栅格数的空间单元作为本海拔段范围内的森林最大承载量。基于以上假设，用每一个空间单元内的森林栅格数除以该海拔段内的最大森林承载量，得到每个空间单元的相对森林盖度。

$$R_{\mathrm{FCR}}=\frac{\mathrm{NF}_{ij}}{\mathrm{NF}_{i\max}} \tag{3-1}$$

式中，R_{FCR}为相对森林盖度；NF_{ij}为第 i 海拔段内的第 j 个空间单元内的森林栅格数；$\mathrm{NF}_{i\max}$为第 i 海拔段空间单元内的最大森林栅格数（第 i 海拔段森林最大承载量）。

3.1.2 排露沟流域地面调查数据整理

为了描述排露沟流域的森林及植被空间分布情况，项目组于 2003 年进行了野外调查。将排露沟流域按照地质特性、植被类型、土壤特性和气候等相同或相似的原则，划分为 342 个流域单元。应用 GPS 记录每个流域单元的空间位置，并应用罗盘仪和海拔高度仪记录每个流域单元的地形特点（如坡向、坡度、海拔等）。每个流域单元的土壤深度采用土壤剖面法获得。应用样线法获得每个流域单元的森林郁闭度，灌木丛、草本层及苔藓层的盖度；并且记录胸径≥5.0cm 的每株青海云杉的树高和胸径。

为便于统计分析，按照国家林业局 2014 年发布的《国家森林资源清查技术规范》，将每一个流域单元都划分为下列八种植被类型之一：森林、疏林、稀树灌丛、稀树草地、灌丛、草地、裸岩和河道。其中，森林是指郁闭度≥0.2；疏林是指郁闭度≥0.1 但<0.2；稀树灌丛是指主要被灌丛覆盖但同时有郁闭度<0.1 的树木；稀树草地是指主要被草地覆盖但同时有郁闭度<0.1 的树木；灌丛是指只有灌丛覆盖，没有树木；草地是指只有草地覆盖，没有树木和灌丛。

为定量分析坡向对于青海云杉林流域单元空间分布的影响，正北方向记为 0°，其他坡向根据其偏离正北方向的角度来标记。例如，顺时针方面的东面和东南面被标记为 90°和 135°，而逆时针方向的西面和西南面被标记为−90°和−135°（杨文娟，2018）。

3.1.3 利用限制因素预测森林/植被分布的准确性

为评估排露沟小流域内利用立地特征预测的青海云杉林（和非森林植被）空间分布的准确性，按照重要性排序，依次添加限制因子，参考各限制因子的阈值，确定青海云杉林的空间分布范围，利用以下公式计算相应阈值范围内，关于森林单元数量和森林单元面积的预测准确率：

$$A_{\mathrm{un}}=(N_{\mathrm{I}}+N_{\mathrm{O}})/N \tag{3-2}$$

$$A_{\mathrm{ua}}=(A_{\mathrm{I}}+A_{\mathrm{O}})/A \tag{3-3}$$

式中，A_{un}为数量准确率；A_{ua}为面积准确率；N_{I}为考虑限制因子时，正确预测为森林的青海云杉林单元数量；N_0为考虑限制因子时，正确预测为非森林的植被单元数量；A_1为考虑限制因子时，正确预测为森林的单元面积（km^2）；A_0为考虑限制因子时，正确预测为非森林的单元面积（km^2）；N为研究流域的所有植被单元数（如排露沟小流域为342个）；A为研究流域的所有植被单元的总面积（如排露沟小流域为2.74km^2）。

3.1.4 回归树分析

回归树的基本原理是根据响应变量，利用循环二分形成二叉树形式的决策树结构，将由预测变量定义的空间划分为尽可能同质的类别；从主节点开始，预测变量被逐次划分为一系列等级结构的左节点和右节点，在每个节点处列出落在该部分的预测变量的均值（Mean）、标准差（S. D.）及样本数（N）；回归树模型在每个节点处均可标出消减误差比例的数值，即任何一个分类系数对因变量变异的贡献程度，一般而言，位于第一级节点处（分类树最上端分枝）的分类参数对因变量变异的贡献程度最大，即对因变量变异起主导作用的因子（Jim，2005）。

本研究中以植被类型（青海云杉林和非森林植被）为因变量，立地因子（海拔、坡向、坡度、坡位、土壤深度）为自变量进行回归树分析，确定影响研究区青海云杉林分布的主要立地因子。回归树和主成分分析采用SYSTAT 13（Systat Software，San Jose，CA）和SPSS Statistics 17.0进行计算。回归树分析选择最小二乘法，主成分分析选择最大方差法估算各因子对青海云杉林分布的相对影响。

3.1.5 利用外包线方法推导单因素的影响

通常一个变量可被许多其他变量共同影响，这就限制了对非受控野外调查数据中单因变量和单自变量间关系的分析和推导。为解决这个问题，外包线方法首次被Webb提出并不断发展应用（Liu et al.，2010），即针对因变量和每个自变量分别做出散点图，利用最外边缘的数据点做出一条上边界线。外包线方法基于的假设是：所观察自变量以外的其他自变量的影响都不会超出外包线，因此影响外包线的自变量是唯一的，且该外包线能够描述因变量对所观察自变量的依赖关系及其对应的函数形式。通过这种方法，可以在一定程度上消除其他自变量的影响（即外包线以下的数据点），从而凸显待观察自变量的单因素影响。

本章将应用外包线方法预测青海云杉林的潜在分布区，以及林分郁闭度对于土壤深度和坡度的响应。为了推导单个因素（年龄、密度、海拔、坡向等）对青海云杉林空间分布、树高、胸径、蓄积量等的影响，以树高、胸径等树木生长及空间分布特性作为因变量，分别绘制其响应年龄、密度、海拔、坡向等因子变化的散点图，并选择外边界数据点应用1stOpt 1.5来拟合外包线的函数表达式。

3.2 青海云杉林现有分布

将排露沟小流域划分为342个流域单元，其中11个单元（占总面积的7.7%）由于其坡度太陡或者地理位置太难到达而没有调查；剩余的331个流域单元全部调查并且均按照3.1.2节中的植被划分标准，划分为8种植被类型，划分结果及不同植被类型在排露沟流域的分布见图3-1和表3-1。此外，对森林、疏林、稀树灌丛、稀树草地，根据优势树种不同，进一步划分为青海云杉和祁连圆柏两类。

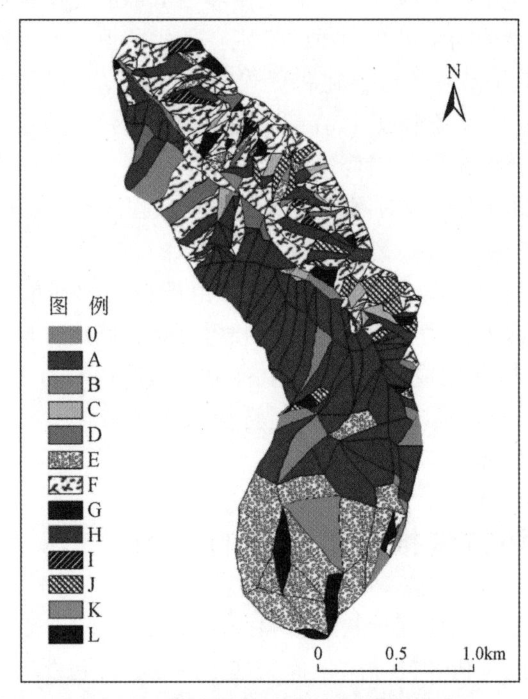

图3-1 排露沟流域植被类型分布图

0. 为未调查单元；A. 为青海云杉林；B. 为青海云杉疏林；C. 为青海云杉稀树灌丛；D. 为青海云杉稀树草地；E. 为灌丛；F. 为草地；G. 为祁连圆柏林；H. 为祁连圆柏疏林；I. 为祁连圆柏稀树灌丛；J. 为祁连圆稀树草地；K. 为河道；L. 为裸岩；下同

表3-1 排露沟流域植被分布及其面积比例

植被类型		单元数量	占全流域面积比例/%	植被类型		单元数量	占全流域面积比例/%
森林	青海云杉	100	31.9	稀树灌丛	青海云杉	10	1.3
	祁连圆柏	5	1.2		祁连圆柏	8	0.6
疏林	青海云杉	7	0.8	稀树草地	青海云杉	8	1.6
	祁连圆柏	1	0.1		祁连圆柏	21	2.1
灌丛		31	19.2	裸岩		14	2.7
草地		123	30.6	河道		3	0.2

从表 3-1 可以看出，排露沟流域共有 100 个青海云杉林流域单元和 5 个祁连圆柏林流域单元；8 个疏林单元中包括 7 个青海云杉疏林和 1 个祁连圆柏疏林；18 个稀树灌丛单元中包括 10 个青海云杉稀树灌丛和 8 个祁连圆柏稀树灌丛；29 个稀树草地单元中包括 8 个青海云杉稀树草地和 21 个祁连圆柏稀树草地；31 个灌丛单元；123 个草地单元。此外，还有 14 个裸岩单元和 3 个河道单元。在排露沟流域没有冰川。由于祁连圆柏只分布在阳坡，且在排露沟流域所占面积比例较小，所有森林、疏林、稀树灌丛、稀树草地单元面积之和只占流域面积的 4.0%，在本研究中忽略祁连圆柏的分布。

为了确定限制青海云杉林分布的重要因子，应用回归树方法分析不同影响因子对排露沟流域青海云杉林（和非森林植被）分布的相对影响（图 3-2）。结果显示，最佳回归树有三次分类和四个末端节点。第一次分类发生在海拔 2972.2m 处，这也说明海拔是影响青海云杉林空间分布的最主要因子。在海拔>2972.2m 的节点处，共有 82 个流域空间单元，这些单元的森林比例是 0.439（这里将森林单元视为 1，非森林单元视为 0）。海拔对青海云杉林空间分布的贡献率为 32.9%。坡向是影响青海云杉林空间分布的第二大因子，对青海云杉林空间分布的贡献率为 24.1%，但是仅在海拔≤2972.2m 范围内起显著作用。海拔≤2972.2m、坡向>-67.5°的空间单元进一步被坡向分类，此次坡向对青海云杉林空间分布的贡献率是 8.9%。之后，回归树不再继续分类，表明海拔和坡向是影响青海云杉林空间分布最重要的两个因子。这两个因子可以共同解释森林分布的大部分变化，消减误差比例达到 65.9%。

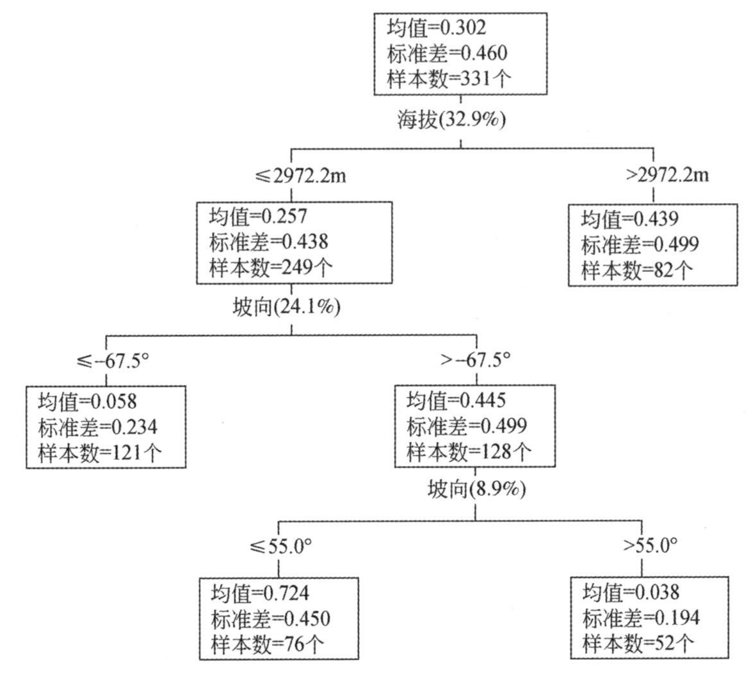

图 3-2 限制因子预测青海云杉林（非森林植被）分布的回归树

消减误差比例标注于每次分类节点处的括号内

基于回归树的分析结果，海拔和坡向是影响青海云杉林空间分布最重要的两个因子。于是利用大野口流域遥感监测数据中每一个森林数据点（郁闭度≥0.2，树高≥5.0m）的平均海拔和坡向分别作为 X 轴和 Y 轴，得到青海云杉林在大野口流域的分布散点图（图 3-3）。可以看出，森林分布在海拔 2626 ~ 3306m，且大部分（95%）分布在海拔 2700 ~ 3201m。

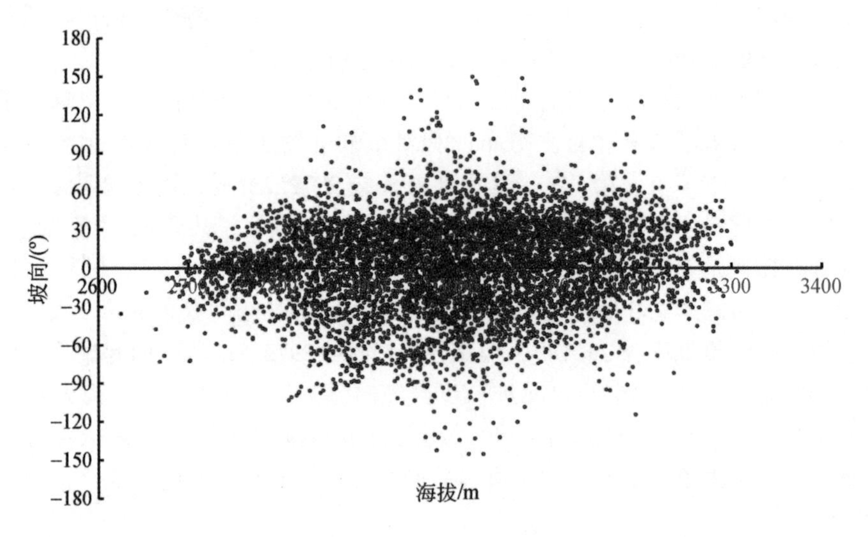

图 3-3　大野口流域青海云杉林关于海拔和坡向的分布

由于阴坡（-45° ~45°）的土壤湿度条件优于其他坡向，大部分森林（83.7%）分布在阴坡，有 16.1% 的森林分布在半阴坡（45° ~ 135°）和半阳坡（-135° ~ -45°），只有 0.2% 的森林分布在阳坡（135° ~180°和-180° ~ -135°）。在有森林分布的低海拔区域，森林分布的坡向范围较窄。随着海拔升高，降水增加，青海云杉林分布的坡向范围也增加，到海拔 3000m 附近达到最大范围（-145.4° ~149.8°），之后随着海拔升高而减小。

应用每个流域单元的平均海拔和坡向分别作为 X 轴和 Y 轴，将排露沟流域内的植被分布做散点图，如图 3-4 所示。从图中可以看出，青海云杉林分布在海拔 2684 ~ 3201m，且 80% 分布在海拔 2800 ~ 3100m。当海拔高于 3200m 时，可能是由于受到低温的限制，只有两个青海云杉疏林单元分布，大部分被灌丛覆盖。青海云杉林分布的坡向范围在-160° ~ 75°，但是首先集中分布在阴坡（-45° ~45°），占到森林总面积的 73%；其次分布在半阳坡（-135° ~ -45°）和半阴坡（45° ~135°），分别占到森林总面积的 19% 和 5%；只有很小一部分（3%）分布在阳坡（135° ~180°和-180° ~ -135°）。

草地主要集中（94.5%）分布在海拔 2650 ~ 3000m。草地分布的主要坡向分别为阳坡、半阳坡和半阴坡（分别占到草地总面积的 41.1%、43.1% 和 12.5%），只有极少一部分（3.3%）分布在阴坡。

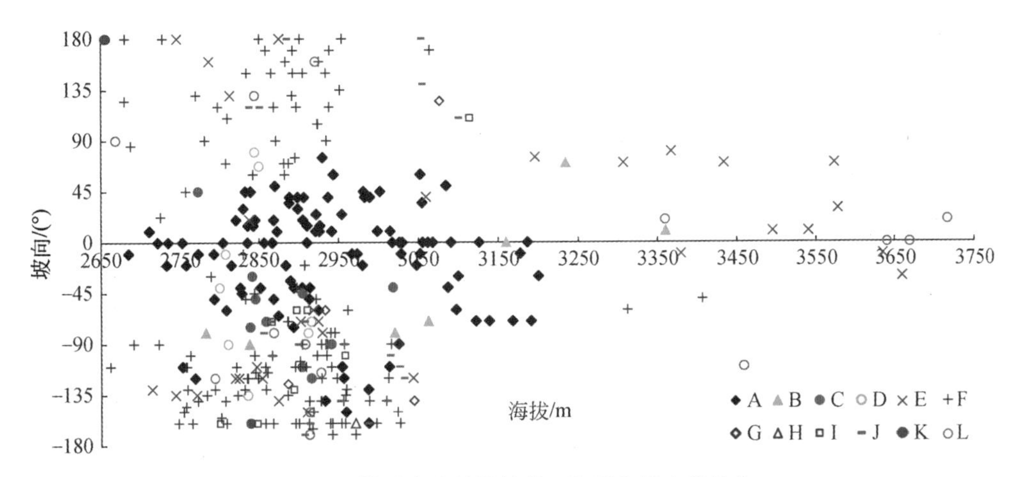

图 3-4　排露沟流域植被关于海拔和坡向的分布

3.3　青海云杉林的潜在分布区

按照 3.1.1 节中相对森林盖度计算方法，得到大野口流域青海云杉林相对森林盖度的空间分布，如图 3-5 所示。青海云杉林的相对森林盖度在阳坡、半阳坡和半阴坡均较低，有 96.77% 的森林单元低于 0.3，70.97% 的森林单元低于 0.1，说明这些森林单元大部分为山地稀疏森林。与之相反的是，位于阴坡的青海云杉林单元的相对森林盖度较高，其中 80.0% 大于 0.3。

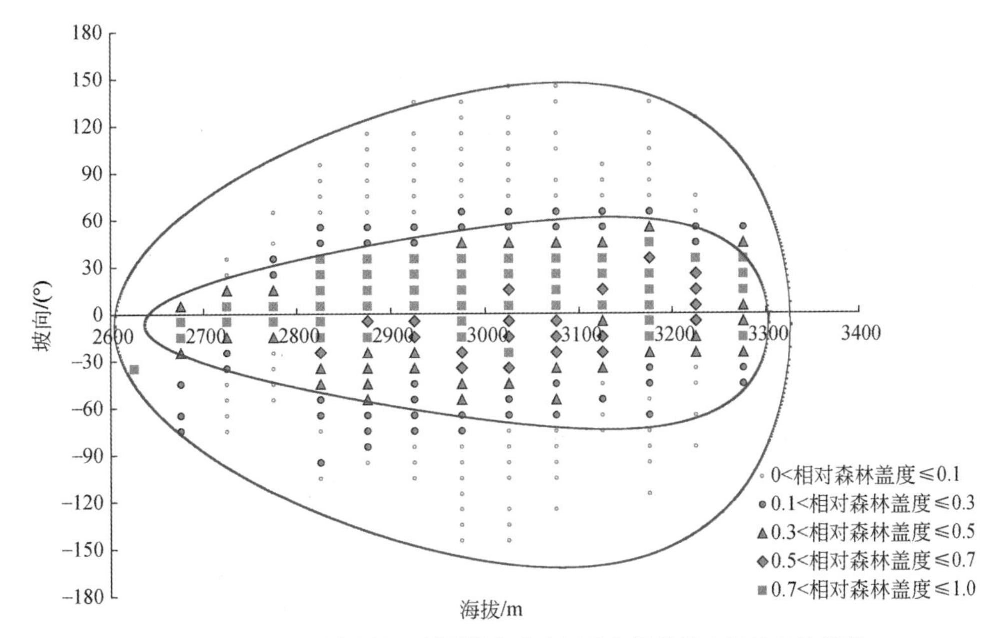

图 3-5　大野口流域青海云杉林潜在分布区及空间单元内相对森林盖度

当把图 3-5 中相对森林盖度>0 和>0.3 的森林单元连接起来后，就出现了两条边界线。内侧边界线包括了几乎所有相对森林盖度>0.3 的森林单元。因此，假设此区域为只考虑海拔和坡向限制时的青海云杉林在大野口流域的潜在核心分布区，其边界线拟合公式如下：

$$\frac{(H-3132.37)^2}{(-0.49\times H+1788.29)^2}+\frac{(A-6.61)^2}{67.78^2}=1 \tag{3-4}$$

式中，H 为海拔（m）；A 为坡向（°）。

由边界线的拟合公式可以看出，青海云杉林在大野口流域的潜在核心分布区的海拔下限和上限分别为 2635.50m 和 3302.50m。在海拔 3132.37m 时的逆时针坡向限制是-74.4°，顺时针坡向限制是 61.2°。坡向限制随海拔而变，如在低海拔时坡向范围较窄，随着海拔升高坡向限制范围逐渐增大，直到海拔 3132.37m 时达到最大值，之后随着海拔升高再次变窄。

外侧的边界线包含了所有森林单元，因此可以将此区域看作所有森林（疏林、密林）的潜在分布区，其边界线拟合公式如下：

$$\frac{(H-3080.21)^2}{(-0.32\times H+1309.88)^2}+\frac{(A-7.73)^2}{154.82^2}=1 \tag{3-5}$$

式中，H 为海拔（m）；A 为坡向（°）。

由边界线的拟合公式可以看出，青海云杉林在大野口流域潜在分布区的海拔下限和上限分别为 2603.40m 和 3325.80m。在海拔 3080.21m 时的逆时针坡向限制是-162.6°，顺时针坡向限度是 147.1°。

应用外包线原理，连接图 3-4 中青海云杉森林单元的最外侧点，发现青海云杉林在排露沟流域的潜在分布区为一椭圆（图 3-6），在椭圆内包含了几乎所有（除两个青海云杉疏林单元外）青海云杉林单元（青海云杉林、青海云杉疏林、青海云杉稀树灌丛、青海云杉稀树草地）。因此在仅考虑海拔和坡向的情况下，此椭圆区域为排露沟流域内青海云杉林的潜在分布区。椭圆的拟合公式如下：

$$\frac{(H-2937.92)^2}{264.31^2}+\frac{(A+43.53)^2}{118.58^2}=1 \tag{3-6}$$

式中，H 为海拔（m）；A 为坡向（°）。

由椭圆的拟合公式可以看出，椭圆中心点位于海拔 2937.92m 和坡向-43.5°处，表明青海云杉林潜在分布区并不是精确的集中在正北坡向，而是由正北方向逆时针偏转了 43.5°。

青海云杉林在排露沟小流域潜在分布的海拔下限和上限分别为 2673.60m 和 3202.20m。在海拔 2937.92m 处，潜在分布区的坡向范围是-162.1°～75.1°。但是，坡向的范围随着海拔的变化而变化。例如，在逆时针方向，由海拔 2684m 处的-77°变化到海拔 2937.92m 处的-162.1°，与此对应的是顺时针方向从-10°变化到 75.1°。然而，森林潜在分布区的坡向范围随着海拔并没有继续增大，相反却缩小了。

根据本研究的结果，大部分青海云杉林分布在海拔 2684～3201m，坡向范围在-160°～75°。青海云杉林的潜在分布区近似椭圆。椭圆的边界海拔是 2673.60～3202.20m，而且分布的坡

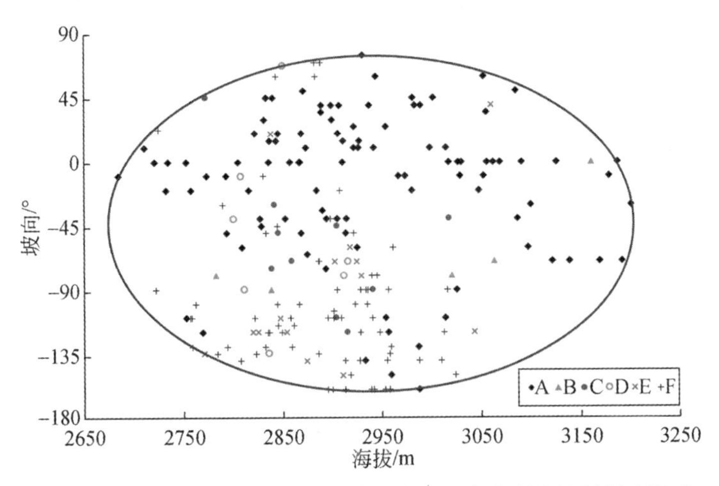

图 3-6 排露沟流域青海云杉林潜在分布区内的所有植被类型构成

向范围随着海拔的变化而变化，并且在 2937. 92m 处达到最大分布坡向范围，在 −162. 1° ~ 75. 1°。青海云杉林分布的最适宜海拔大约是 2950m，张雷（2015）的研究也得到了同样的结果。与其他关于青海云杉林在祁连山地区分布的研究结果进行比较（表 3-2），发现本研究中青海云杉林分布的海拔下限偏高，可能是由于受到排露沟流域海拔范围（2642 ~ 3794m）的限制。我们观察到，一些森林确实生长在阴坡上一些较潮湿的地方或低于此流域出口海拔（2642m）的山谷处。结合其他研究结果，如杨国靖和肖笃宁（2004）在包含排露沟流域的西水林区的研究，可以推断出青海云杉林在本研究区域的分布下限大约是 2430m。许仲林等（2011）报道了青海云杉林的海拔分布下限为 2351m，这可能与研究区更为湿润有关。由于山顶附近风力较大，在靠近山顶的部分有一段没有森林分布的海拔带，森林分布的海拔上限受到山体高度的影响。综合以上分析，本研究得到青海云杉林分布的海拔范围为 2430. 0 ~ 3202. 2m，与其他研究结果相一致。

表 3-2　青海云杉林空间分布的研究结果对比

研究区	经纬度	研究区面积/km^2	研究区海拔/m	森林海拔范围/m	森林坡向范围	参考文献
祁连山				2 500 ~ 3 300	阴坡、半阴坡	刘兴聪（1992a）
青海东峡林场	101°35′ ~ 101° 54′E，36°56′ ~ 37°15′N	161. 86	2 450 ~ 4 348	2 600 ~ 3 100	阴坡、半阴坡	王占林和蔡文成（1992）
西水林区	100°03′ ~ 100°23′E，38°32′ ~ 38°48′N	732. 49	2 000 ~ 4 000	2 500 ~ 3 200	−67. 5° ~ 112. 5°	杨国靖和肖笃宁（2004）
祁连山部分区域	98°34′ ~ 101°11′E，37°41′ ~ 39°05′N	10 009	2 000 ~ 5 500	2 600 ~ 3 400	−60° ~ 96°	Zhao 等（2006）
祁连山部分区域	93°23′ ~ 104°3′E，36°2′ ~ 40°32′N		2 200 ~ 5 400	2 351 ~ 3 300	−110° ~ 150°	许仲林等（2011）

续表

研究区	经纬度	研究区面积/km²	研究区海拔/m	森林海拔范围/m	森林坡向范围	参考文献
排露沟流域	100°17′E, 38°32′N	2. 74	2 642 ~ 3 794	2 673. 6 (2 500) ~ 3 202. 2	−162. 1° ~ 75. 1° (−110° ~ 75°)	本研究
大野口流域	100°12′ ~ 100°19′E, 38°25′ ~ 38°35′N	80	2 500 ~ 3 800	2 603. 4 ~ 3 325. 8	−162. 6° ~ 147. 1°	本研究

然而，关于青海云杉林分布的坡向范围的研究结果却各不相同。与其他研究相比，本研究中青海云杉林分布坡向在逆时针方向较宽，而在顺时针方向较窄。这些差异可能是由地理位置和气候条件的差异、研究区域面积大小以及个别研究中的海拔范围造成的。此外，本研究使用的森林定义不同于景观研究中对于森林郁闭度≥0. 4 的定义（刘兴聪，1992a；杨国靖和肖笃宁，2004），也不同于有些研究中对于青海云杉上下树线的研究（王占林和蔡文成，1992；Zhao et al.，2006；许仲林等，2011）。今后需要在祁连山区青海云杉林所有分布区进行采用相同森林定义的研究，而且在这样的研究中，应更多关注气候因素（如水、温度等）和人类活动（如放牧等）的直接影响，而不仅仅是影响森林分布的立地因素（如海拔、坡向等）。

青海云杉林在大野口流域潜在分布区和潜在核心分布区的坡向分布范围相差较大，分别为−162. 6° ~ 147. 1°和−74. 4° ~ 61. 2°。这说明坡向在适宜海拔范围内对青海云杉林的分布起着重要作用，因为坡向能够影响入射的辐射量，从而影响温度、蒸散发以及植物可利用的土壤水分和水分平衡。为了适应气候变化，山地森林将改变主要分布区的坡向范围，如对西伯利亚南部山区密林的分析发现，由于气候变暖，在海拔 1800 ~ 2500m 范围内森林的主要分布区坡向移动了 120°±13°（Kharuk et al.，2010）。与阳坡相比，阴坡由于山体的遮挡，减少了太阳辐射量，增加了土壤可利用水分和湿度条件（Olivero and Hix，1998），这是决定山地森林空间分布的一个重要因素。例如，华盛顿东部的花旗松总是占据北面的阴坡，而在南面的阳坡完全不存在（Turesson，1914）。随着海拔上升，降水量增多，青海云杉林潜在分布区和潜在核心分布区的坡向分布范围逐渐增大，分别在海拔 3080. 21m 和 3123. 40m 处达到最大。这一结果得到了袁亚鹏（2015）的支持，其研究结果显示，青海云杉在海拔 3100m 的生长受气候变化影响较小。

3. 4　青海云杉林分布的气象和水分限制

干旱区山地森林的分布受到很多气候因子的影响，如气温、降水量、太阳辐射等（Grubb and Whitmore，1966）。在这些因子中，年均气温和年均降水量是最重要也是最容易获得的因子，因此成为以往研究中经常被用到的两个因子（Eeley et al.，1999）。通常随着海拔的升高，降水量逐渐增加，气温逐渐降低，从而减少蒸散发，增加植物可利用水量。这可以在很大程度上解释干旱区高海拔山地的森林分布。

本研究选择年均气温（T_a）和年均降水量（P_a）来确定青海云杉林在大野口流域的空间分布范围。根据位于排露沟流域出口处的气象观测站（100°17′18″E，38°34′03″N，2580m）1994 年 1 月 1 日～2015 年 9 月 30 日的每日温度和降水观测数据，计算发现该流域海拔 2580m 处的年均气温为 1.6℃，年均降水量为 368mm。应用此气象观测站的数据以及该流域内其他海拔处的气象观测站数据，推导出年均气温和年均降水量随海拔的变化规律，表现为海拔每升高 100m，年均降水量约增加 4.95%（Zhang et al.，2003），年均气温随海拔升高 100m 约降低 0.58℃（Xu F et al.，2009），其数学关系式如下所示：

$$P_a = 368 \times (1+4.95\%)^{\frac{Ele-2580}{100}} \tag{3-7}$$

$$T_a = 1.6 - 0.58 \times \frac{Ele-2580}{100} \tag{3-8}$$

式中，P_a为年均降水量（mm）；T_a为年均气温（℃）；Ele 为海拔（m）。

利用式（3-7）和式（3-8）计算年均降水量和年均气温沿海拔梯度的变化情况，得到青海云杉林分布区海拔上限和下限对应的气候因子阈值，见表 3-3。青海云杉林潜在分布区和潜在核心分布区对应海拔上限的年均气温限制分别为-2.73℃和-2.59℃，对应海拔下限的年均降水量限制分别为 372.30mm 和 378.10mm。

表 3-3　大野口流域青海云杉林分布区的气候因子阈值

分布区	边界	海拔/m	年均气温/℃	年均降水量/mm
潜在分布区	上限	3325.80	-2.73	527.80
	下限	2603.40	1.46	372.30
潜在核心分布区	上限	3302.50	-2.59	521.80
	下限	2635.50	1.28	378.10

1951～2012 年全球地表温度以每十年 0.08～0.14℃的速度上升。然而，我国以及我国西北干旱区的地表温度上升速度要远远高于全球平均水平。有研究显示，1951～2009 年我国地表温度以 0.23℃/10a 的速度上升；20 世纪 80 年代以来，我国西北干旱区的地表温度更是以 0.6℃/10a 的速度上升（Zhao et al.，2011）。干旱区的山地对于气候变化更加敏感。有研究显示，祁连山高海拔地区 1980～2007 年年均气温升高了 1.25℃（高琳琳，2015），相当于 0.45℃/10a，远远高于全球平均水平和我国的平均水平。

在气候变化背景下，降水量以及分布方式的变化在世界不同地区表现出不同的变化规律。在很多地区，气候变化意味着变得更暖更干，例如，与地中海东部地区的气候长期变暖相呼应，叙利亚气候长期处于变得更干燥的趋势中（Kelley et al.，2015）。20 世纪 70 年代中期以来，亚马孙北部地区的气候干燥趋势便随着 0.25℃/10a 的升温速度而加剧（Malhi et al.，2008）。加利福尼亚地区的降水减少也与温度升高有关（Swain et al.，2014）。然而，以往研究表明，20 世纪 80 年代以来，我国西北地区的气候变化经历了一个由暖—干到暖—湿的转变（Shi et al.，2007）。尹宪志等（2009）研究报道了祁连山的降水量 1956～2005 年以每年 1.355mm 的速度增加。这可能得益于冰川/积雪的融化，因为 1956 年以来祁连山冰川在半个世纪内已经萎缩了 20.88%（孙美平等，2015）。

与干旱区高山的下部树线主要受降水限制相比，上部树线主要由低温决定（Valmore，1974）。在干旱高山地区的研究表明，森林分布和树木生长受温度或热量限制，如低温、生长季短、极端最低温度和永久冻土限制根系发育等（Löve，1970）。因此，温度升高可能引起森林分布区的上移，Kelly 和 Goulden（2008）比较了加利福尼亚州南部圣罗莎山海拔 2314m 附近的植被覆盖情况，发现 1997 年和 2006 ~ 2007 年两次调查之间主要植被物种的分布海拔平均上升了约 65m，主要是此期间的气候变暖所致。同样，欧洲的高山植被可能会被迫迁移到更高的海拔（Hughes，2000）。对阿尔卑斯山未来物种分布的一项预测研究也表明，树种将在更高的海拔生存（Theurillat and Guisan，2001）。在大野口流域2500 ~ 3800m 的海拔范围内，年均温度随着海拔的降低速度是 0. 58℃/100m（海拔 2580m 处的年均温度为 1. 6℃）。这表明，如果温度上升 0. 45℃/10a ［1980 ~ 2007 年的每十年（高琳琳，2015）］，青海云杉林潜在分布区的海拔上限将从 3325. 80m 上升到 3403. 40m，潜在核心分布区将从 3302. 50m 上升到 3380. 10m，都是上升了 77. 60m。这个预测结果比历史上观测到的青海云杉树线上升［1907 ~ 1957 年上升了 5. 7 ~ 13. 6m，1957 ~ 1980 年上升了 6. 1 ~ 10. 4m（He et al.，2013）］范围要剧烈，可能是由于我们只考虑了温度的影响，而没有考虑树木更新和生长所需要的时间以及其他限制因素。

青海云杉林在大野口流域的分布下限主要受年均降水量限制。基于本研究结果，青海云杉林只分布在年均降水量达到或超过 372. 3mm 的地方。尽管在低于青海云杉林分布区下限的地方也零星分布着青海云杉林，但它们不属于典型的山地森林，因为它们的存活除了依赖降水外，还依赖坡面径流、山坡汇流、泉水或溪水等。由于干旱区山地森林受严重的水分限制，降水量的增加/减少可能导致森林分布区的下限（后缘）向下/向上移动。Brusca 等（2013）首先研究了 1964 ~ 2013 年美国西南部山地植物分布下限的变化情况，结果显示下限显著向上移动，主要是由于过去 20 年间年均降水量减少和年均气温升高。

20 世纪 80 年代以来，祁连山的气候表现出暖—湿的变化趋势，如果简单地认为森林分布的下限只受到年均降水量的限制，而且在大野口流域海拔 2580m 处的年均降水量增加了 20mm，那么青海云杉林潜在分布区和潜在核心分布区的下限将分别下降到海拔 2495. 0m 和 2526. 0m。但由气候变化导致的气温升高可能引起蒸散发增加和频繁的干旱，这可能抵消年均降水量增加对森林分布区下限变化的影响。后缘种群的生态特征、动态和保存要求与分布范围内其他区域的种群不同，因此一些常见的理论对于后缘种群可能没有多大用处，甚至可能适得其反（Hampe and Petit，2005）。因此，青海云杉林分布的下限可能不会像本研究只考虑年均降水量限制作用的结果那样向下移动，还需要更多的研究来获得更加精确和可靠的森林分布区对气候变化响应的定量预测。

3. 5　坡位对青海云杉林分布的影响

坡位对于森林分布的影响主要是向下流动的地表径流和壤中流使得上坡位比下坡位更加干旱。从图 3-7 可以看出，当海拔低于 2800m 时（当海拔低于 2700m 仅有一个森林单元，因此我们将此海拔段合并为 2600 ~ 2800m），青海云杉林主要分布在下坡位。当海拔在 2800 ~ 2900m 时，青海云杉林主要分布在中坡位和下坡位，分别占排露沟流域森林总面积的 5.55% 和 14.93%，而且森林开始在上坡位有所分布。当海拔高于 2900m 时，青海云杉林在所有坡位均可以分布，而且在上坡位分布的青海云杉林占排露沟流域森林总面积的 36.69%。

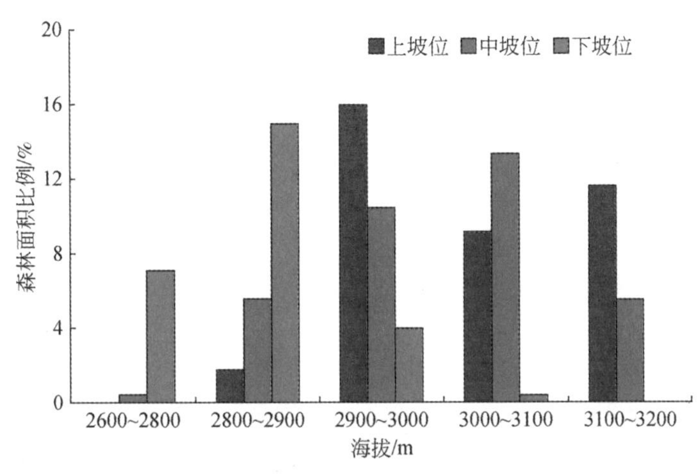

图 3-7 排露沟流域青海云杉林不同海拔段内不同坡位上的森林面积比例

本研究中，当海拔低于 2800m 时，青海云杉林主要（97.4%）分布在下坡位；当海拔在 2800 ~ 2900m 时，由于土壤水分增多，青海云杉林主要（96.3%）分布在中坡位和下坡位。青海云杉林分布的坡位随着海拔升高变化较大。这主要是由于随着海拔升高，降水量增加，温度降低，蒸散发减少，中坡位和上坡位的土壤水分条件得到改善。当海拔高于 2900m 时，由于降水充足，坡位对青海云杉林分布不再起限制作用，且前人研究也得到了类似结果（Thor et al., 1969；Day and Monk, 1974）。当海拔高于 3000m 时，下坡位只有少量森林分布，可能是受到了排露沟流域的地理条件或者使用调查方法的限制。

3.6 坡度对青海云杉林分布的影响

坡度可以通过改变太阳辐射、土壤质地、水土流失、土壤湿度和土壤营养等环境条件来影响森林的分布。一般来说，缓坡可以提供更好的土壤水分和养分。

与排露沟青海云杉林占据大范围（8° ~ 46°）坡度相比，青海云杉林郁闭度随坡度变化的外包线仅有一个微小的变化范围（图 3-8）。青海云杉林郁闭度在坡度>25°时降低，此现象比较容易解释，但是郁闭度在<25°时表现出降低，很可能与土地利用的干扰有关，如 20 世纪 80 年代以前的木材砍伐和放牧。这就导致青海云杉林在平缓坡地（<15°）的累计面积比例很低，只有 8.27%，但是在陡坡（>30°）却有 56.65%。这种现象说明坡度在决定青海云杉林分布方面所起到的作用较小。

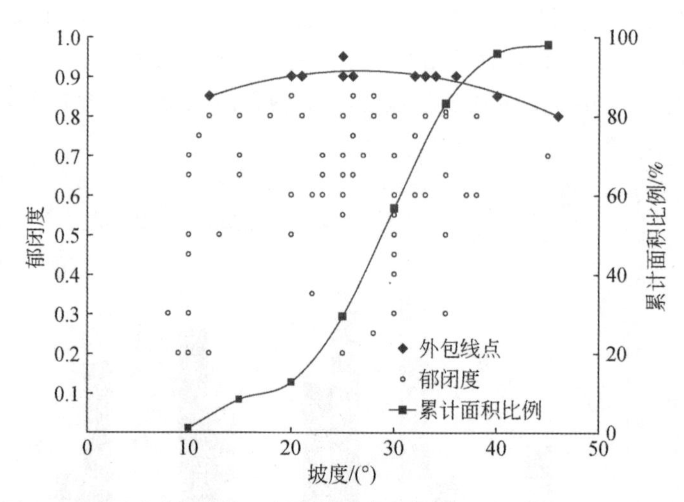

图 3-8　排露沟流域青海云杉林郁闭度和累计面积比例随坡度的变化

本研究中，青海云杉林在 9°～46°的坡度范围内均有分布，且 85% 的青海云杉林生长在坡度≥15°的中坡或者陡坡上。这可能是当地土地利用决策的结果，因为缓坡被首先用作草场放牧。但是坡度似乎并不是青海云杉林分布的限制因素，这与牛赟等（2014）的研究结果相似。

3.7　土壤深度对青海云杉林分布的影响

土壤深度由于会强烈影响植物可利用的水分、根系生长、树木更新以及抗旱能力等，进而影响森林的分布和生长。

排露沟的青海云杉林土壤深度分布范围较广，10～225cm 均有分布（图 3-9）。但是仅有 6.23% 的森林单元土壤深度<40cm，其余 93.77% 的森林单元土壤深度均≥40cm。从青海云杉林的郁闭度随土壤深度变化的外包线可以看出，当土壤深度由 10cm 增加到 30cm 时，青海云杉林的郁闭度从 0.5 迅速增加到 0.8，之后随土壤深度的增加缓慢增加，到 40cm 时增加到 0.87，之后几乎保持平稳，最大值为 0.9。在土壤深度<40cm 的森林单元中，55.56% 位于低海拔段（2600～2900m）的阴坡下坡位或中坡位，说明这些森林单元很可能借助除降水以外的其他水分补充而存活，如来自于上坡位的径流。但是由较低的森林郁闭度可以看出，土壤深度<40cm 的森林长势并不好。基于此分析可以确定适宜青海云杉林生长的土壤深度为≥40cm。

Meerveld 和 McDonnell（2006）研究发现，土壤深度的空间差异是物种分布空间差异的重要原因之一。本研究中，青海云杉林大部分（92.6%）生长在土壤深度≥40cm 的立地上。杨凯（2001）研究也发现，40cm 以上的土壤深度对红皮云杉的生长更有利。这表明，40cm 以上的土壤深度可以存储足够的可供青海云杉林在干旱期存活的水分。但在海拔高于 3060m 的一个阴坡森林单元，土壤深度仅有 10cm，表明此处的降水量以及可能来自上坡位的水分可以满足青海云杉这一浅根系树种（吴春荣和邢彩萍，2015）的用水需

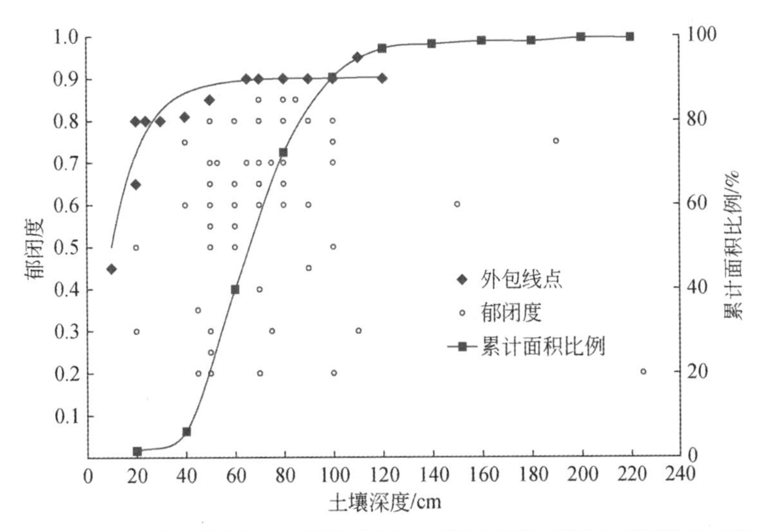

图 3-9　排露沟流域青海云杉林郁闭度和累计面积比例随土壤深度的变化

求。在土壤深度大于 100cm 的 29 个流域单元中，有 19 个是位于坡向 -160° ~ -60° 的草地，仅有 3 个被青海云杉林覆盖，这说明土壤深度对于青海云杉林分布的影响较坡向要弱很多。杜全贵（2009）对于川西云杉的研究也支持了这一结论，川西云杉在土壤深度 38cm 和 45cm 的阴坡和半阴坡上长势好于土壤深度 55cm 和 62cm 的阳坡和半阳坡。

3.8　多因素影响下的青海云杉林空间分布预测

统计分析表明，海拔和坡向是影响青海云杉林空间分布的主要因素，而土壤深度和坡位也可以起到一定的作用。因此，利用式（3-2）和式（3-3），计算排露沟流域确定的限制因素及其阈值对青海云杉林（和非森林植被）分布的预测精度。第一个限制因素是海拔，范围是 2673. 60 ~ 3202. 20m；第二个限制因素是坡向，随着海拔的变化按照椭圆方程［式（3-6）］变化；第三个限制因素是土壤深度≥40cm；第四个限制因素是坡位（海拔低于 2800m 时是下坡位，海拔在 2800 ~ 2900m 时是中坡位和下坡位，海拔高于 2900m 时是所有坡位）。从表 3-4 可以看出，在考虑四个限制因素的情况下，累计的面积预测精度为 76. 2%（如果不考虑 7. 7% 的未调查面积和 4. 0% 的祁连圆柏林，累计的面积预测精度为 88. 2%）。

表 3-4　考虑限制因素的青海云杉林（和非森林植被）预测精度　　（单位:%）

指标	青海云杉林实际比例	海拔	坡向	土壤深度	坡度
单元数量	29. 2	37. 7	65. 5	71. 4	74. 6
单元面积	31. 9	55. 8	71. 5	73. 9	76. 2

3.9 影响青海云杉林分布的其他因素

森林的空间分布由许多因素综合决定。本研究分析了影响青海云杉林在山地流域内空间分布的主要因素，并确定了其中部分因素的阈值。确定了青海云杉林的潜在分布区及其关于海拔和坡向两个主要影响因子的定量表达式。然而，应用排露沟流域的野外调查数据，逐次增加限制因素并计算预测精度，在考虑四个限制因素的情况下，累计的面积预测精度为76.2%，而非100%，说明地理因素和气候变化的其他特征也可能会引起或加强控制青海云杉林分布的土壤湿度的时空变化（Pennington and Collins，2007；Shi et al.，2007）。此外，在气候变化条件下，气候变量与其他附加因素之间的相互作用可能变得更加强烈（Ferguson and George，2003）。如果本研究中的降水和温度被气候干燥或湿润指数替代，那么关于青海云杉林空间分布对于气候变化响应的预测会更加准确。然而，气候干燥或湿润指数的计算需要更多的气象指标数据，而这些气象指标很难获得，尤其是在干旱区的山地环境中，因为气象指标随着海拔、坡向和其他因素而显著变化，较难确定其中的数量关系式。

微地形的异质性也被认为是影响森林空间分布的因素之一（Guisan and Theurillat，2000）。本研究中，在大野口流域低于森林分布下限的区域内，一些下坡位或者溪水旁也零星发现了一些小面积的青海云杉林。因此，微地形可以让一些植物出现在从中尺度环境角度看不会生长的地方，反过来，一些植物也可能在适宜其生长的地方不出现（Erschbamer et al.，2001）。尽管如此，Gottfried 等（1998，1999）的研究显示，即使将DEM 的分辨率提高到 1m，依然不能显著提高预测植被分布模型的精度。因此，特殊的干扰方式强烈影响着高山植物群落的组成和多样性。

除自然因素的影响外，祁连山地区人为活动的加强，如土地管理、森林砍伐、增加和维持放牧草地等，也可能影响青海云杉林的现状分布。祁连山地区的人口在过去 50 年里急剧增长。刘兴明（2012）的研究发现，一些适宜青海云杉林分布的区域被人们用作了牧场或居住地等其他土地利用形式。一个比较极端的例子是黄土高原，在公元前 8000 年至公元前 6000 年，青海云杉林几乎覆盖了整个黄土高原，但是在公元前 2000 年以后，人类活动强度日益增加，导致青海云杉林在黄土高原消失（Zhou and Li，2012）。尽管如此，青海云杉林对过去气候变化响应而发生的迁移已经被观察到，但森林是否具有对未来气候变化做出足够快速响应的潜力仍然值得怀疑。

由于气候变化与人为干扰的复杂性，未来气候变化情景下青海云杉林的分布-气候关系不一定紧密。同时需要开展生态学、水文学和生理学的研究，以及进一步的野外调查和控制实验的综合研究，以了解和量化个别因素及其相互作用对未来气候变化和人类活动情景下青海云杉林空间分布的影响。

虽然本研究的分析不能对青海云杉林适应气候变化的机制得出明确的结论，但这种分析可以引出在考虑植物对气候变化响应的某些假设时，未来可能出现的分布模式。它们代表了一种长期的响应趋势，而不是实际的分布变化。而且本研究的研究方法和定性结论可为其他干旱区山地森林分布研究提供参考或指导。但由于流域面积较小，所得到的定量结论，尤其是影响因子的阈值不一定适用于其他干旱区山地的针叶林。

3.10 小　结

本章建立了只考虑海拔和坡向限制条件下的青海云杉林在我国西北干旱区祁连山区大野口流域的潜在分布区和潜在核心分布区的外包线方程。青海云杉林的潜在分布区和潜在核心分布区的海拔范围分别为 2603. 40 ~ 3325. 80m 和 2635. 50 ~ 3302. 50m。这两个分布区的坡向边界范围随海拔升高先增后减，在森林分布坡向范围最广的海拔处分别是–162. 6° ~ 147. 1° （3080. 21m）和–74. 4° ~61. 2° （3132. 37m）。这两个分布区上限对应的年均气温分别为–2. 73℃和–2. 59℃，而下限对应的年均降水量分别为 372. 30mm 和 378. 10mm。利用这些阈值和气候因子随海拔的变化规律，可以预测特定气候变化情景下青海云杉林分布区上下海拔边界的变化，当温度上升 0. 45℃时，潜在分布区和潜在核心分布区的海拔上限分别将由 3325. 80m 和 3302. 50m 上升到 3403. 40m 和 3380. 10m；当降水量增加 20mm 时，潜在分布区的海拔下限将下移 108. 40m （由 2603. 40m 下降到 2495. 00m），潜在核心分布区的海拔下限将下移 109. 50m （由 2635. 50m 下降到 2526. 00m）。但是，如果考虑更多的立地因子（土壤深度和坡位），可以大大提高预测精度，主要是由于这些立地因子可以影响干旱期对树木的土壤水分供应。适宜青海云杉林分布的土壤深度是≥40cm；当海拔低于 2800m、介于 2800 ~2900m、大于 2900m 时，对应的适宜坡位分别为下坡位、中坡位和下坡位、所有坡位。

第 4 章　青海云杉林高生长时空变化

树高是林分的重要生长指标之一，本章将通过研究青海云杉个体、林分的树高变化规律以及与立地因子的关系，基于外包线分析结果，首先确定树高与各单个影响因素的关系类型，再建立多因素连乘模型，并利用实测数据拟合模型参数，然后预测和分析多因素影响下的青海云杉林树高的变化特征。

4.1　数据获取与预处理

不同调查人员在野外调查中所采取的调查标准存在差异，因此需要对不同来源的野外调查原始数据按照统一标准进行处理，以达到不同来源数据之间的合理匹配。在进行样地平均树高、平均胸径等样地特性的计算时，需要删除胸径<5.0cm 的单株调查数据，并且根据经验删除或改正因个人记录笔误等原因引起的异常值（如书写错误或者小数点位置标错等）。这些样地和单株地面调查数据主要用于青海云杉林生长特征、生物量特征和林分垂直结构特征等的研究。

本研究共收集到青海云杉单株调查数据 31 458 条，青海云杉林样地调查数据 815 条，这些样地涵盖了青海云杉林在祁连山自然分布的大部分地区，且大部分样地只调查过一次。样地调查数据包括海拔、坡向、坡度、坡位、胸高断面积、密度以及样地面积等，这些样地的平均密度为 1274 株/hm^2、平均树高为 10.5m、平均胸径为 16.9cm，样地和单株数据的基本信息见表 4-1 和表 4-2。第 5 章和第 6 章青海云杉林胸径和蓄积量生长的计算均应用此套数据。

表 4-1　青海云杉样地数据的基本信息

属性	最小值	平均值	最大值	标准差
数据采集时间	1987.06		2016.10.04	
经度	98°13′47″E		102°59′08″E	
纬度	37°03′10″N		39°20′27″N	
海拔/m	2518	2934	3451	151.18
坡向/(°)	−160.0	0.5	135.0	40.94
坡度/(°)	3	23	58	10.11
土壤深度/cm	10	69.2	225	29.36

续表

属性	最小值	平均值	最大值	标准差
年龄/年	16.0	82.4	204.0	30.83
密度/(株/hm^2)	247	1274	3700	634.25
郁闭度	0.16	0.60	0.87	0.13
平均树高/m	1.8	10.5	23.3	3.54
平均胸径/cm	5.3	16.9	38.9	5.78

表 4-2　青海云杉林单株数据的基本信息

属性	最小值	平均值	最大值	标准差
数据采集时间	2003.07.19		2016.10.04	
经度	99°53′46″E		100°22′47″E	
纬度	38°02′08″N		38°34′49″N	
海拔/m	2518	2906.9	3374	130.26
坡向/(°)	-90	11.2	120.0	27.16
坡度/(°)	3	22.35	58	9.26
年龄/年	4	78.3	204	34.34
树高/m	1.3	8.63	26.5	4.77
胸径/cm	3.0	15.54	128.0	12.00
所在样地密度/(株/hm^2)	150	1530	3700	665.60
所在样地郁闭度	0.11	0.63	0.87	0.11

4.2　青海云杉个体高生长过程

青海云杉生长速度较慢，10 年生的树高仅为 1.0m 左右，且高生长在 20 年生后才开始加速，在 190～200 年生时停止生长。刘兴聪（1992a）的研究显示，青海云杉树高与年龄在 150 年生以内呈现出很好的近线性关系（图 4-1）；最大连年生长量为 0.22m/a，出现在 40 年生时，此时的平均生长量也接近最大值；之后随着年龄增大，连年生长量逐渐降低。

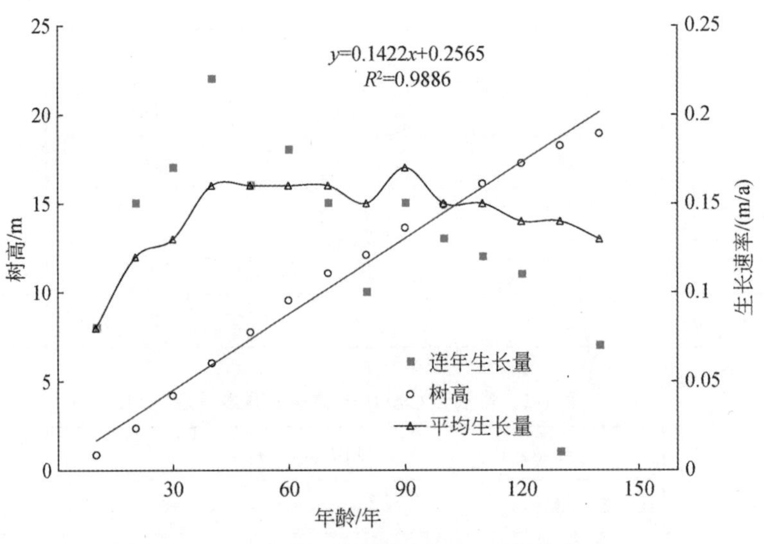

图 4-1 青海云杉单株树高随年龄的变化

资料来源：刘兴聪（1992a）

4.3 林分平均树高生长过程

在本研究中，基于大量样地调查数据提取了上外包线，它能在一定程度上排除其他因子的影响。可以看出，各林龄阶段的青海云杉最大树高与年龄未呈现出图 4-1 中那样的近线性关系，而是在一定年龄后生长速率逐渐变小，趋于一个最终树高值（图 4-2）。这个关系可表示为

$$MH = 21.88 \times [1-\exp(-0.055 \times Age)]^{3.05} \qquad R^2 = 0.962 \tag{4-1}$$

式中，MH 为林分平均树高（m）；Age 为年龄（年）。

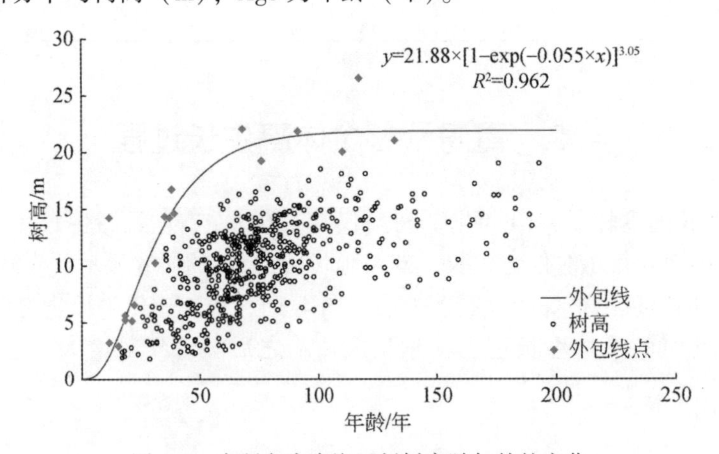

图 4-2 本研究中青海云杉树高随年龄的变化

当年龄小于 10 年生时，青海云杉幼树的高生长非常缓慢，10 年生时只有 1.59m；10 ~ 50 年生时，树高生长迅速加快，50 年生时可达 17.89m，意味着青海云杉在这 40 年中的年均生长量为 0.41m；随后的高生长速度有所下降，50 ~ 80 年生时，年均高生长量约为 0.11m，80 年生时的树高是 21.07m，已经接近了树高最大值（21.88m）；80 年生后，高生长非常缓慢，树高变化逐渐趋于稳定，并最终达到最大树高。

树木高生长通常具有随年龄增加而减慢其生长速率并且最终生长高度不能超过最大高度的调控机制。例如，生长于澳大利亚墨尔本东部的花楸，幼年时高生长速率为 2 ~ 3m/a；90 年生时,年均高生长量减到 0.5m，到 150 年生时，高生长基本停止，但还会继续存活约 100 年（Ryan and Yoder，1997）。在刘兴聪（1992a）的研究中，青海云杉树高随年龄呈近线性增加趋势，140 年生时，高生长仍在继续，此种情况可能是立地条件为理想状态下的生长良好的健康植株，但在一般的立地条件和林分结构环境中，树高生长总会受到立地条件及林分密度等的影响，很难呈持续的近线性关系。

青海云杉为慢生树种，以往的研究中对其生长阶段的划分一般为幼龄林（<50 年）、中龄林（50 ~ 100 年）、成熟林（>100 年）。在本研究中，青海云杉的高生长 10 ~ 50 年生时为快速生长期，年均生长量为 0.40m；50 ~ 80 年生时生长速度有所下降，年均生长量降到约 0.10m；80 年生后高生长趋于停止。对生长在加拿大不列颠哥伦比亚省的北美云杉（Nigh，1997）以及艾伯塔省的恩氏云杉（Huang and Titus，1994）的研究，也得到了相似结果。在不同年龄段，很多样地的树高均低于该年龄段的最大树高，说明在很多林分中存在着对树木高生长的限制，对其限制机理的解释有四种最常见的假说，分别是呼吸假说、营养限制假说、成熟假说和水力学限制假说（Ryan and Yoder，1997）。由于本研究区位于干旱区，水分限制可能是最主要的因素，这可从不同坡向和不同海拔之间树高的巨大差异中得到证实。对于同样生长于祁连山的祁连圆柏（赵维俊等，2011），幼龄时其树高生长缓慢，25 年生时树高仅有 1.0m，40 ~ 80 年生时才进入快速生长期，年均生长速度为 0.07m，200 年生时进入成熟期，与青海云杉表现出相似的高生长趋势。青海云杉是浅根系树种（吴春荣和邢彩萍，2015），更易受到土壤干旱胁迫，因此土壤干旱胁迫是很多青海云杉林的树高与各年龄段的最大树高差异很大的主要原因，需要未来开展树木生理学研究来获得更准确可靠的解释。

4.4 高生长的林分密度影响

青海云杉林树高随密度变化的上外包线显示，不同密度段的林分平均树高随着密度增加而降低，但各阶段的降低速率有所不同（图 4-3）。在 0 ~ 500 株/hm^{2}密度范围内，树高（约为 25.0m）几乎保持不变，仅轻微降低；在 500 ~ 800 株/hm^{2}密度范围内，树高开始明显降低，但只降低了约 2.0m；在 800 ~ 2000 株/hm^{2}密度范围内，树高从 22.8m 迅速降低到 14.1m；当密度大于 2000 株/hm^{2}时，树高仅有轻微降低，渐趋于稳定。林分平均树高随林分密度变化的外包线的拟合方程为

$$MH=\frac{1}{0.07+1.16\times10^{-11}\times Den^{3.12}}+10.80 \qquad R^2=0.848 \tag{4-2}$$

式中，MH 为林分平均树高（m）；Den 为林分密度（株/hm^2）。

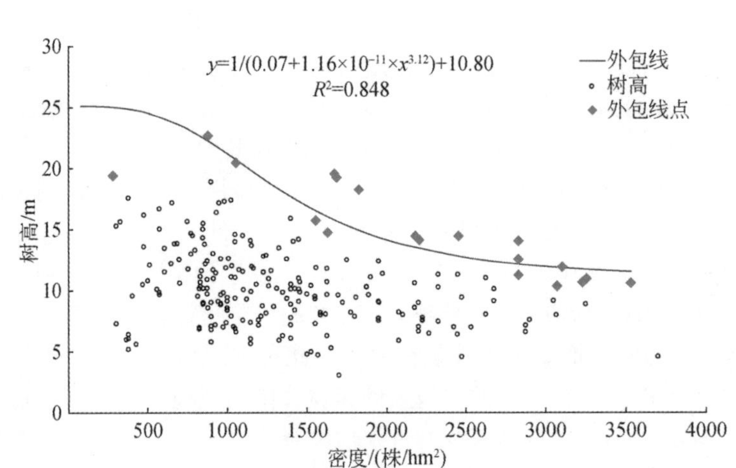

图 4-3　祁连山区青海云杉林平均树高随林分密度的变化

林分密度与树木个体的高度和径向生长及材积生长等密切相关，但密度对林分平均树高的影响更加复杂，结论也不一。有些研究表明，密度对树高生长有影响，但影响较弱，在相当宽的一个中等密度范围内无显著影响（孙时轩，1992）。但在本研究中，青海云杉林树高随密度增大而降低，直到密度达到 2000 株/hm^2。同样，Zhang 和 Morgenstern（1995）对黑云杉的研究发现，树木高生长与密度存在负相关；对意大利花旗松（Vargas-Hernandez and Adams，1991）的研究也得到了相似结果。原因可能是密度增大使树木个体营养面积减少，水分供给受到限制，因此高生长降低。陈玉琪等（1981）在祁连山的寺大隆、西水、隆畅河、大黄山、西营河等林场，选取不同林龄（40～120 年）、坡向、坡度、海拔的青海云杉林进行调查，发现随着密度增加，林内温度、空气湿度、风速、光照、地温和土壤湿度等因子，均逐渐降低，特别是土壤含水量和空气湿度，这可能是青海云杉林树高随密度增加而降低的主要原因。

4.5　高生长的立地环境影响

由图 4-4 可以看出，青海云杉林在祁连山 2500～3350m 海拔范围内均有分布。从海拔 2500m 处开始，青海云杉林的树高随海拔升高而增大，但速度渐缓，在海拔 2900m 附近达到最大值 23.0m，之后缓慢降低，当海拔高于 3100m 时迅速降低，直到最高海拔 3350m 处降为 6.3m。在海拔 2700～3100m，树高的变化速率缓慢，均在 21.0m 以上，与最大树高值相差不超过 2.0m。但当海拔低于 2700m 或高于 3100m 时，树高变化迅速，而且青海云杉林在这两个区域内分布较为稀疏。青海云杉林分平均树高随海拔变化的外包线的拟合方程为

$$MH=\left[\exp\left(-15.37-\frac{88.43}{Ele-2460.56}\right)\right]\times\frac{3.64\times10^{8}-1.08\times10^{5}\times Ele}{1-2.67\times10^{-10}\times Ele^{2.07}}\qquad R^2=0.823 \quad (4\text{-}3)$$

式中，MH 为林分平均树高（m）；Ele 为海拔（m）。

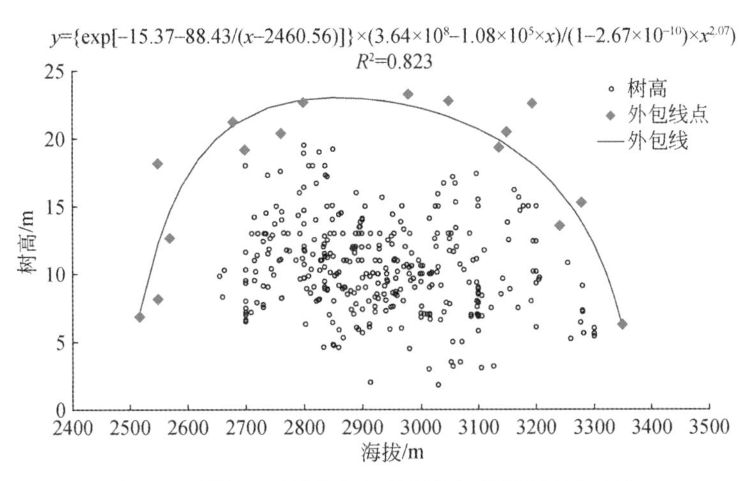

图 4-4　祁连山区青海云杉林平均树高随海拔的变化

青海云杉林各坡向段的林分平均树高随坡向变化的外包线形状类似倒抛物线（图 4-5）。树高最大值为 22.41m，出现在坡向-7°（逆时针偏离正北 7°）附近，而不是正北坡的 0°。青海云杉林在-120°～-45°坡向范围内分布稀疏，且树高从-45°处的 20.43m 迅速降到-120°处的 4.72m。青海云杉林集中分布在坡向-45°～60°（顺时针偏离正北 60°）范围内，且实测树高值在此范围内变化较小。青海云杉林在坡向 60°～100°范围内同样分布稀疏，且树高从 60°处的 16.14m 迅速降到 100°处的 6.44m。青海云杉林平均树高随坡向变化的外包线的拟合方程为

$$MH = 22.34 - 0.02 \times Asp - 0.0139 \times Asp^2 \qquad R^2 = 0.761 \tag{4-4}$$

式中，MH 为林分平均树高（m）；Asp 为坡向（°）。

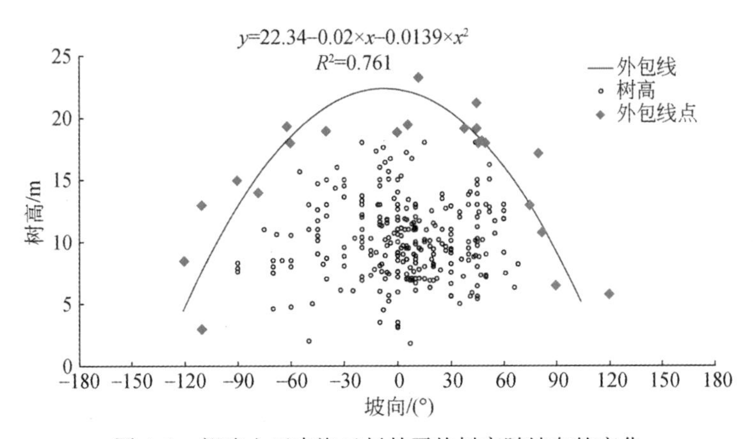

图 4-5　祁连山区青海云杉林平均树高随坡向的变化

由图 4-6 可以看出，祁连山区青海云杉林分布的坡度范围较广，0°～50°均有分布，但集中在 0°～40°。青海云杉林在各坡度段的平均树高随坡度变化的外包线显示，树高在

0°～30°坡度范围内基本保持不变；在 30°～40°坡度范围内明显降低，从 20.5m 降到 18.5m；当坡度大于 40°时，树高迅速降低，到坡度 50°时仅有 3.1m。林分平均树高随坡度变化的外包线的拟合方程为

$$MH=21.14+0.001\times[1-\exp(0.20\times Gra)] \qquad R^2=0.840 \tag{4-5}$$

式中，MH 为林分平均树高（m）；Gra 为坡度（°）。

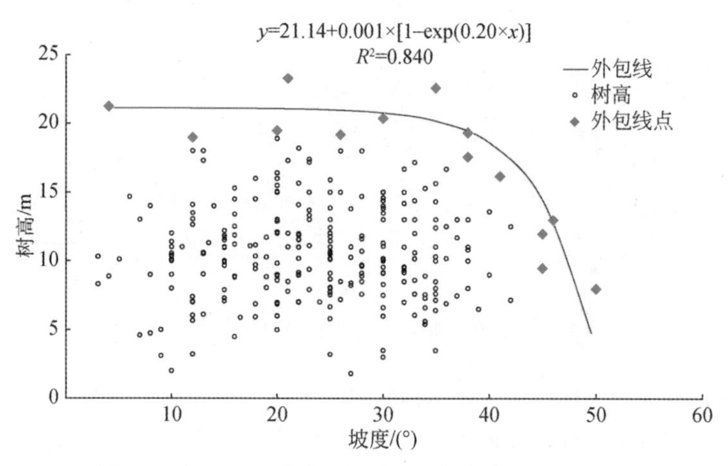

图 4-6　祁连山区青海云杉林平均树高随坡度的变化

影响林木高生长的立地因子较多，本研究考虑了海拔、坡向、坡度这三个比较重要的立地因子。由于气候和土壤特性会随海拔升高而改变，海拔是决定树木高生长的一个重要因素，在美国（Sprackling，1973）、加拿大（Klinka et al.，1996）、瑞典（Lindgren et al.，1994）和法国（Seynave et al.，2005）的研究中都得到了相似结果。本研究发现，青海云杉林的树高在海拔 3100～3350m 范围内随海拔升高而降低，这可能因海拔升高导致的低温胁迫和土壤更加瘠薄等的限制。温度降低使植被生长期缩短，光合作用变弱，最终导致高生长降低。相比之下，青海云杉林的树高在海拔 2500～2700m 范围内随海拔升高而迅速增大，可能是因降水随海拔升高而逐渐增多，干旱胁迫程度逐渐降低，从而利于树木生长。青海云杉林树高的最大值出现在海拔 2900m 附近，这与青海云杉林的空间分布中心的最适海拔范围相呼应（Yang et al.，2017），这里的水分条件和温度条件都相对适中，因而在研究区域内生长最好。在本研究中，对不同因素影响下的青海云杉林树高预测时也发现，在相同林龄、密度、坡向条件下，青海云杉林的树高在低海拔（2600m）和高海拔（3200m）处均较小，而在中海拔（2900m）处较大。但马剑等（2015）对祁连山区青海云杉林树高的海拔变化进行研究时发现，虽然总体上随海拔升高呈单峰变化，但最大值出现在海拔 3200m 处，最小值出现在海拔 3300m 处；刘谦和和车克钧（1995）研究也指出，海拔对于青海云杉林的高生长没有显著影响。这些不同研究结果的出现，可能是与其研究区域面积较小和样地代表性不足有关，本研究中收集的数据来自整个祁连山区青海云杉林分布区，而上述两个研究都集中在某个小流域，可能样地数量少使得样地的代表性不高，或是坡向、土壤深度、坡位、林龄、密度等条件难以保持一致而未能排除其他环境条件的

影响，进而导致对海拔影响的分析结果出现偏差。

Gieruszyński（1936）观察到南坡具有最低的立地指数，而北坡具有最高的立地指数，并描述了坡向引起的青海云杉林生产力差异。在本研究中，青海云杉林集中分布在-60°～45°坡向范围内，而且树高在这个坡向范围内较高且随坡向变化相对平缓；但在-120°～-60°和45°～100°坡向范围内，青海云杉林生长稀疏且树高随坡向变化显著，对意大利花旗松（Vargas-Hernandez and Adams，1991）的研究也得到了相似结果。在对相同林龄、密度、海拔条件下的青海云杉林树高进行多因素影响下的预测时发现，阴坡（5°）的树高大于半阴坡（-60°）和半阳坡（60°），这与太阳辐射热量的坡向差异引起的水热条件差异有关，尤其是水分条件。在北半球的山区，南坡获得的太阳辐射热量取决于坡度和太阳高度角，而且远大于北坡，大量水分蒸发，造成土壤干旱，尤其是在干旱半干旱地区格外明显，导致最好的植被都分布在阴坡。祁连山位于典型的干旱区，因此青海云杉林多分布在阴坡、半阴坡。但也有研究认为，北坡（阴坡）林分树高呈现出更高值，可能是阴坡光照不足，树木为竞争光照而促进树高生长（楚秀丽等，2014），同时有实验表明，遮阴更能促进高生长（Rodriguez-Garcia and Bravo，2013）。但总体来看，水分条件的坡向差异应该是主导因素。

通常，缓坡可为森林生长提供较好的土壤水分和养分条件。一般对陡坡的定义是大于25°，但本研究中青海云杉林的树高在0°～40°坡度范围内并没有表现出随坡度增大而明显降低，直到坡度大于40°才开始加速降低，这表明坡度对青海云杉林的树高只发生了很小的影响，在青海云杉林空间分布的坡度影响研究中也得到了相似结果（Yang et al.，2017，2018）。综上表明，祁连山区植被覆盖较好，土壤的水分调节功能很强，加之侵蚀性暴雨较少，土壤侵蚀和地表径流很少，坡度对树木生长的影响较小。

4.6 多因素影响下的林木高生长时空分布特征和预测

将基于前面分析得到的树高响应各单因素的关系式将其连乘即可构建响应多因素变化的耦合模型。由于青海云杉林平均树高在0°～40°坡度范围内变化很小，而且大于40°以后的林分极少，在连乘模型中不再考虑坡度的影响，以简化树高响应多个环境因素的模型，即仅将林分平均树高随年龄、海拔、坡向和密度变化的关系式连乘，得到林分平均树高对这几个因素的综合响应公式：

$$
\begin{aligned}
H = & 21.88 \times [1-\exp(-0.055 \times \mathrm{Age})]^{305} \times \exp\left(-11.03\ \frac{46.64}{\mathrm{Ele}-2\ 500.47}\right) \\
& \times \frac{0.001\ 68 \times \mathrm{Ele}-5.77}{1-12.667 \times \mathrm{Ele}^{-0.308}} \times (145\ 765.81+28\ 284 \times \mathrm{Asp}-7.27 \times \mathrm{Asp}^2) \\
& \times \left(\frac{1}{37.72-36.97 \times \mathrm{Den}^{-0.000\ 11}}-1.244\right) \qquad R^2=0.484
\end{aligned}
\tag{4-6}
$$

将由式（4-6）计算得到的树高值与实测值进行比较后发现（图4-7），决定系数R^2为0.484，拟合精度并不是很高，但实测值与拟合值呈极显著相关（$P<0.01$）。很可能是由于本研究使用的测量数据来自不同研究团队，测量方法和精度可能存在不一致，而且在情

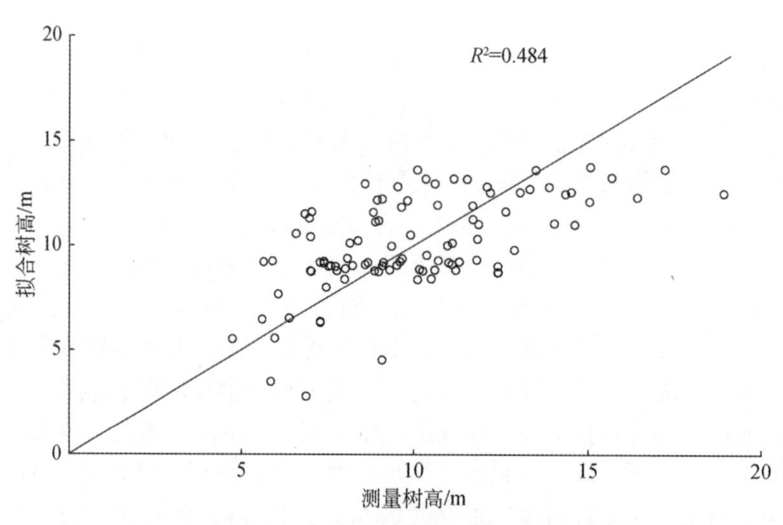

图 4-7　祁连山区青海云杉林平均树高实测值和模型拟合值的比较

况复杂的野外环境下的常规测定精度本来就不高。因此这个模型的精度已能很好地预测青海云杉林平均树高随年龄、海拔、坡向和密度的变化。

利用式（4-6）计算不同年龄（30 年、50 年、80 年）、坡向（半阴坡、阴坡、半阳坡）、海拔（2600m、2750m、2900m、3050m、3200m）的青海云杉林平均树高随密度的变化（图 4-8）。可以看出，在不同立地条件下，青海云杉林平均树高均随密度增大而降低，变化趋势相似，但具体变化速率不同。在不同海拔上，同一年龄同一坡向的青海云杉林平均树高的大小顺序为 2900m>2750m>3050m>2600m>3200m，但 2900m 同 2750m 及 2600m 同 3200m 处的树高差异比较小。在不同坡向上，同一年龄段同一海拔的青海云杉林平均树高总是表现为阴坡（坡向 5°）生长最好，如当海拔为 2900m、密度为 1000 株/hm^2 时，50 年生青海云杉林平均树高在坡向 5°、60°、-60° 处分别为 13.68m、12.71m、9.55m。在不同立地条件下，青海云杉林平均树高均表现出随年龄增大而增加的趋势，如当海拔为 2900m、阴坡（坡向为 5°）、密度为 1000 株/hm^2时，30 年、50 年、80 年生的青海云杉林平均树高分别为 8.73m、13.68m、16.11m；且不同海拔处的树高差异随年龄增大而增大，如当坡向为 5°、密度为 1000 株/hm^2时，海拔 2900m 和 3200m 处的青海云杉林平均树高在 30 年、50 年、80 年生时分别相差 2.27m、3.56m、4.19m。

利用式（4-6），确定海拔和坡向后，计算不同林龄（20 年、40 年、60 年、80 年、100 年、120 年）的青海云杉林平均树高随林分密度的变化（图 4-9）。可以看出，不同林龄的青海云杉林平均树高在高（3100m）、中（2900m）、低（2700m）海拔以及阴坡（坡向 5°）、半阴坡（坡向-60°）、半阳坡（坡向 60°）的变化趋势相似，均随密度增大而降低，但不同年龄时的变化幅度有差异，如当海拔为 2900m、坡向为 5°时，20 年生青海云杉林平均树高在密度为 200 株/hm^2时为 6.38m，当密度增大到 2500 株/hm^2时为 4.02m，即降低了 2.36m；而 80 年生青海云杉林平均树高在密度为 200 株/hm^2时为 21.13m，当密度

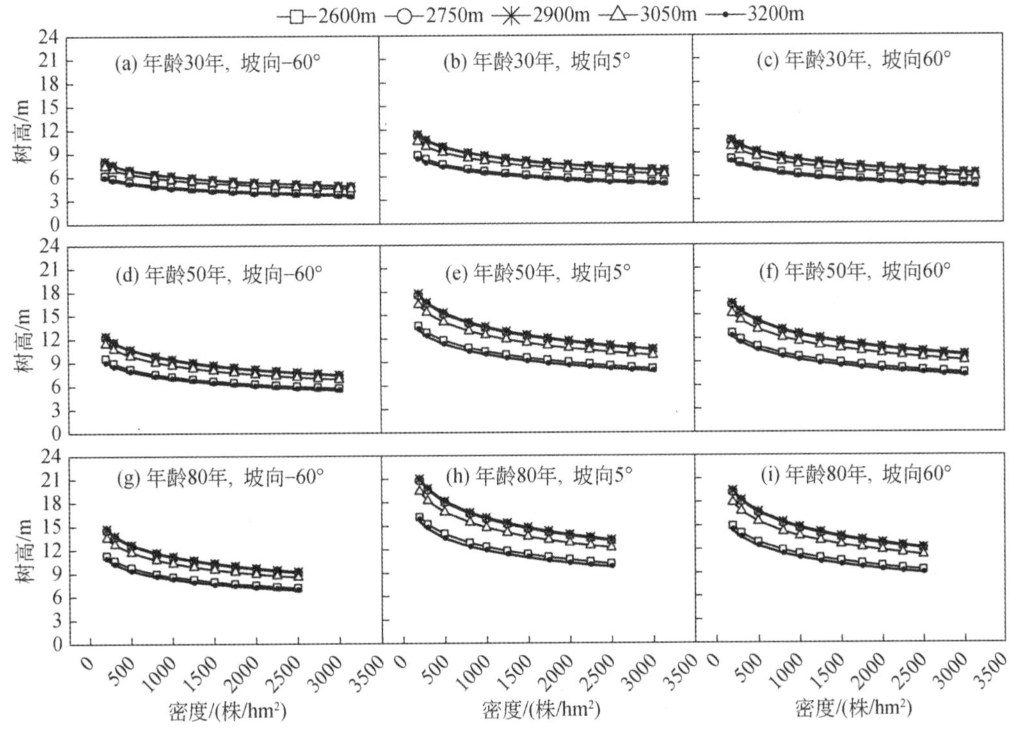

图 4-8 给定林龄和坡向条件下不同海拔青海云杉林平均树高随密度的变化

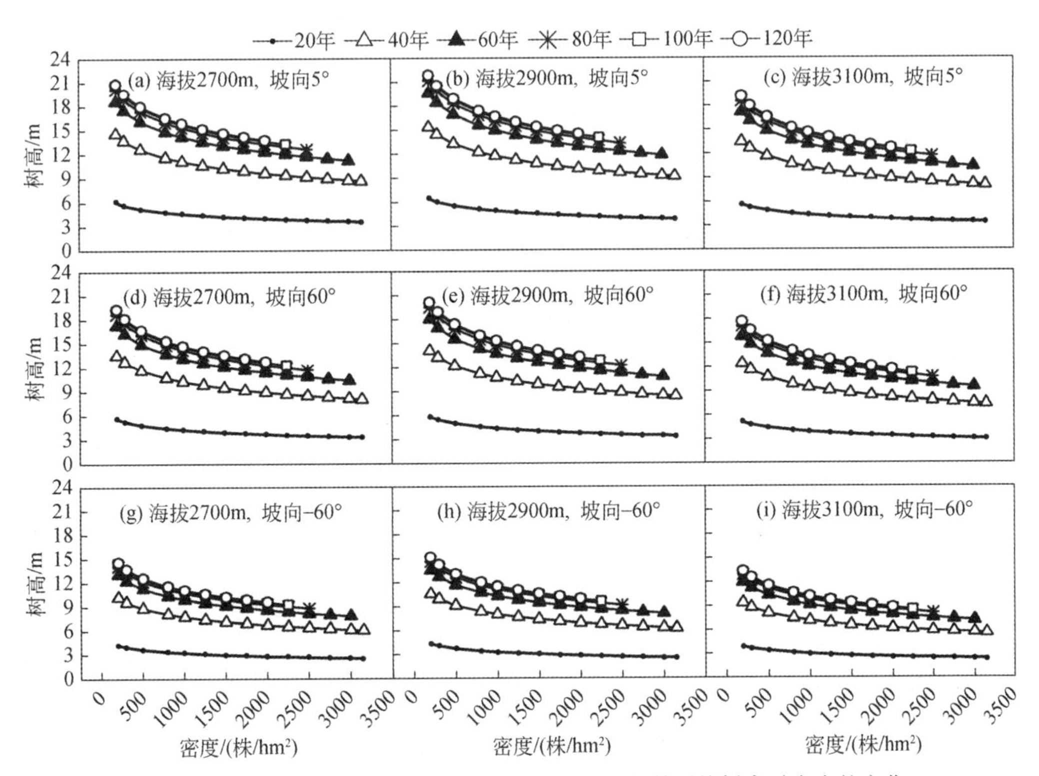

图 4-9 给定海拔和坡向条件下不同林龄青海云杉林平均树高随密度的变化

增大到2500株/hm²时为13.30m，即降低了7.83m。在海拔、坡向、密度都相同时，青海云杉林平均树高随年龄增大而增大，但不同年龄的增幅有差异，如当海拔为2900m、坡向为5°、密度为500株/hm²时，青海云杉林平均树高在20年、40年生时分别为5.52m、13.26m，即20年增加了7.74m；在60年生时为16.91m，与40年生相比，同样是20年时间间隔，但仅增加了3.65m；在80年生时为18.26m，比60年生时仅增加了1.35m；在100年生时为18.73m，比80年生时仅增加了0.47m；在120年生时为18.89m，比100年生时仅增加了0.16m。这表明随着年龄增加，树高的增加幅度逐渐降低，在80年生后就变得非常缓慢了。

充分了解不同林分密度条件下的林分结构变化，认识林木个体与群体树高生长的相互制约、影响和联系的作用规律，能够为青海云杉林的合理经营管理提供科学依据，从而可以合理调控经营密度、优化林分结构，降低林分内个体间对阳光、水分的竞争产生的生长抑制作用，以同时获得良好的生态效益、经济效益和社会效益。本研究模拟预测了不同海拔、年龄、坡向的青海云杉林树高随密度的变化，结果发现，当年龄低于40年时，位于高海拔（3100～3400m）、中海拔（2800～3100m）、低海拔（2500～2800m）及阴坡（坡向5°）、半阴坡（坡向-60°）、半阳坡（坡向60°）的青海云杉林树高对密度响应均不明显，因此仅从树高生长角度考虑时，森林经营中的密度调控需在40年生以上时才有意义，在40年生以下时首先应该培育良好的干形。当然，还要考虑密度对树木的平均胸径和个体分布、总材积与个体材积的影响，这将在第5和第6章会深入讨论。

4.7 小　　结

青海云杉是慢生树种，树高快速生长期出现在10～50年生，年均高生长量为0.40m；80年生后进入成熟期，高生长逐渐停止并使树高趋于最大值。但是不同立地和林分的树高和生长时间进程，还受到立地环境不同导致的水热条件限制及林木竞争的影响，因此表现出与最大树高不同的树高绝对值及随年龄变化的生长过程。

青海云杉林在不同海拔段的树高随海拔升高先增后减，在2500～2700m海拔范围内迅速升高，可能因降水增多改善了水分条件；在2700～3100m海拔范围内具有较大值且变化平缓，表明此海拔段内水热条件均比较适宜；随着海拔在3100～3350m范围内继续升高，温度不断降低，树高也不断降低。青海云杉林集中分布在-60°～45°坡向范围内，且树高在这个范围内较大，同时变化相对平缓；但在-120°～-60°和45°～100°坡向范围内，云杉林生长稀疏且树高随坡向偏离正北方向的程度加大而显著加速变小。青海云杉林树高在0°～40°坡度范围内几乎保持不变，仅随坡度增大轻微降低，直到坡度在40°以上范围内增加时才明显加速降低，由于坡度大于40°范围内青海云杉林分布很少，祁连山区青海云杉林的最大树高受坡度变化的影响不大。青海云杉林树高对林分密度增加的响应也是非线性的，在0～500株/hm²密度范围内基本保持不变，但在500～2000株/hm²密度范围内逐渐降低，在大于2000株/hm²密度范围内缓慢降低。

应用响应多因素变化的耦合模型，对不同海拔、年龄、坡向的青海云杉林树高随密度变化的预测发现，当海拔和坡向固定时，青海云杉林树高对密度的响应随年龄增大而愈加明显，但相同密度条件下不同年龄间的树高差异随年龄增大而缩小；当年龄低于 40 年时，所有海拔及坡向的树高对密度变化响应均不敏感。

第 5 章　青海云杉林胸径生长时空变化

胸径简便易测且准确度较高，因而成为最常用的林分生长指标。本章采用的研究思路及数据分析方法与第 4 章相似，将研究青海云杉树木个体胸径和林分平均胸径的变化规律，以及与立地因子的关系，同时建立潜在最大胸径与各影响因素的关系模型，并通过连乘模型耦合多因素影响下的青海云杉林胸径的变化特征。

5.1　青海云杉个体胸径生长过程

青海云杉是慢生树种，生长速度较慢，10 年生时的胸径（DBH）仅为 0. 16cm 左右，20 年生后胸径生长开始加速，190 ~ 200 年生时停止生长。刘兴聪（1992a）对胸径生长的研究显示，青海云杉胸径与年龄呈现出很好的近线性关系（图 5-1），最大连年生长量为 0. 30cm/a，出现在 40 年生时，此时的平均生长量为 0. 18cm/a。平均生长量的最大值出现在 70 年生时，为 0. 22cm/a，之后基本保持平稳。随年龄增大，连年生长量降低，但未表现出逐年降低的统一规律。

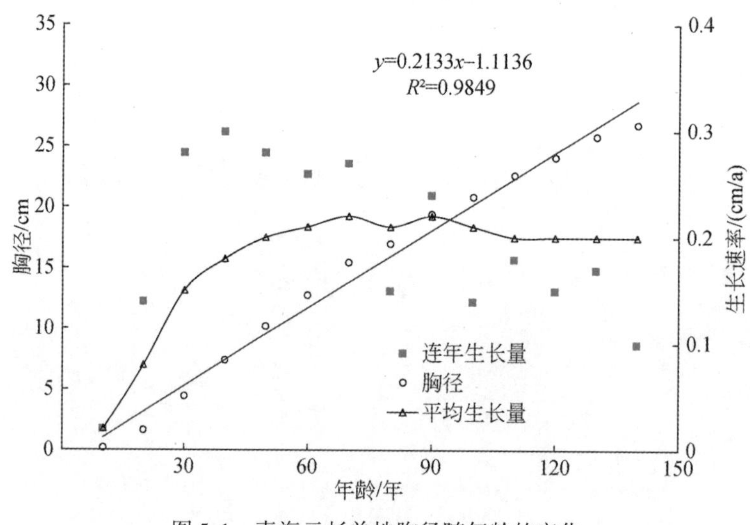

图 5-1　青海云杉单株胸径随年龄的变化

资料来源：刘兴聪（1992a）

林木胸径随年龄的生长一般呈“S”形曲线，即在幼年期生长较慢，在中年期生长较快，在老年期又呈现缓慢生长趋势。在本研究中，青海云杉胸径生长也表现出类似趋势：

在 10 年之前缓慢生长；在 10～60 年快速生长，年均生长量约为 0. 63cm；在 60～100 年生长速度有所降低，年均生长量约为 0. 15cm；在 100 年后生长再次变得非常缓慢。

第 4 章研究发现，青海云杉林的高生长在林龄 10～50 年为快速生长期，80 年后进入成熟期，表明高生长与胸径生长在幼年期同步开始快速生长，但中年期和成熟期存在一定时间延迟，即不同年龄段的株高-胸径关系存在异速生长。刘兴聪（1992a）研究显示，青海云杉胸径与年龄呈现出很好的近线性关系，140 年生的胸径连年生长量依然为 0. 1cm/a，此种情况可能为理想环境状态（如立地良好，林木竞争不大）下生长良好的健康植株。王学福和郭生祥（2014）在对祁连山寺大隆、隆畅河、西营河三个不同立地类型和不同林型的青海云杉解析木分析后发现，在 180 年生之前，青海云杉胸径随林龄变化的关系与刘兴聪（1992a）的结果相似，为近似线性，但在 180 年生之后，青海云杉胸径连年生长量迅速降低，仅为 0. 06cm/a，与本研究中的胸径-林龄关系比较相似，只是成熟年龄较本研究偏晚，但与刘兴聪（1992a）的研究结果（在 190～200 年生达到成熟）非常吻合，因此推测刘兴聪（1992a）研究中出现近线性的胸径-年龄关系的原因是青海云杉还未达成熟年龄。在王学福和郭生祥（2014）的研究中，所选样地均为适宜海拔处的阴坡下坡位（其中还有一个靠近河滩），非常适合青海云杉生长；相比之下，本研究中的数据来自整个祁连山区的不同海拔、坡向和坡位等，胸径生长必然更明显受到环境因素限制，导致成熟年龄偏早；而且王学福和郭生祥（2014）的研究可能选取的是优势木，本研究中面对的是不同立地上林分内的所有林木。赵维俊等（2011）对祁连山区祁连圆柏解析木的研究发现，胸径-年龄关系和青海云杉一致，但因祁连圆柏生长在阳坡，水分限制更强烈，其胸径最大连年生长量仅为 0. 09cm/a；且其快速生长年龄与成熟年龄均晚于青海云杉，胸径连年生长量在 40 年生时才显著加快，到 320 年生时才开始降低。

5. 2　林分平均胸径生长过程

在本研究中，青海云杉胸径随年龄的变化未呈现出像刘兴聪（1992a）的研究所呈现的近线性关系（图 5-2）。基于样地调查数据的外包线，可以得到在其他因素限制作用很小的情况下林分平均胸径随林龄生长的关系，见式（5-1）。

$$\mathrm{MDBH}=0.068/(0.00145+\mathrm{Age}^{-1.89}) \qquad R^2=0.802 \tag{5-1}$$

式中，MDBH 为林分平均胸径（cm）；Age 为年龄（年）。

从图 5-2 中的外包线可以看出，小于 10 年生的青海云杉幼树胸径生长非常缓慢，10 年生时只有 4. 7cm；10～60 年生才接近线性地迅速生长，60 年生时胸径可达到 36. 1cm，即 10～60 年生的年均生长量为 0. 63cm；随后生长速度有所下降，60～100 年生的年均生长量约为 0. 15cm，100 年生时的胸径是 42. 1cm，接近最大胸径；100 年生后胸径增长非常缓慢。

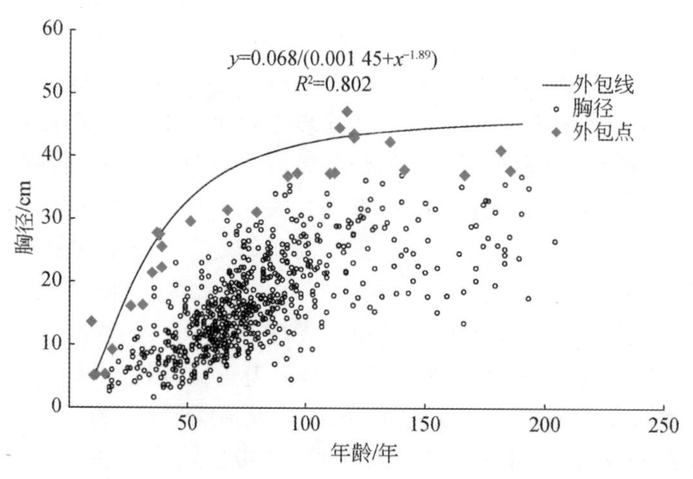

图 5-2　本研究中青海云杉胸径随年龄的变化

5.3　胸径生长的林分密度影响

利用林分平均胸径与林分密度数据，绘制青海云杉林平均胸径随密度变化的上外包线（图 5-3）。表明林分平均胸径随林分密度增大而降低，但各阶段的降低速率不同。当密度低于 1000 株/hm^2时，胸径随密度增大几乎呈直线下降趋势，密度 300 株/hm^2时的胸径为 38.4cm，密度 1000 株/hm^2时的胸径为 27.7cm，降低速率约为 1.5cm/100 株。当密度在 1000～2000 株/hm^2时，胸径的降低速率有所减缓，密度 2000 株/hm^2时胸径为 19.4cm，降低速率约为 0.8cm/100 株。当密度大于 2000 株/hm^2时，胸径随密度增加的降低速率更加缓慢，并渐趋稳定。

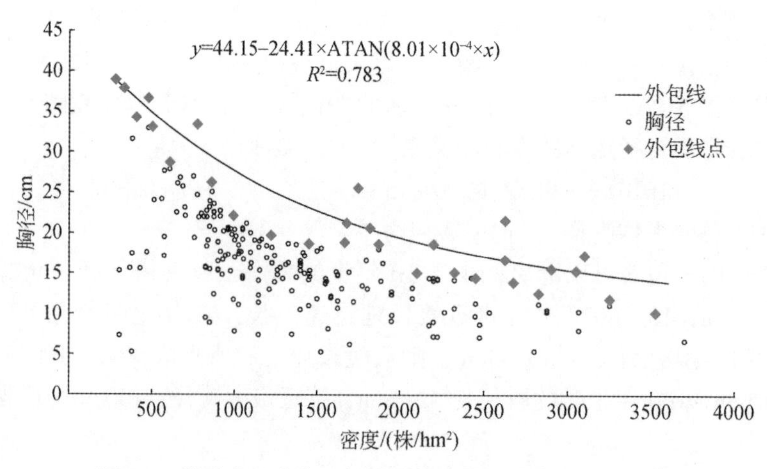

图 5-3　祁连山区青海云杉林平均胸径随林分密度的变化

林分平均胸径随林分密度变化的上外包线的拟合方程为

$$\text{MDBH}=44.15-24.41\times\text{ATAN}(8.01\times10^{-4}\times\text{Den}) \qquad R^2=0.783 \tag{5-2}$$

式中，MDBH 为林分平均胸径（cm）；Den 为林分密度（株/hm^2）。

根据树体大小–密度理论，林木胸径会随密度增加而降低（Drew and Flewelling，1979）。Hummel（2000）于 1993 年和 1996 年在哥斯达黎加北部设立不同海拔（30～430m）、林龄（1～45 年）、密度（100～1953 株/hm^2）的蒜味破布木（*Cordia alliodora*）永久样地和临时样地，并进行了两次调查，发现胸径随林分密度增加而降低。本研究得到了类似研究结果，在低于 2000 株/hm^2的密度范围内，青海云杉林的胸径是随密度增大而降低的，但在密度高于 2000 株/hm^2后，降低幅度逐渐变小。生态因子（光、温、湿、风和土壤湿度等）会随着林分密度变化而改变，特别是影响森林生存与生长的关键因子——土壤湿度，在密度适度降低后都有较明显的升高趋势，表明调节林分密度可以一定程度上改变林木生长的水分与光照等条件。但影响林木胸径生长的还有其他因素，如有研究发现干旱缺水的黄土高原油松人工林的胸径在密度过低时反而有所减小（焦醒和刘广全，2009），这也许是疏林的灌木和杂草竞争所致，但具体原因还有待研究。

5.4 胸径生长的立地环境影响

从图 5-4 中的外包线可以看出，祁连山区青海云杉林平均胸径随海拔增加呈现出先增大（2500～2700m）后趋于平稳（2700～3100m）之后又降低（3100～3300m）的变化趋势，且青海云杉林集中分布在海拔 2700～3100m 范围内，在海拔 2500～2700m 和 3100～3300m 范围内分布稀疏。

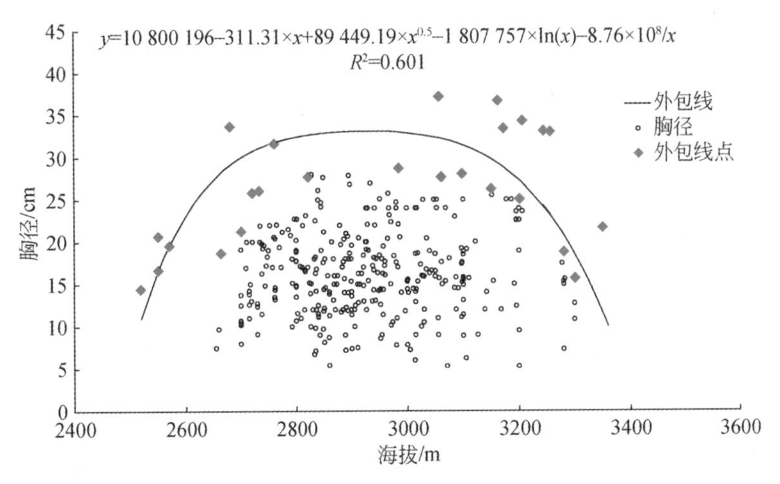

图 5-4 祁连山区青海云杉林平均胸径随海拔的变化

青海云杉林的林分平均胸径随海拔变化的外包线拟合结果见式（5-3），从海拔 2500m 处开始，胸径随海拔升高而快速增大，在海拔 2700m 处的胸径为 30.0cm，之后胸径随海拔的升高而缓慢增加，在 2950m 处达到最大值 33.1cm，之后平稳降低，在 3100m 处降到

31.4cm。但当海拔大于3100m时，胸径迅速降低，到3300m时降为18.6cm，降速达到6.4cm/100m。

$$\text{MDBH}=10\ 800\ 196-311.31\times \text{Ele}+89\ 449.19\times \text{Ele}^{0.5}-1\ 807\ 757\times \ln(\text{Ele})-\frac{8.76\times 10^8}{\text{Ele}} \quad R^2=0.601 \tag{5-3}$$

式中，MDBH为林分平均胸径（cm）；Ele为海拔（m）。

从图5-5中的外包线可以看出，祁连山区青海云杉林平均胸径随坡向的变化趋势呈现为一个倒抛物线型，其拟合关系式见式（5-4）。

$$\text{MDBH}=34.03-0.0311\times \text{Asp}-0.0023\times \text{Asp}^2 \qquad R^2=0.841 \tag{5-4}$$

式中，MDBH为林分平均胸径（cm）；Asp为坡向（°）。

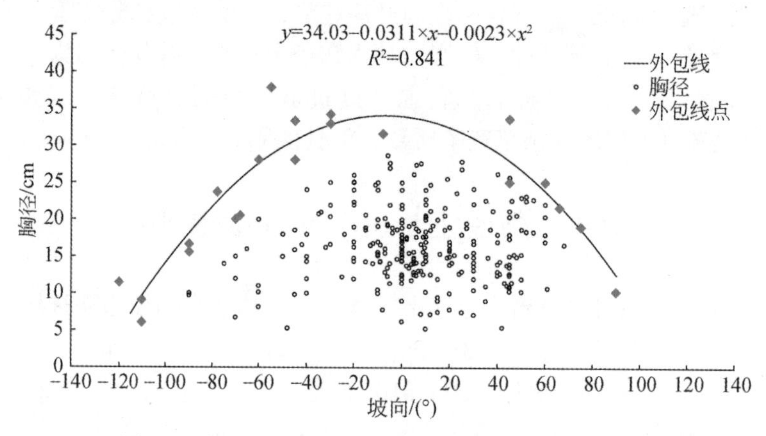

图5-5　祁连山区青海云杉林平均胸径随坡向的变化

胸径最大值为34.1cm，出现在坡向−7°附近，而非正北坡向的0。青海云杉林在坡向−115°～−45°范围内分布稀疏，且胸径从−115°处的7.2cm迅速增大到−45°处的30.8cm。青海云杉林集中分布在坡向−45°～60°范围内，且胸径在此范围内变化较小。青海云杉林在坡向60°～90°范围内同样分布稀疏，且胸径迅速降低，从60°处的23.9cm迅速降到90°处的12.6cm，降低速率约为3.8cm/10°。

从图5-6中的外包线可以看出，祁连山区青海云杉林分布的坡度范围较广，0～50°均有分布，但集中分布在0～35°，且在此范围内的胸径基本保持不变，坡度为0时的胸径最大（33.04cm），坡度为35°时轻微降至32.7cm。35°～40°坡度范围内开始降低，40°时降为31.3cm。当坡度大于40°时，胸径迅速降低，到坡度48°时仅有9.1cm，降低速率约为2.8cm/（°）。林分平均胸径随坡度变化的外包线的拟合方程为

$$\text{MDBH}=33.04+4.02\times 10^{-6}\times[1-\exp(0.325\times \text{Gra})] \qquad R^2=0.613 \tag{5-5}$$

式中，MDBH为林分平均胸径（cm）；Gra为坡度（°）。

影响林木胸径生长的立地因子较多，本研究考虑了海拔、坡向、坡度这三个比较重要的立地因子。由于气候条件和土壤特性会随海拔升高而改变，海拔是决定树木胸径生长的一个极重要因素。在本研究中，青海云杉林平均胸径在中海拔（2700～3100m）较大，并

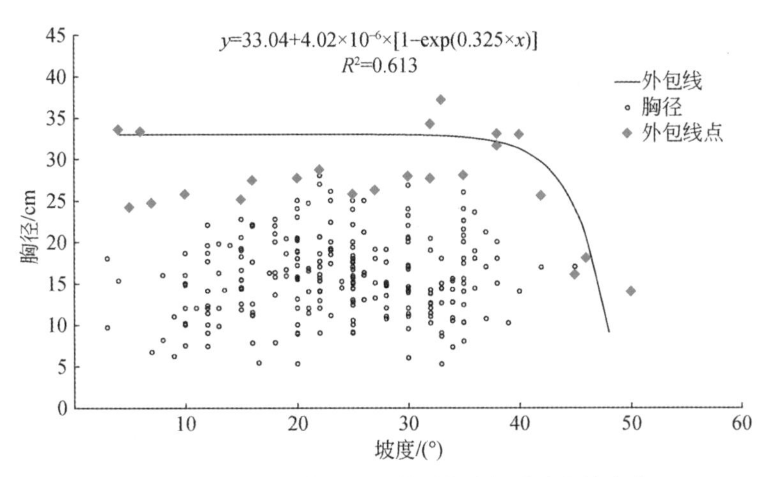

图 5-6 祁连山区青海云杉林平均胸径随坡度的变化

在海拔 2900m 附近达到最大，在低海拔（2500 ~ 2700m）和高海拔（3100 ~ 3350m）处明显降低，这主要是低海拔处的降水少、温度高、蒸散强导致的干旱胁迫的结果，以及高海拔处的温度偏低、生长季变短的作用。在新疆凯特明山的山前峡谷处生长的野核桃种群的胸径随海拔变化的研究中发现，其胸径随海拔升高是降低的（张维等，2015），没有出现像本研究中的青海云杉林胸径随海拔升高先增后降从而在中海拔处有个最大值的现象，究其原因，一方面可能是当地的年均降水量（580mm）较高，在海拔升高以后年均降水量还会大于平均值（580mm），从而比祁连山区的年均降水量（300 ~ 500mm）高出很多，因此降水量不是主要限制因子；另一方面随海拔升高，温度逐渐降低，开始成为限制因子，因此野核桃的胸径会随海拔升高而降低。且不同树种有着不同的适宜温度和降水范围，如果其最佳适生地是在凯特明山的山前峡谷，野核桃适生度也会随着海拔升高而下降。本研究地处西北干旱区的祁连山区，中海拔（2900m）附近的水热条件组合最适合青海云杉林生长（Yang et al.，2018），因此青海云杉林胸径出现最大值。在对本研究建立的多因素耦合模型计算的多因素影响下的青海云杉林胸径变化特征进行分析时发现，当坡向和密度相同时，海拔对不同林龄的青海云杉林胸径生长的影响是一致的。但生长于半干旱区河北木兰围场的油松天然林胸径生长对海拔的响应却存在林龄差异，其胸径生长在 0 ~ 60 年生时表现为中海拔快于低海拔和高海拔，而在 61 ~ 90 年生时表现为低海拔和中海拔无差异，高海拔则生长较快（王辉等，2015），可能是受到了密度、立地质量、人为干扰等的影响，其具体原因有待研究。

长期以来都认为坡向是干旱地区影响树木生长的一个重要立地因子，它影响太阳辐射的接收量，对小气候特别是温度、湿度和土壤含水量有很强的作用，在某些条件下甚至是决定性的作用。本研究位于西北干旱区的祁连山区，青海云杉林平均胸径在坡向−115° ~ −45°范围内逐渐增大，太阳辐射和温度越接近阴坡时越低，因此蒸散减少，可用土壤水增加；在坡向 60° ~ 90°范围内林分平均胸径迅速降低，这是由太阳辐射逐渐增强引起的，与第 4 章叙述的青海云杉林分平均树高的坡向变化趋势是相似的。无论是在气候湿润的广东的西南桦（陈耀辉等，2017）、安徽黄山的檫木（孙洪刚等，2017）的研究中，还是在气候干旱的兰州的侧柏（史元春等，2015）研究中，都发现了胸径随坡向变化的相似趋势。这是地形导致的微气候差异的结果（Aring et al.，2007），阴坡（北坡）比阳坡、半阳坡和半阴坡接收了较少的太阳辐射，因而日照时间短、温度低，比较潮湿、阴冷，属于不利于树木生长的情况；但是阴坡的较低蒸散耗水，使得能够用于树木生长的有效土壤水分较多，从而能够更好地抵抗干旱和满足树木生存与生长的水分要求，因此阴坡胸径生长量高于其他坡向。与此相反，楚秀丽等（2014）在福建中北部的调查发现，45 年生闽楠人工林胸径生长在南坡和东坡显著大于北坡和西坡，其中南坡胸径最大，北坡胸径最小，这是由于该地地处气候湿热的亚热带地区，水分和温度都不是限制因子，但光照不足是限制因子。吴载璋和陈绍栓（2004）认为闽楠人工林胸径生长的需光量是随年龄增长而逐渐增大的。南坡光照最充足，北坡接受太阳辐射最少，导致南坡胸径最大，北坡胸径最小。

在山地环境中，坡度可通过影响太阳的投射角度，使土壤可获得的太阳辐射量不同，从而使土壤理化性质、温度、湿度等也随之变化。通常情况下，林木胸径表现为平坡和缓坡大于斜坡（>15°）（李军等，2016）或陡坡（>25°）（韩大校和金光泽，2017）。本研究中青海云杉林平均胸径在 0～35°坡度范围内基本不变，仅是轻微的降低，只有在坡度大于 40°后才迅速降低，第 4 章对树高的坡度响应的研究中也发现了类似规律，表明坡度对青海云杉林的生长一般不构成限制作用，可能是由于青海云杉属浅根系树种，对土壤厚度的要求较低（Yang et al.，2018），即使陡坡上土壤厚度较薄时，依然可以满足其生长需求。

5.5 多因素影响下的林木胸径生长时空分布特征和预测

基于前面分析得到的胸径响应各单因素的关系式，将其连乘即可构建响应多因素变化的耦合模型。由于青海云杉林平均胸径随坡度的变化较为平缓，在耦合模型中不予考虑。外包线式（5-1）～式（5-4）表达的是青海云杉林平均胸径在其他因素影响很小的条件下的单因素影响的函数形式，表示了林分平均胸径对年龄、密度、海拔和坡向变化的响应趋势。将这几个方程连乘后，即可反映林分平均胸径生长在同时受到年龄、海拔、坡向和密度影响时的响应关系，然后利用所有实测数据（而不是仅仅构成外包线的数据）对模型中的所有参数进行重新率定，得到多因素耦合模型，见式（5-6）：

$$
\begin{aligned}
\mathrm{DBH}=&\frac{0.068}{0.001\,45+\mathrm{Age}^{-1.89}}\times\Big[-325\,763.75-91.47\times\mathrm{Ele}+12\,702.18\times\mathrm{Ele}^{0.5}-18\,786.44\\
&\times\ln(\mathrm{Ele})-\frac{1.676\times10^{8}}{\mathrm{Ele}}\Big]\times(0.020\,3+3.31\times10^{-6}\times\mathrm{Asp}-4.53\times10^{-7}\times\mathrm{Asp}^{2})\\
&\times[0.046\,2+0.021\times\mathrm{ATAN}(9.92\times10^{-4}\times\mathrm{Den})]\qquad R^2=0.739
\end{aligned}
\tag{5-6}
$$

将由式（5-6）计算得到的林分平均胸径值与实测值进行比较后发现（图 5-7），决定系数 R^2 为 0.739，拟合精度较高，且实测值与拟合值呈极显著相关（$P<0.01$），表明这个模型能很好地预测青海云杉林平均胸径随年龄、海拔、坡向和密度的变化。

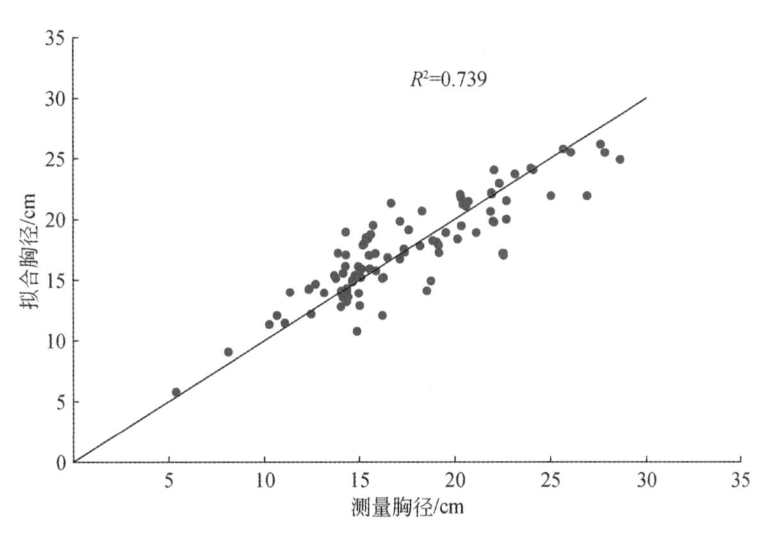

图 5-7　祁连山区青海云杉林平均胸径实测值和模型拟合值的比较

利用式（5-6）计算不同年龄（30 年、50 年、80 年）、坡向（半阴坡、阴坡、半阳坡）、海拔（2600m、2750m、2900m、3050m、3200m）的青海云杉林平均胸径随密度的变化（图 5-8）。可以看出，在不同立地条件下，青海云杉林平均胸径均随密度增大而降

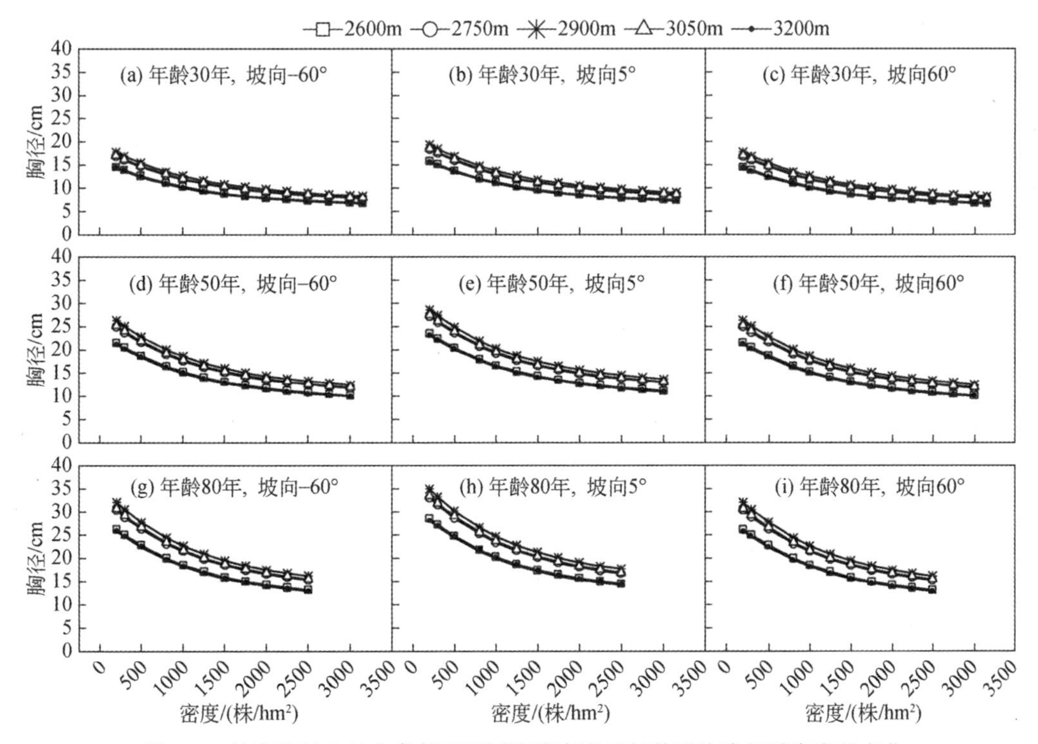

图 5-8　给定林龄和坡向条件下不同海拔青海云杉林平均胸径随密度的变化

低，变化趋势相似，但具体变化速率不同。在不同海拔上，同一年龄同一坡向的青海云杉林平均胸径的大小顺序为2900m>3050m>2750m>2600m>3200m，但海拔3050m同2750m及2600m同3200m处的胸径差异非常小。在不同坡向上，同一年龄同一海拔的青海云杉林平均胸径总是表现为阴坡（坡向5°）最大，如当年龄为50年、海拔为2900m、密度为1000株/hm²时，坡向5°处的胸径为20.4cm，大于坡向60°处（19.0cm）和-60°处（18.6cm）的胸径。在不同立地条件下，青海云杉林平均胸径均随年龄增大而非线性增长，如当海拔为2900m、阴坡（坡向为5°）、密度为1000株/hm²时，30年、50年、80年生的青海云杉林平均胸径分别为13.8cm、20.4cm、24.8cm；且不同海拔处的胸径差异随年龄增大而增大，如当坡向为5°、密度为1000株/hm²时，海拔2900m和3200m处的青海云杉林平均胸径在30年、50年、80年生时分别相差2.7cm、3.9cm、4.8cm。

利用式（5-6），确定海拔和坡向后，计算不同林龄（20年、40年、60年、80年、100年、120年）的青海云杉林平均胸径随密度的变化（图5-9）。可以看出，不同林龄的青海云杉林平均胸径在高（3100m）、中（2900m）、低（2700m）海拔以及阴坡（坡向5°）、半阴坡（坡向-60°）、半阳坡（坡向60°）的变化趋势相似，均随密度增大而降低，但不同年龄时的变化幅度有差异，如当海拔为2900m、坡向为5°时，20年生青海云杉林平均胸径在密度为200株/hm²时为12.1cm，当密度增大到2500株/hm²时为6.1cm，即降低了6.0cm；而80年生青海云杉林平均胸径在密度为200株/hm²时为35.0cm，当密度增

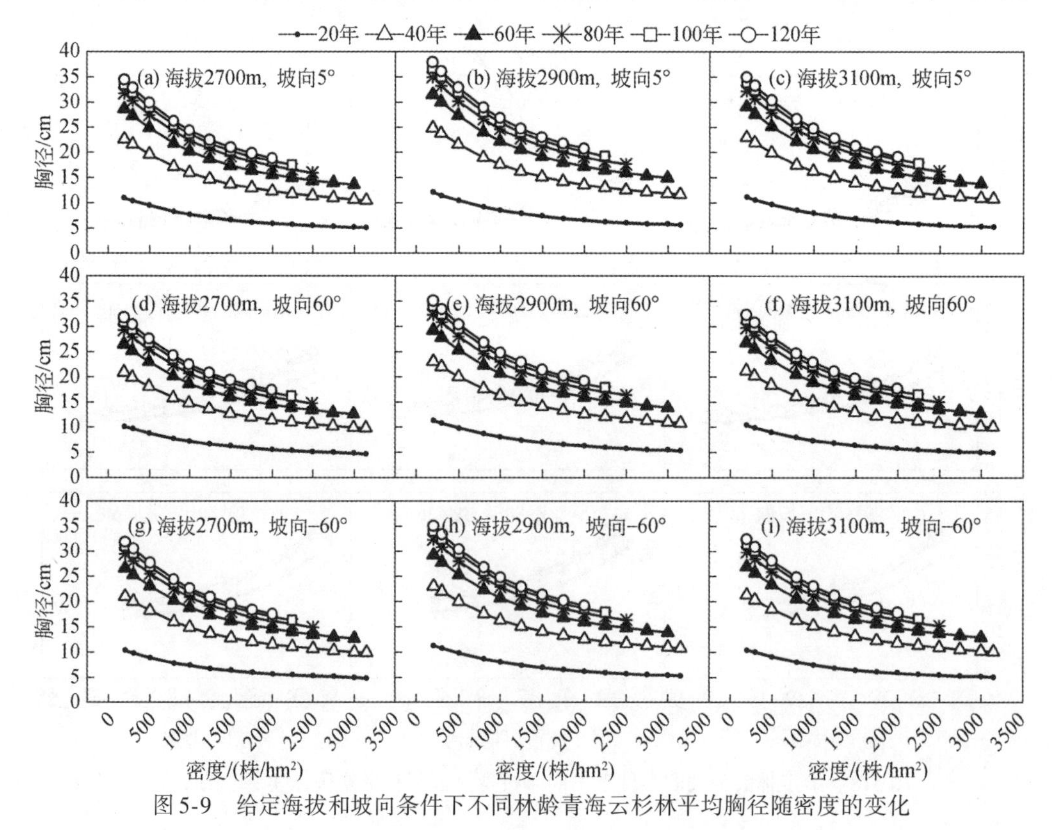

图5-9　给定海拔和坡向条件下不同林龄青海云杉林平均胸径随密度的变化

大到 2500 株/hm² 时为 17.7cm，即降低了 17.3cm。在海拔、坡向、密度都相同时，青海云杉林平均胸径随年龄增大而增大，但不同年龄的增幅有差异，如当海拔为 2900m、坡向为 5°、密度为 500 株/hm² 时，青海云杉林平均胸径在 20 年、40 年生时分别为 10.5cm、21.7cm，即增加了 11.2cm；在 60 年生时为 27.4cm，与 40 年生相比，同样是 20 年时间间隔，但仅增加了 5.7cm；在 80 年生时为 30.4cm，比 60 年生时仅增加了 3.0cm；在 100 年生时为 32.0cm，比 80 年生时仅增加了 1.6cm；在 120 年生时为 33.0cm，比 100 年生时仅增加了 1.0cm。这表明随年龄增加，胸径的增幅逐渐降低，在 80 年生后就变得非常缓慢了。

本研究建立了能够反映多因素综合影响的青海云杉林分胸径响应海拔、年龄、坡向、密度变化的耦合模型，利用这个模型，可以预测不同密度条件下，不同立地和年龄的树木胸径对密度调整的响应。

5.6 小　　结

青海云杉是慢生树种，胸径快速生长期出现在 10 ~ 60 年生，年均生长量为 0.63cm；100 年生后进入成熟期，胸径生长量很小，这种年龄变化趋势，除了树木遗传因素以外，还可能受到干旱限制的影响。

青海云杉林平均胸径对林分密度的响应具有分段差异。当林分密度低于 1000 株/hm² 时随密度增加呈近线性下降，在密度 1000 ~ 2000 株/hm² 范围内降低速率有所减缓，当密度大于 2000 株/hm² 后降低速度进一步变缓。

青海云杉林平均胸径对立地因子的响应也具有分段性。林分胸径在低海拔范围（2500 ~ 2700m）随海拔升高因降水增多迅速升高；在高海拔范围（3100 ~ 3350m）随海拔升高因温度降低迅速减小；只有在中海拔范围（2700 ~ 3100m）因水热组合条件最好而具较大值且变化平缓，最大值 33.1cm 出现在海拔 2950m 处。林分胸径随坡向分布呈倒抛物线，最大值出现在坡向 -7° 附近，且在坡向 -45° ~ 60° 范围内拥有较大值且变化缓慢；从此坡向范围向两侧扩展时，林分胸径迅速降低。林分胸径在坡度 0 ~ 35° 范围内仅轻微降低，或基本不变，在坡度 35 ~ 40° 范围内开始降低，当坡度大于 40° 后迅速降低。

通过连乘林分胸径对各单因素的响应函数，建立了青海云杉林平均胸径响应年龄和密度等林分特征及海拔和坡向等立地特征的多因素耦合模型，并基于实测数据拟合确定了模型参数，建立了林分胸径响应多因素的模型。检验结果表明，模型的精度较高，借此模型可以预测青海云杉林平均胸径随年龄、密度、海拔、坡向的变化，用于指导不同立地和林分结构条件下的林分经营。在应用耦合模型预测不同海拔、年龄、坡向的青海云杉林平均胸径随密度变化时发现，当海拔和坡向固定时，青海云杉林平均胸径对密度的响应随年龄增大而愈加明显，但相同密度条件下不同年龄间的胸径差异随年龄增大而缩小。

第6章 青海云杉林蓄积量生长时空变化

本章将利用解析木数据得到的青海云杉单株材积公式，基于样地调查数据，计算样地的单位面积蓄积量，然后进一步分析林分蓄积量生长过程及其对年龄和密度等林分结构因子以及对海拔和坡向等立地因子的响应。本章计算所应用的青海云杉单株和样地数据来源与第4章相同，并通过连乘各单因素的响应函数，建立青海云杉林蓄积量响应年龄、密度、海拔、坡向的多因素耦合模型。

6.1 青海云杉个体材积生长过程

刘兴聪于1983年研究了寺大隆林区一株生长在海拔2600m、西北坡上的健康青海云杉解析木，借用此数据展示了青海云杉单株材积随年龄的生长过程（图6-1）。

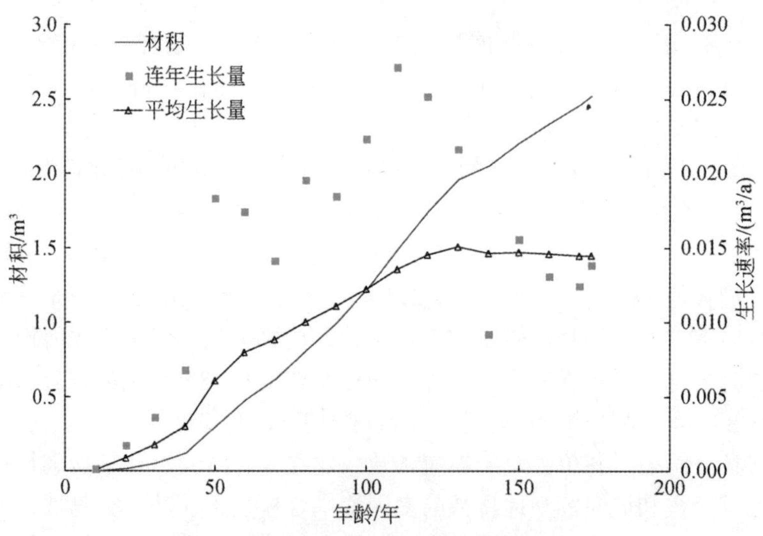

图6-1 青海云杉单株材积随年龄的变化

资料来源：刘兴聪（1983）

青海云杉单株材积生长过程与树高和胸径类似，在初期缓慢，10年生时的材积仅为0.0009m³，20年生后开始加速；不同于树高和胸径，其最大连年生长量出现在40年生时，材积连年生长量在50年生时才出现一个小高峰，达0.018 29m³/a，在60~70年生稍有回落，在80年生后又稍有回升，在110年生时出现最大值（0.0271m³/a），之后持续降低。青海云杉单株材积的平均生长量在130年之前一直随年龄增加而持续增大，最大值

（0.015 09m^3/a）出现在 130 年生时，在 130 年生后稍有降低。单株材积随林龄增加近似“S”形曲线持续增大，在 40 年生以前增加缓慢，在 40～130 年生近线性迅速增加，之后增加速度稍缓。

单株树木的材积生长主要取决于树高和胸径，因此青海云杉的树高和胸径生长随年龄的变化可能导致单株材积生长的时间差异性。青海云杉单株材积生长与年龄的关系呈近似“S”形，小于 20 年生时的材积较小，在 20 年生后开始快速生长，这与第 4 章和第 5 章的树高、胸径生长的研究结果相一致。随着树高和胸径快速增长，材积也快速增长，当树高和胸径生长相继在 80 年和 100 年生时明显变缓以后，单株材积生长也明显变缓，逐步接近其最大值。在刘兴聪（1983）的研究中，青海云杉单株材积连年生长量在 110 年生时出现最大值，为 0.0271m^3/a，此时树高生长已经非常缓慢，但胸径生长依然在增加。杨秋香和牛云（2003）的研究也发现，在 80～90 年生之前，青海云杉的树高和胸径生长都在增加，但这之后树高生长逐渐减慢，径向生长仍在增加。这与本研究中胸径的生长年限比树高更长的结果相一致，但是胸径生长也会在 100～140 年生后逐渐缓慢下来（刘兴聪，1992a）。王学福和郭生祥（2014）对祁连山寺大隆、隆畅河、西营河三个不同立地类型和不同林型的青海云杉解析木进行分析后发现，青海云杉材积连年生长量的最大值出现在 170 年生，为 0.0351m^3/a，比本研究中的生长持久且结果偏大，可能是由于其所选样树的样地均位于适宜海拔处阴坡的下坡位（其中还有一个靠近河滩），水分、光照、养分充足，立地环境因素非常适合青海云杉生长，而且其研究可能选取的是优势木；相比之下，本研究中面对的是不同立地上林分内的所有林木。

6.2 林分蓄积量生长过程

孙长斌和马国强（1996）应用 31 株青海云杉解析木和 246 株标准木的数据，通过拟合比较，筛选了常用的二元材积公式。结合刘兴聪（1992a）的青海云杉二元材积表，最后选定式（6-1）来计算青海云杉林的材积。在本研究中，综合应用收集到的青海云杉解析木数据，以及《青海云杉》续表三中的二元材积数据，重新拟合了式（6-1）的参数，得到了青海云杉单株材积计算式［式（6-2）］。

$$V=a\times(D^2\times H)^b \tag{6-1}$$

$$V=7.51\times10^{-5}\times(D^2\times H)^{0.92} \qquad R^2=0.967 \tag{6-2}$$

式中，V 为单株材积（m^3）；D 为胸径（cm）；H 为树高（m）。

应用式（6-2）和本研究收集的青海云杉林样地调查数据，计算得到林分蓄积量，并分析与年龄的关系（图 6-2）。从林分蓄积量与年龄数据的外包线可以看出，青海云杉林蓄积量小于 10 年生时增加非常缓慢，15 年生时仅为 34.55m^3/hm^2；快速生长期为 15～60 年生，60 年生时的蓄积量为 264.38m^3/hm^2，年均生长量约为 5.11m^3/hm^2；60～120 年生的蓄积量增加速度有所降低，120 年生时的蓄积量为 371.13m^3/hm^2，年均生长量约为 1.78m^3/hm^2；120 年生后蓄积量增长逐渐趋缓。

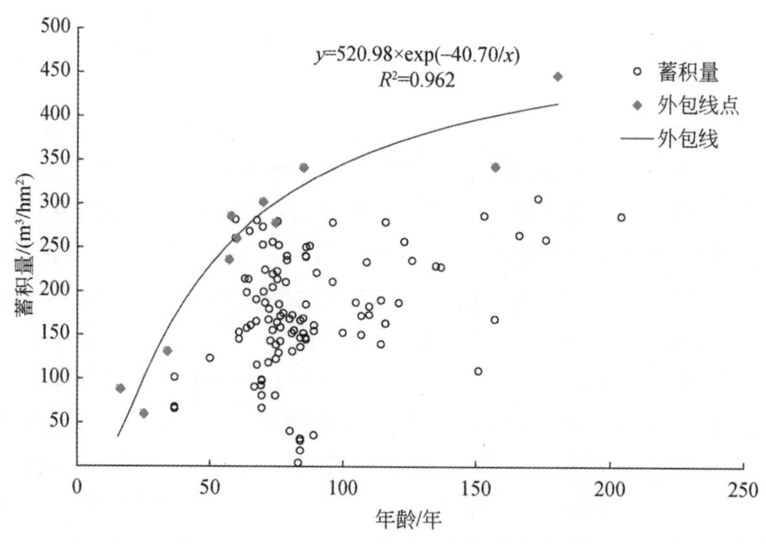

图 6-2　青海云杉林蓄积量随年龄的变化

林分蓄积量随年龄变化的外包线的拟合方程为

$$MV = 520.98 \times \exp\left(\frac{-40.70}{Age}\right) \qquad R^2 = 0.962 \tag{6-3}$$

式中，MV 为林分蓄积量（m^3/hm^2）；Age 为林龄（年）。

6.3　蓄积量生长的林分密度影响

根据青海云杉林分蓄积量随密度变化的外包线（图 6-3），当密度小于 500 株/hm^2时，林分蓄积量随密度增加几乎呈线性增长，密度 100 株/hm^2和 500 株/hm^2时的蓄积量分别为 30.77m^3/hm^2和 364.31m^3/hm^2，平均增长量约为 83.39m^3/(hm^2 · 100 株)。当密度为 500～800 株/hm^2时，林分蓄积量的增加速率有所减缓，800 株/hm^2时的蓄积量为 452.44m^3/hm^2，平均增长量约为 29.38m^3/(hm^2 · 100 株)。当密度为 800～2000 株/hm^2时，林分蓄积量的增加速率进一步降低，2000 株/hm^2时的林分蓄积量为 560.44m^3/hm^2，平均增长量为 9.00m^3/(hm^2 · 100 株)。当密度大于 2000 株/hm^2时，林分蓄积量的增加速率明显变缓。林分蓄积量随密度变化的外包线的拟合方程为

$$MV = \exp\left(6.47 - \frac{281.42}{Den} - \frac{2291.04}{Den^2}\right) \qquad R^2 = 0.961 \tag{6-4}$$

式中，MV 为林分蓄积量（m^3/hm^2）；Den 为密度（株/hm^2）。

林分与单株的材积生长有着不同的过程和控制因素，单株树木的胸径、树高、材积都是随年龄增加而持续增大，而林分内活立木的材积生长会因林内光照、水分、养分等因素的限制而存在相互竞争，有些树木还会因竞争等原因而死亡，所以虽然会保留与单株材积生长相似的规律，但数量关系是不同的。

林分密度对林分蓄积量的影响主要是通过影响单株的树高和胸径生长来发挥作用的。在第 4 和第 5 章分析青海云杉林分的树高与胸径随密度的变化规律时发现，树高和胸径在

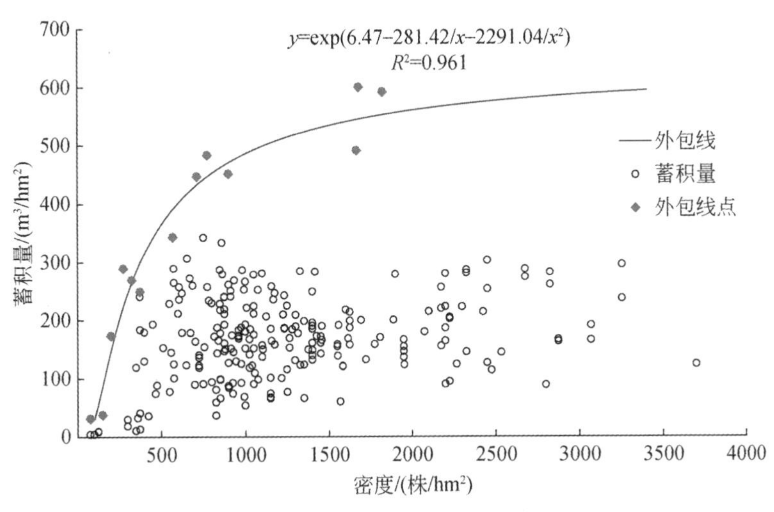

图 6-3　祁连山区青海云杉林蓄积量随密度的变化

一定密度范围内（小于 2000 株/hm²）均随密度增大而降低，因此林分内的树木单株材积要小于林外孤立木；但这会被增加的林分密度所补偿，因为林分蓄积量同时受活立木单株材积大小和密度高低的影响，因此当密度小于 2000 株/hm²时，林分蓄积量随密度增加而增大；当密度大于 2000 株/hm²时，株数增加效应和单株材积降低效应均变小且相互抵消，使林分蓄积量随密度增加的速度变缓。郑海水等（2003）在广西大青山研究西南桦造林密度的林分生长影响时发现，随年龄增加，不同密度林分间的蓄积量差异逐渐缩小；但本研究结果显示，随年龄增加，不同密度林分间的蓄积量差异逐渐增大，如在海拔 2900m、坡向 5°的条件下，密度为 200 株/hm² 和 2500 株/hm² 的林分蓄积量在 20 年生时分别为 27. 03m³/hm² 和 73. 77m³/hm²，两者相差 46. 74m³/hm²；而 80 年生时分别为 112. 43m³/hm² 和 306. 84m³/hm²，两者相差 194. 41m³/hm²。造成这两种不同结果的原因可能是树种生长特性及立地条件的差异，西南桦是速生树种，且处于水热条件优越的地区，在 30～40 年生时即可进入成熟期，因此年龄的影响相对较弱，而密度影响更大；相比之下，青海云杉是慢生树种，且生长在水热条件差的干旱山区，在 100～140 年时才进入成熟期，因此年龄的影响比较突出，同时密度对林分蓄积量生长也有较大作用。

6. 4　蓄积量生长的立地环境影响

由图 6-4 可以看出，青海云杉林蓄积量随海拔增加呈现出先增大（2500～2900m）后降低（2900～3350m）的变化趋势，且在青海云杉林集中分布的海拔范围（2700～3100m）以外的 2500～2700m 和 3100～3350m 分布稀疏，蓄积量较低。林分蓄积量随海拔变化的外包线的拟合方程见式（6-5），从海拔 2500m 处开始，林分蓄积量随海拔升高近线性增大，在海拔 2700m 处为 430. 29m³/hm²；在海拔 2700～2900m 范围内，林分蓄积量随海拔升高增长速率有所降低，在 2900m 处达到最大值 531. 60m³/hm²，增长速率约为 50. 66m³/(hm²·100m)；

当海拔高于2900m时，林分蓄积量随海拔升高而降低，且降低速率逐渐增大，在海拔2900～3100m范围内为60.95m³/(hm² · 100m)，在海拔3100～3300m范围为137.07m³/(hm² · 100m)，海拔3300m处的林分蓄积量仅为135.57m³/hm²。

$$MV=-31\ 198.94+\frac{2.70\times10^8}{Ele}-\frac{9.80\times10^9}{Ele^{1.5}} \qquad R^2=0.918 \tag{6-5}$$

式中，MV为林分蓄积量（m³/hm²）；Ele为海拔（m）。

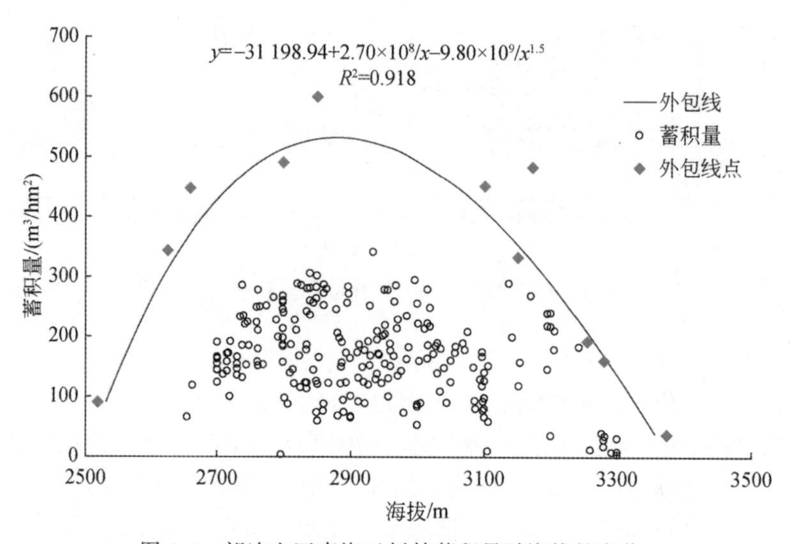

图6-4 祁连山区青海云杉林蓄积量随海拔的变化

青海云杉林蓄积量随坡向变化的外包线形状为一个倒抛物线（图6-5），其拟合方程见式（6-6）。蓄积量最大值（478.05m³/hm²）出现在坡向-3°附近。青海云杉林在坡向-90°～-45°范围内分布稀疏，且蓄积量从-90°处的154.19m³/hm²迅速增加到-45°处的401.84m³/hm²。青海云杉林集中分布在坡向-45°～60°范围内，且林分蓄积量在此范围内变化相对较小。青海云杉林在坡向60°～90°范围内分布稀疏，且林分蓄积量迅速降低，从60°处的311.87m³/hm²迅速降低到90°处的114.45m³/hm²，平均降低速率约为65.81m³/(hm² · 10°)。

$$MV=477.76-0.2208\times Asp-0.0424\times Asp^2 \qquad R^2=0.867 \tag{6-6}$$

式中，MV为林分蓄积量（m³/hm²）；Asp为坡向（°）。

由图6-6可以看出，祁连山区青海云杉林分布的坡度范围较广，0°～50°均有分布，但集中分布在0°～40°，在大于40°坡度范围内很少分布。结合青海云杉林分蓄积量随坡度变化的外包线及其他数据点的变化，认为林分蓄积量在0°～35°坡度范围内变化较小/基本保持不变，坡度35°时为327.42m³/hm²；坡度大于35°时，林分蓄积量随坡度增加表现为快速降低，坡度42°时降为137.22m³/hm²。林分蓄积量随坡度变化的外包线的拟合方程为

$$MV=312.70\times Gra^{0.026}-8.72\times10^7\times\exp\left(\frac{-543.85}{Gra}\right) \qquad R^2=0.904 \tag{6-7}$$

式中，MV为林分蓄积量（m³/hm²）；Gra为坡度（°）。

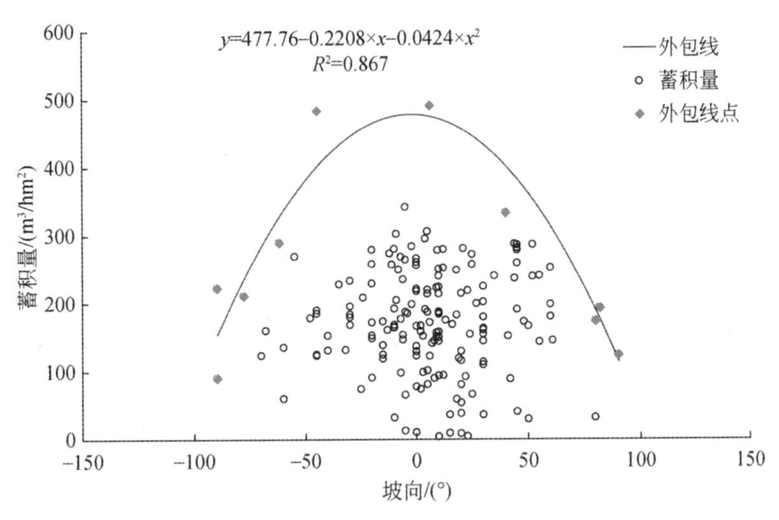

图 6-5　祁连山区青海云杉林分蓄积量随坡向的变化

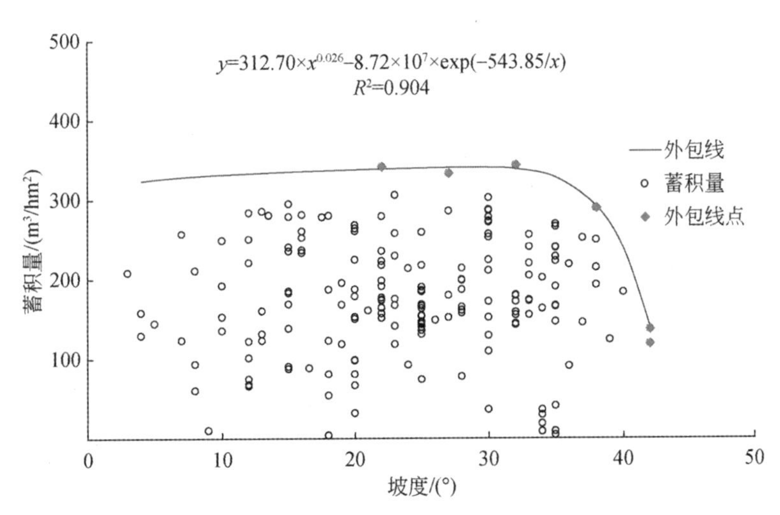

图 6-6　祁连山区青海云杉林分蓄积量随坡度的变化

祁连山区青海云杉林主要分布在海拔 2635.50 ~ 3302.50m，其林分蓄积量受海拔影响很大，表现为随海拔升高呈先增加后降低的变化趋势，这是由地处干旱区的祁连山山地气候特点引起的。随海拔升高，温度逐渐降低，降水逐渐增多，蒸散逐渐降低，使可用于树木生长的有效土壤水分数量逐渐增加，立地的水分适宜性不断变好，直到其最适海拔 2900m 处附近；之后随海拔继续升高，限制树木生长的环境条件变为温度降低和生长期变短，并在海拔上升到青海云杉分布区的海拔上限时因温度不够而变得不再适宜青海云杉生存。

张立杰和蒋志荣（2006）应用分析几何理论研究祁连山区青海云杉林沿海拔的空间分布格局时发现，青海云杉林在海拔 2700 ~ 3300m 范围内占据空间的能力较强。彭守璋等

(2011b）研究祁连山区青海云杉林的适宜分布区时也发现，海拔 2800～3100m 最适宜青海云杉生长。这些结论都与本研究结果相近。在适宜海拔 2700～3100m 范围内，青海云杉林蓄积量明显高于低海拔（2500～2700m）和高海拔（3100～3350m）。利用多因素耦合模型计算的青海云杉林蓄积量也表明，不同密度、年龄（30 年、50 年、80 年）和坡向［阴坡（坡向 5°）、半阴坡（坡向-60°）、半阳坡（坡向 60°）］的青海云杉林，均表现出海拔 2900m 处的林分蓄积量高于其他海拔（2600m、2750m、3050m、3200m）。刘铮等（2013）研究祁连山区青海云杉的材积生长时发现，2800～3050m 海拔范围内的林分材积明显高于其他海拔，这与本研究结果很相似。另外，俞益民等（1999）在研究贺兰山区青海云杉林时也发现，林分蓄积量随海拔升高出现先增加后减少的变化趋势。贺兰山是仅次于祁连山的青海云杉林另一主要分布区（刘兴聪，1992a），这说明青海云杉林蓄积量生长的海拔梯度异质性是普遍存在的。同时也应注意到，海拔变化导致气温和降水等山地气候条件及植被条件变化，必然带来土壤类型、厚度及有机质含量等理化性质的差异，从而也反过来影响树木的生长，这将是未来的研究任务。

坡向长期被认为是一个重要的影响植被生长的立地因子，它影响太阳辐射的接收量以及伴随发生的温度、湿度和土壤含水量的空间差异，这在干旱区山地环境中表现得更加显著和突出。在本研究中，青海云杉林蓄积量的最大值出现在坡向-3°附近，非常接近正北方向，由于是阴坡，水分条件最好，林分蓄积量最大。在坡向-90°～-45°范围内，青海云杉林蓄积量逐渐增大，坡面遮阴作用的变化使土壤水分条件逐渐变好；在坡向 60°～90°范围内，青海云杉林蓄积量迅速降低，坡向随离开阴坡的程度增加，使太阳辐射和蒸散逐渐增强，从而使土壤水分条件逐渐变差，这与第 4 和第 5 章青海云杉林树高与胸径的坡向变化的趋势和原因是相似的。

在山地环境中，坡度通过影响太阳辐射接收量、温度、土层厚度、土壤理化性质以及土壤水分等环境因子而影响树木生长的适应性。通常情况下，平坡和缓坡生长的林木优于斜坡（>15°）（李军等，2016）或陡坡（>25°）（韩大校和金光泽，2017）。本研究中青海云杉林蓄积量在 0°～35°坡度范围内变化微弱，在坡度大于 35°后才迅速降低。在第 4 和第 5 章研究中发现，树高和胸径开始迅速降低的坡度阈值为 40°，但材积与胸径的平方成比例，因此对坡度的敏感性更高，使其坡度阈值降到 35°，在坡度大于 35°后迅速降低；另外，林分密度在坡度大于 35°时迅速降低也可能是一个重要原因。

6.5 多因素影响下的林分蓄积量生长时空分布特征和预测

基于前面分析得到的林分蓄积量响应各单因素的关系式，将其连乘，即可构建响应多因素变化的耦合模型。由于青海云杉林蓄积量在其主要的坡度分布范围内（0°～35°）随坡度增加的降低趋势较为平缓，在耦合模型中未考虑坡度的影响。式（6-3）～式（6-6）表达的是其他因素影响很小条件下的各单因素（年龄、密度、海拔和坡向）对青海云杉林蓄积量影响的函数形式，确定其具体参数时仅利用了外包线的数据点。因此，利用所有的观测数据，对多因素耦合模型的各个参数进行重新拟合，得到青海云杉林分蓄积量同时响应年龄、海拔、坡向和密度的模型，见式（6-8）：

$$V=539.58\times\frac{-38.01}{\text{Age}}\times\left(-25\,655.58+\frac{2.255\times10^{8}}{\text{Ele}}-\frac{8.07\times10^{9}}{\text{Ele}^{1.5}}\right)$$
$$\times(1\,835.51-0.848\times\text{Asp}-0.163\times\text{Asp}^{2})\times\exp\left(-13.61-\frac{118.05}{\text{Den}}-\frac{18\,558.35}{\text{Den}^{2}}\right)$$
$$R^{2}=0.409 \tag{6-8}$$

将由式（6-8）计算得到的林分蓄积量值与实测值进行比较后发现（图 6-7），决定系数 R^2 为 0.409，拟合精度不高，但实测值与拟合值呈极显著相关（$P<0.01$），与树高的情况类似，考虑到使用的数据来自不同研究团队，受复杂野外环境及研究方法的影响，其数据精度难以控制，因此认为这个模型的精度还是可接受的，能较好地预测青海云杉林蓄积量随年龄、海拔、坡向和密度的变化。

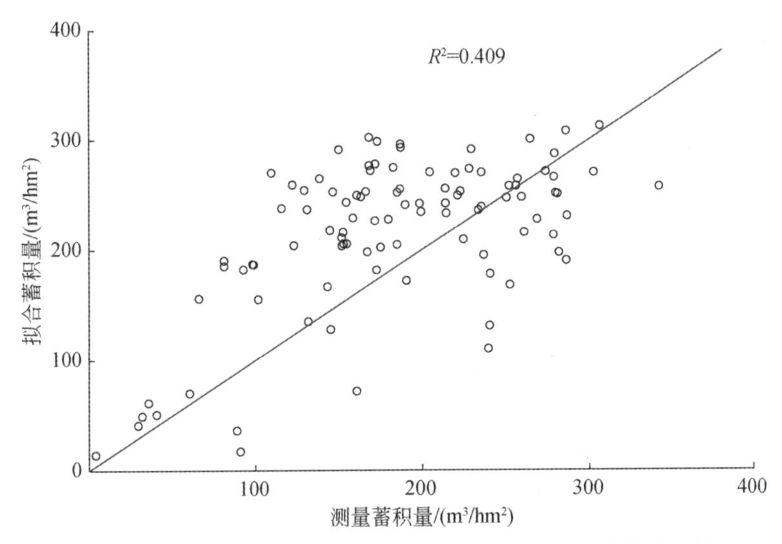

图 6-7　祁连山区青海云杉林蓄积量实测值和模型拟合值的比较

利用式（6-8）计算不同年龄（30 年、50 年、80 年）、坡向（半阴坡、阴坡、半阳坡）、海拔（2600m、2750m、2900m、3050m、3200m）的青海云杉林蓄积量随密度的变化（图 6-8）。可以看出，在不同立地条件下，青海云杉林蓄积量均随密度增大而增大，变化趋势相似，但具体变化速率不同。在不同海拔上，同一年龄同一坡向的青海云杉林蓄积量的大小顺序为 2900m>2750m>3050m>3200m>2600m，但海拔 2750m、3050m 及 3200m 处的蓄积量与海拔 2600m 处的蓄积量差异较小。在不同坡向上，同一年龄同一海拔的青海云杉林蓄积量总是表现为阴坡（坡向 5°）最大，如当年龄为 50 年、海拔为 2900m、密度为 1000 株/hm²时，坡向 5°处的林分蓄积量为 211.63m³/hm²，大于坡向 60°处（138.73m³/hm²）和−60°处（150.52m³/hm²）的蓄积量。在不同立地条件下，林分蓄积量均表现为随年龄增大而升高的变化趋势，如当海拔为 2900m、阴坡（坡向为 5°）、密度为 1000 株/hm²时，30 年、50 年、80 年生的青海云杉林蓄积量分别为 127.49m³/hm²、211.63m³/hm²、281.44m³/hm²；且不同海拔处的蓄积量差异随年龄增大而增大，如当坡向为 5°、密度为

1000 株/hm²时，海拔 2900m 和 3200m 处的青海云杉林蓄积量在 30 年、50 年、80 年生时分别相差 58.38m^3/hm^2、96.91m^3/hm^2、128.87m^3/hm^2。

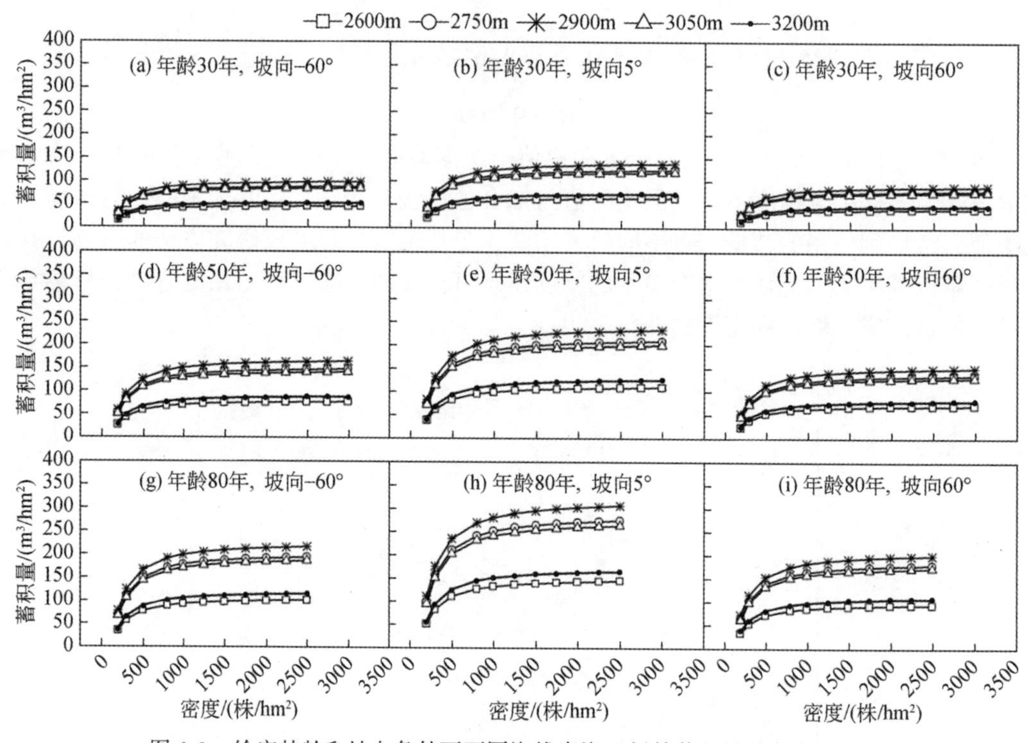

图 6-8　给定林龄和坡向条件下不同海拔青海云杉林蓄积量随密度的变化

利用式（6-8），确定海拔和坡向后，计算不同林龄（20 年、40 年、60 年、80 年、100 年、120 年）的青海云杉林蓄积量随密度的变化（图 6-9）。可以看出，不同林龄的青海云杉林蓄积量在高（3100m）、中（2900m）、低（2700m）海拔以及阴坡（坡向 5°）、半阴坡（坡向-60°）、半阳坡（坡向 60°）的变化趋势相似，均随密度增大而非线性升高，且不同年龄时的变化幅度有差异，如当海拔为 2900m、坡向为 5°时，20 年生青海云杉林蓄积量在密度为 200 株/hm²和 2500 株/hm²时分别为 27.03m^3/hm^2、73.77m^3/hm^2，两者相差 46.74m^3/hm^2；而 80 年生青海云杉林分蓄积量在密度为 200 株/hm² 和 2500 株/hm²时分别为 112.43m^3/hm^2和 306.84m^3/hm^2，两者相差 194.41m^3/hm^2。在海拔、坡向和密度都相同时，青海云杉林蓄积量随年龄增大而增加，但不同年龄的增幅有差异，如当海拔为 2900m、坡向为 5°、密度为 500 株/hm²时，青海云杉林蓄积量在 20 年生和 40 年生时分别为 56.87m^3/hm^2、147.09m^3/hm^2，即增加了 90.22m^3/hm^2；60 年生时为 201.91m^3/hm^2，与 40 年生相比，同样是 20 年时间间隔，但仅增加了 54.82m^3/hm^2；在 80 年生时为 236.56m^3/hm^2，比 60 年生时仅增加了 34.65m^3/hm^2；在 100 年生时为 260.14m^3/hm^2，比 80 年生时仅增加了 23.58m^3/hm^2；在 120 年生时为 277.15m^3/hm^2，比 100 年生时仅增加了 17.01m^3/hm^2。这表明在速生期以后，随年龄增加，林分蓄积量的增幅逐渐降低。

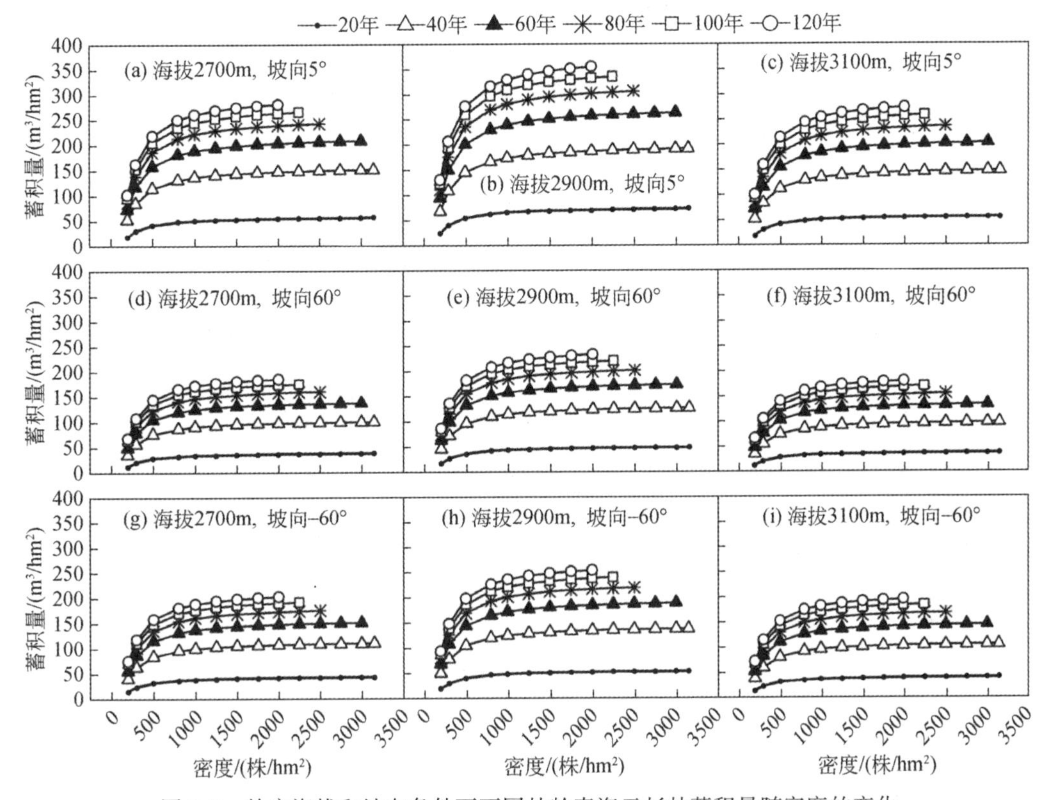

图 6-9　给定海拔和坡向条件下不同林龄青海云杉林蓄积量随密度的变化

利用多因子耦合模型计算的青海云杉林蓄积量表明，在不同海拔（2700m、2900m、3100m）、年龄（30 年、50 年、80 年）和密度条件下，青海云杉林蓄积量总是表现为阴坡（坡向 5°）大于半阴坡（坡向-60°）和半阳坡（坡向 60°），这是由于山地气候特点所决定的（阴坡水分条件较好）（Aring et al., 2007）。

6.6 小　　结

青海云杉个体材积的生长过程随年龄增加近似呈“S”形曲线增加，初期生长缓慢，在 20 年后才开始加速生长，在 40 ~ 130 年生以近线性的方式迅速增大，在 110 年时出现连年生长量的最大值。青海云杉林分蓄积量在 15 ~ 60 年生为快速增长期，年均生长量达 5.50m^3/hm^2；在 60 ~ 120 年生增长速度有所降低，年均生长量为 1.72m^3/hm^2；在 120 年生后增长速度显著变缓。

密度是影响青海云杉林分蓄积量的关键因素。当密度小于 500 株/hm^2时，林分蓄积量随密度增加几乎呈直线增长，平均增长量约为 83.39m^3/(hm^2 · 100 株)；当密度在 500 ~ 800 株/hm^2时，林分蓄积量的增加速率有所减缓，平均增长量约为 29.38m^3/(hm^2 · 100 株)；当密度在 800 ~ 2000 株/hm^2时，林分蓄积量的增加速率进一步降低；当密度大于 2000 株/hm^2

时，林分蓄积量随密度增长的增加速率明显变缓。

海拔是影响青海云杉林分蓄积量的重要地形因素。在2500~2900m海拔范围内，降水随海拔升高而增多，导致水分条件变好和林分蓄积量迅速升高；在海拔2900m处达到最大值（531.60m^3/hm^2）；随海拔进一步升高，温度不断降低且对树木生长的限制作用逐渐加强，导致林分蓄积量在海拔2900~3350m范围内迅速降低。坡向和坡度也是影响青海云杉林分蓄积量的重要立地因素。林分蓄积量随坡向的分布呈倒抛物线，最大值出现在阴坡(坡向-3°附近)，且在坡向-45°~60°范围内随坡向变化相对比较平缓；在此范围以外(-90°~-45°；60°~90°)，随偏离阴坡方向的程度加剧，水分条件迅速变差，林分蓄积量迅速降低。青海云杉林分蓄积量在坡度0°~35°范围内基本不变，当坡度大于35°后迅速降低。

在分别理解青海云杉林蓄积量对各单因素变化的响应规律并确定响应函数的基础上，通过连乘形成耦合年龄、密度、海拔、坡向影响的青海云杉林蓄积量的环境响应模型，可以较好地预测环境变化下的林分蓄积量，为青海云杉林的合理管理提供定量决策支持工具。

第7章　青海云杉林生物量生长过程

本章将利用解析木数据得到青海云杉各器官的生物量公式，并计算青海云杉（林）生物量及其器官分配，分析青海云杉林生物量与林分特征的关系。根系是影响树木吸收水分和养分的重要器官，但目前关于青海云杉根系的研究较少，本章将利用解析木数据，分析了不同径级根系生物量随年龄的变化情况。

7.1　青海云杉个体生物量及器官分配

本研究确定青海云杉生物量计算方程时，应用了于1992年和1997年采自祁连山寺大隆林区与西水林区的标准样地的9株解析木数据，解析木生长正常，干形规整，基本信息见表7-1。

表7-1　青海云杉解析木基本信息

编号	年龄/年	树高/m	胸径/cm	生物量/kg	海拔/m	坡向/(°)	土层厚度/cm
1	26	11.3	17.0	103.59	2700	10	75
2	35	15.6	20.5	168.61	2700	13	120
3	43	18.6	24.3	270.99	2730	10	70
4	66	19.2	189.4	111.42	2800	20	75
5	81	22.3	26.4	290.87	2800	23	65
6	99	24.9	28.8	494.5	2843	18	55
7	128	29.3	40.0	719.32	2949	18	65
8	162	30.4	44.0	728.12	3016	6	70
9	186	30.5	45.7	1124.12	3100	0	55

将解析木伐倒后，树干按2m进行分区，分层切割，锯取圆盘，标记编号及断面高，将圆盘工作面刨光，画通过髓心的东西、南北两条线，查数其年轮数，量测各龄级直径（带皮、去皮），确定各龄级的树高和材积；并分段求出主干和皮的材积、鲜重；从区分段中央圆盘上抽取子样本鲜重，在实验室烘箱中烘干后测定，温度基数为105℃时烘24h，温度基数为60～80℃时要多烘一段时间；计算干重比，求出各区分段干重比后，分别乘各区分段的鲜重，得各区分段主干和皮干重（刘兴聪，1992b）。

按枝条长度和枝条基部直径大小，将树冠分上、中、下三层，测算出每层枝条的平均长度和平均基径，在每层枝条中选出两枝标准枝，测其枝条和叶子的鲜重，作为推算各层枝、叶鲜重的依据。从标准枝中称出50g作为枝条样品鲜重，从标准枝的叶子中称出25g

作为叶子样品鲜重，将样品烘干后，计算干重比，推算枝、叶生物量（刘兴聪，1992b）。解析木根生物量的测定采用壕沟挖掘法和土柱法，并按照小根（<1cm）、中根（1 ~ 3cm）、粗根（3 ~ 5cm）、根颈（>5cm）进行分级，分别计算、称重（常学向和车克钧，1996）。

通过对已发表的关于生物量研究的文献进行阅读整理，选择三种较为常见的计算生物量的方程形式［式（7-1）~式（7-3）］，应用青海云杉的解析木数据，采用 1stOpt 1.5 进行拟合，得到的各方程参数结果和决定系数 R^2 见表 7-2。

$$B = a \times \text{DBH}^b \tag{7-1}$$

$$B = a \times H^b \tag{7-2}$$

$$\ln(B) = a \times \ln(D^2 \times H) - b \tag{7-3}$$

式中，B 为单株生物量（kg）；DBH 为胸径（cm）；H 为树高（m）；a，b 为参数。

表 7-2　各青海云杉单株生物量方程参数的拟合值及拟合精度

器官	式（7-1）			式（7-2）			式（7-3）		
	a	b	R^2	a	b	R^2	a	b	R^2
主干	0.016	2.74	0.908	0.007	3.28	0.822	0.88	3.38	0.951
枝	1.80×10^{-21}	13.86	0.932	6.75	39.33	0.825	0.92	5.3	0.784
叶	0.054	1.82	0.675	0.066	1.94	0.552	0.78	4.73	0.812
皮	0.022	2.10	0.952	0.009	2.60	0.890	0.73	3.86	0.981
根	1.46	1.07	0.453	1.50	1.17	0.450	0.61	1.87	0.522

通过比较发现，式（7-1）和式（7-2）是应用树高或胸径单因素计算生物量的方程形式，当只有树高或胸径数据时可以应用它们，其中单独应用树高的拟合效果［式（7-2）］比单独应用胸径的拟合效果［式（7-1）］差。综合应用树高、胸径的拟合效果可能要比单独应用树高或胸径的拟合效果更加稳定。综合比较，式（7-3）的拟合效果最优，因此本研究采用式（7-3）进行青海云杉生物量的计算。本研究共收集到青海云杉单株数据 31 458 条，其中有部分缺失胸径或树高，胸径和树高都完整的数据有 26 720 条，这些青海云杉单株数据的基本信息见表 7-3。

表 7-3　青海云杉单株数据的基本信息

属性	最小值	平均值	最大值	标准差
海拔/m	2518	2928.7	3300	173.28
坡向/(°)	-60	14.3	61	23.29
坡度/(°)	5	25.1	50	7.64
年龄/年	9	76	193	31.62
树高/m	1.0	8.6	28.0	4.83
胸径/cm	1.6	15.2	128	12.64

应用式（7-3）收集的青海云杉单株生长特征数据，计算单株生物量及其器官分配比例（表 7-4）。这些样树的平均年龄（变化范围）是 75.5 年（9～193 年），单株总生物量为 94.95（1.32～429.46）kg，其中主干（去皮）的生物量为 49.95kg（0.33～249.33kg），占全株生物量的 52.61%（25.00%～58.06%）；根生物量为 21.88kg（0.74～73.81kg），占全株生物量的 23.04%（17.19%～56.06%）；枝（含果实）生物量为 9.63kg（0.05～50.33kg），占全株生物量的 10.14%（3.79%～11.72%）；叶生物量为 5.07kg（0.06～21.82kg），占全株生物量的 5.34%（4.55%～5.08%）；皮的生物量为 8.42kg（0.14～34.17kg），占全株生物量的 8.87%（7.96%～10.61%）。由此可见，不同年龄青海云杉单株的生物量及器官分配比例差异较大，尤其是根、主干和枝（图 7-1）。从各器官的生物量比例来看，主干和根的生物量比例大小在年龄低于 60 年生时经常变换，在年龄低于 25 年生时根的生物量比例普遍高于主干的生物量比例；枝和皮所占的比例较为接近，叶的生物量比例随年龄变化不大，一直保持在 5% 左右。

表 7-4　青海云杉单株树木的各器官生物量和分配比例

指标	主干	枝	叶	皮	根	全株	年龄/年
生物量/kg	49.95 (0.33～249.33)	9.63 (0.05～50.33)	5.07 (0.06～21.82)	8.42 (0.14～34.17)	21.88 (0.74～73.81)	94.95 (1.32～429.46)	75.5 (9～193)
比例/%	52.61 (25.00～58.06)	10.14 (3.79～11.72)	5.34 (4.55～5.08)	8.87 (7.96～10.61)	23.04 (17.19～56.06)	100	

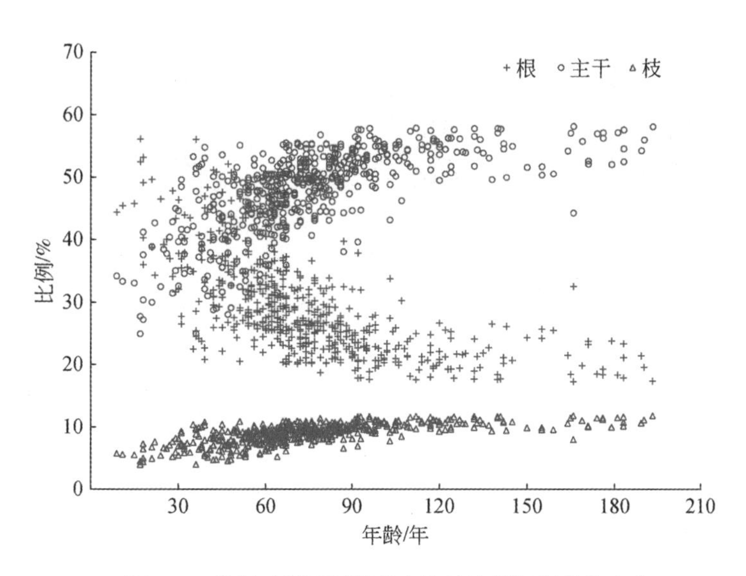

图 7-1　青海云杉不同器官生物量比例随年龄的变化

主干与根的生物量比例随年龄而变化，在幼龄期（<25 年生）时根的生物量比例较大，高于主干的生物量比例，可能是因为干旱区幼树生长需要较多水分，所以根系生长较快；随年龄增大，地上生物量所占比例逐渐增大，在第 4 和第 5 章对树高与胸径的研究中

也发现，青海云杉树高、胸径在20年生后开始快速生长，累积的地上生物量逐渐增多；而且青海云杉是浅根系树种，因此后期主要是主根增粗及增加细根，主干生物量比例逐渐升高并占据优势。在新疆阿尔泰山林区，西伯利亚云杉（张绘芳等，2017）的主干生物量比例也表现出随年龄增大而逐渐增加的趋势。

7.2 青海云杉根生物量及分配

本研究中青海云杉解析木的根生物量变化在35.14～235.06kg，按照第4章对青海云杉生长的研究结果，分为幼龄林（<50年）、中龄林（50～100年）、成熟林（>100年），对不同龄组中青海云杉的根系，按小根（<1cm）、中根（1～3cm）、粗根（3～5cm）、根颈（>5cm）统计生物量，得到不同根系级别在不同龄组中的分配比例（图7-2）。

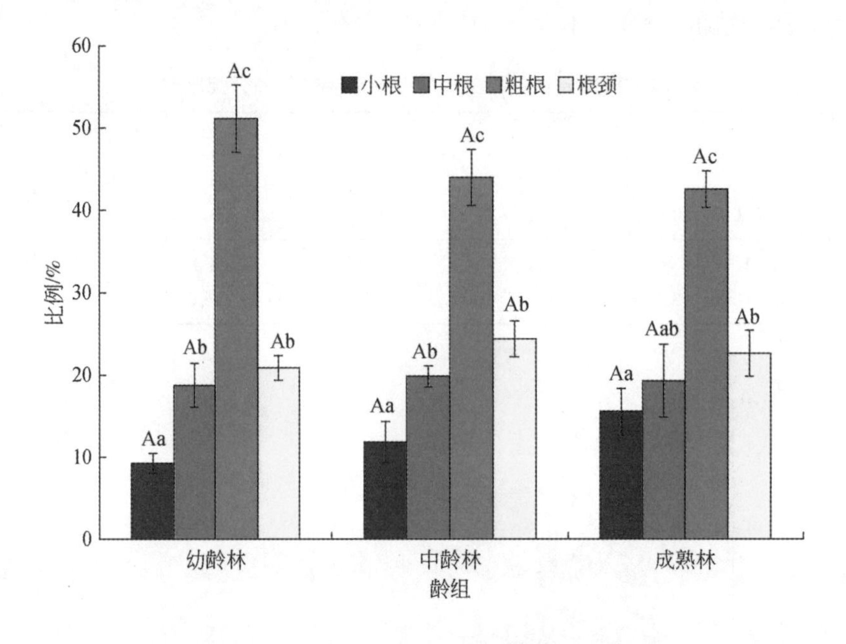

图7-2 不同龄组青海云杉根系生物量分配比例

不同龄组中，不同根系级别所占比例变化不大，方差分析也显示，同一根系级别在不同龄组中差异均不显著。在同一龄组中，不同根系级别差异较大，小根所占比例最小，在9.25%～15.54%，且随年龄增长占比增多，在幼龄林组、中龄林组、成熟林组所占比例分别为9.25%、11.82%、15.54%，平均为12.20%；中根所占比例在不同龄组中相差不大，在18%～20%，平均19.29%；根系生物量的主要组成部分是起支持与传导作用的粗根和根颈，但未表现出随年龄增加的统一变化趋势，两者相加可占到根系生物量的65.18%～72.02%，平均为68.21%，其中粗根所占比例较大，在42.56%～51.15%，根颈所占比例较稳定，在21%～24%。

本研究中，小根所占比例约为12.20%，略低于常学向和车克钧（1996）的研究结果

(16.51%)，同样粗根与根颈是根系生物量的主要贡献者，但在本研究中所占比例(65.18%~72.02%)略高于常学向和车克钧(1996)的研究结果(约60%)，高出的部分与小根相差的比例相当，中根所占比例(约19.29%)与常学向和车克钧(1996)的研究结果(22.3%)相似。引起小根和粗根与根颈的比例有偏差的原因可能是本研究中对青海云杉进行了分龄组研究，而常学向和车克钧(1996)的研究中所采用的解析木年龄分别为123年、130年、147年、157年和212年，均为本研究中的成熟林组，如果仅看本研究中的成熟林组数据(小根所占比例为15.54%、中根所占比例为19.29%、粗根和根颈所占比例为65.18%)，则与常学向和车克钧(1996)的研究结果(小根所占比例为16.51%、中根所占比例为22.3%，粗根和根颈所占比例为61.19%)的吻合度较高。

7.3 青海云杉林生物量及器官分配

本研究共收集到青海云杉林样地调查数据815条，其中有部分缺失林分平均胸径或树高，胸径和树高都完整的数据有570条，这些青海云杉林样地数据的基本信息见表7-5。

表7-5 用于计算青海云杉林生物量的样地数据的基本信息

属性	最小值	平均值	最大值	标准差
经度	98°13′47″E		102°59′08″E	
纬度	37°03′10″N		39°20′27″N	
海拔/m	2518	2935.4	3451	159.45
坡向/(°)	-160.0	0.5	135.0	40.94
坡度/(°)	3	24.6	58	9.39
土壤深度/cm	10	69.2	225	29.36
年龄/年	16.0	82.4	204.0	30.83
密度/(株/hm^2)	247	1274	3700	634.25
郁闭度	0.20	0.62	0.95	0.17
平均树高/m	1.8	10.7	24.5	3.64
平均胸径/cm	4.0	17.1	52.6	6.21

应用式(7-3)计算所收集的调查样地的各器官生物量和分配比例，见表7-6。这些青海云杉林样地的平均密度(变化范围)为1266株/hm^2(75~3700株/hm^2)，平均年龄为82.4年(16~204年)，平均林分总生物量为92.39t/hm^2(1.44~317.48t/hm^2)。其中主干(去皮)生物量为46.77t/hm^2(0.57~172.53t/hm^2)，占林地总生物量的50.62%(39.58%~54.34%)；根生物量为23.26t/hm^2(0.54~67.91t/hm^2)，占林地总生物量的25.18%(21.39%~37.50%)；枝(含果)生物量为8.87t/hm^2(0.10~33.63t/hm^2)，占林地总生物量的9.60%(6.94%~10.59%)；叶生物量为5.01t/hm^2(0.08~16.84t/hm^2)，占林地总生物量的5.42%(5.30%~5.56%)；皮生物量为8.48t/hm^2(0.15~27.46t/hm^2)，占林地生物量总量的9.18%(8.65%~10.42%)；地上生物量为69.13t/hm^2

(0.90 ~250.46t/hm²)，占林地生物量总量的74.82%（62.50%~78.89%）；地上与地下生物量的比例为2.97%（1.31%~5.09%）。主干和根所占的比例较大，但变动幅度较大，且两者的大小顺序时有改变；枝和皮所占的比例较为接近，叶所占的比例随年龄变化一直比较稳定。

表7-6　青海云杉林各器官生物量和分配比例

	主干	枝	叶	皮	根	地上/地下	密度/（株/hm²）
生物量/（t/hm²）	46.77 (0.57 ~172.53)	8.87 (0.10 ~33.63)	5.01 (0.08 ~16.84)	8.48 (0.15 ~27.46)	23.26 (0.54 ~67.91)	69.13 (0.90 ~172.53)	1226 (75 ~3700)
比例/%	50.62 (39.58 ~54.34)	9.60 (6.94 ~10.59)	5.42 (5.30 ~5.56)	9.18 (8.65 ~10.42)	25.18 (21.39 ~37.50)	2.97 (1.67 ~2.54)	

受立地条件、林分特征、经营强度、年龄阶段等多因素的影响，青海云杉生物量的空间分布格局非常复杂，差异数值也变动很大。刘兴聪（1992b）在青海云杉中心分布区哈溪林场优良立地上的调查表明，60年生的青海云杉林分生物量一般可达150 ~ 170t/hm²，个别集约经营的可达250 ~300t/hm²，相差1 ~2倍。本研究计算的青海云杉林分生物量平均为92.39t/hm²，低于张雷（2015）（128.61t/hm²）、刘兴聪（1992b）和杨逍虎等（2017）（150.86t/hm²）的研究结果，且显著低于王金叶和车克钧（2000）（203.08t/hm²）、常学向和车克钧（1996）（242.98t/hm²）、敬文茂等（2011）（282.54t/hm²）和刘建泉等（2017）（193.21t/hm²）的研究结果。

植物器官生物量的比例与光照、水分和养分的利用效率有关，是衡量植物获取碳和能量的重要指标。青海云杉单株的器官生物量比例一般认为是基本相同的，主干和根是最大的组分，两者相加可占到总生物量的75%左右，敬文茂等（2011）对祁连山区青海云杉器官生物量分配比例的研究结果显示，干和根的比例约占90%，但是没有涉及皮的生物量比例，所以如此高的比例可能是将皮的生物量（约占10%）计算在了主干之中。王金叶等（1998）的研究结果显示，不同龄级（中龄林、近熟林、成熟林、过熟林）青海云杉林的主干生物量分配比例为50.5%~66.0%，平均为57.7%；根的变化范围为13.4%~24.4%，平均为20.5%；叶的变化范围为4.8%~6.9%，平均为6.1%；枝的变化范围为7.5%~15.6%，平均为12.5%。本研究中，主干的器官生物量比例平均为50.62%，根为25.18%，枝和皮的生物量比例较为接近，均各占10%左右，叶的生物量比例较为稳定，一直保持在5%左右。可以看出，本研究计算的叶和枝的生物量比例与王金叶等（1998）的结果比较接近，主干略低于其结果，而根略高于其结果，但是主干和根两者所占生物量的总比例与王金叶等（1998）的结果较一致，因此证明本研究中采用的生物量方程非常适用于青海云杉林生物量的计算。

7.4　青海云杉林生物量随林分特征的变化

从图7-3中的外包线可以看出，青海云杉林生物量随林冠郁闭度增加呈非线性升高的趋势。当郁闭度为 0. 1 时，林分生物量为 29. 62t/hm^2。郁闭度为 0. 1 ~ 0. 5 时，林分生物量快速增加，郁闭度为 0. 5 时林分生物量为 209. 39t/hm^2，相当于郁闭度每增加 0. 1 时生物量增加 44. 94t/hm^2。当郁闭度为 0. 5 ~ 0. 8 时，林分生物量增速变缓，郁闭度 0. 8 时为 257. 42t/hm^2，相当于郁闭度每增加 0. 1 时生物量增加 16. 01t/hm^2。郁闭度>0. 8 时，林分生物量增速非常缓慢。

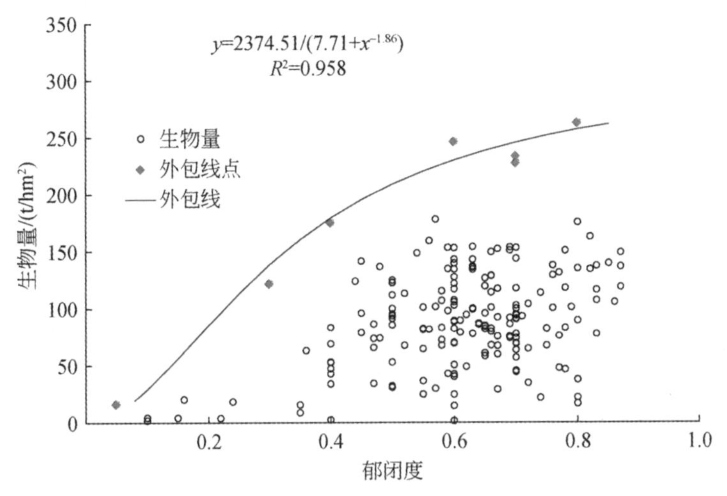

图 7-3 青海云杉林生物量随郁闭度的变化

从图 7-4 中的外包线可以看出，青海云杉林生物量随林分密度增加呈非线性升高趋势。密度为 100 株/hm^{2}时，林分生物量为 15. 55t/hm^2。密度为 100 ~ 600 株/hm^{2}时，林分生物量快速增加，密度 600 株/hm^{2}时的林分生物量为 212. 25t/hm^2，相当于密度每增加 100 株/hm^{2}时生物量增加 39. 34t/hm^2。密度为 600 ~ 1500 株/hm^{2}时，林分生物量的增速明显逐渐变缓，密度 1500 株/hm^{2}时的林分生物量为 290. 45t/hm^2，相当于密度每增加 100 株/hm^{2}时生物量增加 8. 69t/hm^2。当密度>1500 株/hm^{2}时，林分生物量的增速变缓。

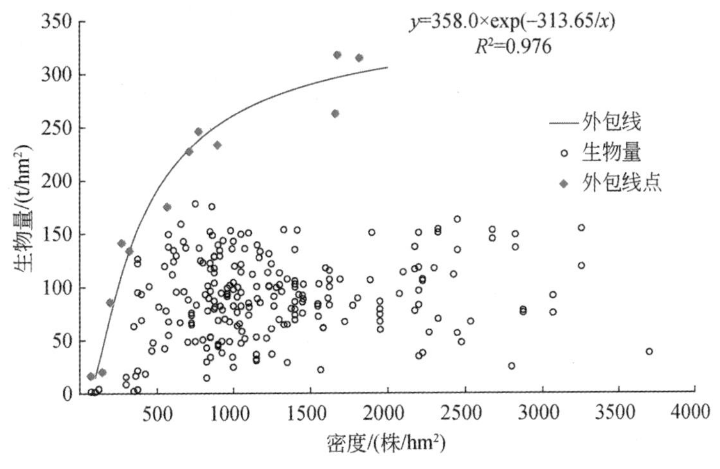

图 7-4 青海云杉林生物量随密度的变化

本研究中，青海云杉林生物量随密度增加呈先逐渐增大后增加缓慢的趋势，这是影响林木个体生长和群体生长的两个方面相互抵消的结果。在密度较低时（如<600 株/hm^2），树木个体均有较大营养空间，个体发育比较充分，使个体生物量较高，但无法抵消低密度的作用，因此总生物量较低，但增速最快；在密度较高（如 600 ~ 1500 株/hm^2）时，虽然个体营养空间变小和竞争开始加强，树木个体不能发育到充分空间下的水平，使林木个体生物量较低，但林木数量的正效应较大，使林分生物量较高，但增速渐小；当密度在更高范围时（如>1500 株/hm^2），虽然立木数量多可提高林分生物量，但过高的密度严重限制树木个体发育，使林分生物量增速变缓。

7.5 小　结

利用解析木数据及常用的方程形式，拟合了依据树高和胸径计算青海云杉单株各器官生物量的统计关系。本研究涉及的青海云杉样树年龄平均为 75.5 年（9 ~ 193 年），单株树木生物量平均为 94.95kg（1.32 ~ 429.46kg），其中主干和根的生物量所占比例较大，分别为 52.61%（25.00% ~ 58.06%）和 23.04%（17.19% ~ 56.06%），但两者的大小关系在年龄低于 60 年时经常变换，尤其在年龄低于 25 年生时根的生物量比例普遍高于主干的生物量比例，然而主干的生物量比例随年龄增大不断升高并超过根的生物量比例；枝和皮的生物量比例较接近，约为 10%；叶的生物量比例一直较为稳定，为 5% 左右。不同径级根系的分配比例：小根（<1cm）所占比例为 12.20%，中根（1 ~ 3cm）所占比例为 19.29%，粗根（3 ~ 5cm）和根颈（>5cm）所占比例为 68.21%。

本研究涉及的青海云杉林样地的密度为 75 ~ 3700 株/hm^2，平均为 1226 株/hm^2；年龄为 16 ~ 204 年，平均为 82.4 年；林分生物量为 1.44 ~ 317.48t/hm^2，平均为 92.39t/hm^2；在各器官生物量所占比例中，主干和根是最大的组分，两者合计占到 75% 左右；枝和皮所占比例均为 10% 左右；叶所占比例在 5% 左右。

青海云杉林生物量随林冠层郁闭度增加而非线性升高，在郁闭度为 0.1 ~ 0.5、0.5 ~ 0.8、>0.8 的范围内，青海云杉林生物量随郁闭度增加表现为快速增加、增速变缓、增速非常缓慢。青海云杉林生物量还随林分密度增加而非线性升高，在密度<600 株/hm^2、600 ~ 1500 株/hm^2、>1500 株/hm^2时，青海云杉林生物量表现为快速增加、增速明显逐渐变缓、增速变缓。

第 8 章 青海云杉林垂直结构的环境响应

森林具有复杂的垂直结构，包括乔木层及林下的灌木层、草本层、苔藓层、枯落物层等，各层都是整个森林生态系统必不可少的组分，不同程度地参与森林生态系统的能量转换和物质循环与水文过程，起着各自不同的服务功能。本章将集中研究青海云杉林乔木层（林分树高与结构因子的关系）、林下更新以及林下的灌木层、草本层、苔藓层、枯落物层的主要结构特征，计算灌木层和草本层的生物量与丰富度，分析灌木层和草本层的盖度、丰富度、生物量以及苔藓层的盖度和生物量、枯落物层的厚度和储量等结构指标随林冠郁闭度的变化。树高是研究林分结构的重要指标之一，但由于野外测定条件和精度的限制，经常采用其他相对容易测定的指标来估算树高，本章应用祁连山区青海云杉实测树高数据筛选出适用于估算青海云杉树高的方程。叶面积指数和郁闭度在生态学及森林水文学研究中均是冠层结构特征的重要指标，本章将建立利用比叶面积（specific leaf area，SLA）从青海云杉叶生物量推导叶面积指数的方法，以及郁闭度与胸高断面积的关系。

8.1 乔木层结构特征

8.1.1 树高与林分结构因子的关系拟合

胸径在野外调查中较易获得准确数据，因此常被用来估算树高。树高与胸径的关系通常用非线性模型描述，在林业中应用最普遍的是 Chapman－Richards 模型（Richards，1959；Chapman，1961）、Weibull 模型（Yang et al.，1978）、Schnute 模型（Schnute，1981）、指数模型（Ratkwosky，1990）、逻辑斯蒂模型（Ratkowsky and Reedy，1986）和 Korf 模型（Zeide，1989；Mehtätalo，2004）。本研究选择式（8-1）~式（8-3）模拟青海云杉树高与胸径的关系：

$$H=1.3+\exp\left(\alpha+\frac{\beta}{\mathrm{DBH}+\gamma}\right) \tag{8-1}$$

$$H=1.3+\alpha\times\mathrm{DBH}^{\beta} \tag{8-2}$$

$$H=1.3+\alpha\left[1-\exp(-\beta\times\mathrm{DBH})\right]^{\gamma} \tag{8-3}$$

式中，H 为树高（m）；DBH 为胸径（cm）；α、β、γ 为参数。

然而，在不同的环境和立地条件下，如不同的样地密度、胸高断面积、优势木高等，同一树种树高与胸径的关系会有所差异（Sánchez et al.，2003；Sharma and Zhang，2004）。因此本研究又选择式（8-4）~式（8-6）估算青海云杉树高：

$$H=1.3+(\alpha+\mathrm{BA})^{\beta}\ \mathrm{DBH}^{\lambda} \tag{8-4}$$

$$H=1.3+\alpha\ (\mathrm{BA})^{\delta}\ \{1-\exp[-\beta\ (\mathrm{TPH})^{\psi}\times\mathrm{DBH}]\}^{\gamma} \tag{8-5}$$

$$H=1.3+\alpha\ (\mathrm{SHT})^{\delta}\ \{1-\exp[-\beta\mathrm{DBH}\times\left(\frac{\mathrm{TPH}}{\mathrm{BA}}\right)^{\psi}]\}^{\gamma} \tag{8-6}$$

式中，BA 为胸高断面积（m^2/hm^2）；TPH 为样地内林木密度（株/hm^2）；SHT 为样地内优势木高（m）。α、β、γ、δ 和 ψ 为参数，同时所有方程均能够确保当胸径为 0 时，树高为 1.3m，即均采用树高 1.3m 处的胸径，这是国际通用的林业调查方法。SHT 已经在很多不同树种的树高-胸径关系模型中被用来取代样地指数，因此本研究也采用这一指标。而且已有研究显示，分别用 SHT 和 TPH/BA 表示渐近线与速率参数 Chapman-Richards 模型，可以提高模拟精度，这一模型可以用式（8-6）表示。

表 8-1 是应用式（8-1）~式（8-6）对不同海拔段青海云杉树高的拟合效果比较。在不同海拔段均拟合最好的是式（8-6），最差的是式（8-2）；式（8-1）、式（8-3）、式（8-5）的拟合效果相似；式（8-4）的决定系数 R^2 和均方根误差 RMSE 在不同海拔段间的差异最大，R^2 由 2800 ~ 3100m 的 0.708 增加到 3100 ~ 3400m 的 0.833，RMSE 由 2500 ~ 2800m 的 1.999 增加到 3100 ~ 3400m 的 2.207。与之相反的是，式（8-6）的 R^2 由 2800 ~ 3100m 的 0.854 增加到 3100 ~ 3400m 的 0.902，RMSE 由 3100 ~ 3400m 的 1.643 增加到 2500 ~ 2800m 的 1.883。而且，式（8-2）的赤池信息量准则（Akaike information criterion, AIC）在不同海拔段均为 6 个方程中的最大值，而式（8-6）的 AIC 均为最小值。式（8-1）和式（8-3）在不同海拔段的拟合效果均非常相似，式（8-4）在低海拔（2500 ~ 2800m）的拟合效果略优于式（8-5），而在中海拔（2800 ~ 3100m）和高海拔（3100 ~ 3400m）的拟合效果劣于式（8-5）。

表 8-1　应用式（8-1）~式（8-6）对不同海拔段青海云杉树高的拟合效果比较

海拔	拟合度	式（8-1）	式（8-2）	式（8-3）	式（8-4）	式（8-5）	式（8-6）
全海拔（2500 ~ 3400m）	R^2	0.794	0.719	0.794	0.715	0.797	0.855
	RMSE	2.181	2.589	2.182	2.576	2.168	1.833
	AIC	11 885	14 473	11 885	14 398	11 798	9 224
低海拔（2500 ~ 2800m）	R^2	0.831	0.799	0.826	0.828	0.824	0.847
	RMSE	1.981	2.183	2.010	1.999	2.024	1.883
	AIC	2 237	2 551	2 286	2 270	2 313	2 079
中海拔（2800 ~ 3100m）	R^2	0.786	0.704	0.788	0.708	0.791	0.854
	RMSE	2.199	2.630	2.189	2.580	2.171	1.819
	AIC	8 595	10 563	8 595	10 400	8 490	6 575
高海拔（3100 ~ 3400m）	R^2	0.853	0.811	0.849	0.833	0.875	0.902
	RMSE	2.016	2.315	2.040	2.207	1.855	1.643
	AIC	721	862	737	813	644	516

在同一海拔段内，不同方程的拟合效果存在差异，具有较大的 R^2 和较小的 RMSE 及 AIC 值时表示拟合效果较好。在本研究中，式（8-6）在所有海拔段都表现出最大的 R^2 和最小的 RMSE 及 AIC 值，如在中海拔段内，式（8-6）的 R^2 值比式（8-2）的 R^2 值大 21.3%，RMSE 值小 30.8%，AIC 值小 37.8%。不同方程均表现出在高海拔段的拟合效果优于中海拔段和低海拔段。

表 8-2 是式（8-1）~式（8-6）对不同坡位青海云杉树高的拟合效果比较，式（8-6）和式（8-2）依然是表现最好的和最差的，式（8-1）和式（8-3）的拟合效果相似。式（8-4）和式（8-2）分别在不同坡位具有差异最大的 R^2 和 RMSE，式（8-4）的 R^2 在中坡位为 0.640，在上坡位为 0.803，两者相差 0.163；式（8-2）的 RMSE 在下坡位为 2.302，在中坡位为 2.886，两者相差 0.584。与之相反的是，式（8-6）在不同坡位的 R^2 和 RMSE 最大值分别为 0.892（下坡位）和 1.812（中坡位），最小值分别为 0.854（中坡位）和 1.631（下坡位），两者仅相差 0.038 和 0.181。与之相似的是，不同坡位的 AIC 最大值总是出现在式（8-2）或式（8-4），而最小值总是出现在式（8-6），即式（8-6）在不同坡位均具有最大的 R^2，最小的 RMSE 和 AIC 值，如中坡位的 R^2、RMSE、AIC 比式（8-2）分别大 33.4%、小 37.2%、小 43.7%。

表 8-2　式（8-1）~式（8-6）对不同坡位青海云杉树高的拟合效果比较

坡位	拟合度	式（8-1）	式（8-2）	式（8-3）	式（8-4）	式（8-5）	式（8-6）
全坡位	R^2	0.794	0.715	0.796	0.710	0.801	0.867
	RMSE	2.205	2.640	2.199	2.624	2.168	1.772
	AIC	9113	11186	9055	11130	8944	6581
上坡位	R^2	0.810	0.784	0.809	0.803	0.837	0.870
	RMSE	2.137	2.295	2.144	2.288	1.976	1.766
	AIC	1982	2162	1995	2151	1778	1492
中坡位	R^2	0.745	0.640	0.749	0.640	0.756	0.854
	RMSE	2.397	2.886	2.378	2.886	2.344	1.812
	AIC	4490	5435	4438	5437	4365	3059
下坡位	R^2	0.856	0.793	0.855	0.789	0.863	0.892
	RMSE	1.884	2.302	1.890	2.316	1.838	1.631
	AIC	2422	3180	2422	3201	2330	1894

表 8-3 是式（8-1）~式（8-6）对不同密度青海云杉树高的拟合效果比较。式（8-6）和式（8-2）依然是表现最好的和最差的，式（8-1）和式（8-3）的拟合效果相似。式（8-2）在不同密度间具有差异最大的 R^2 和 RMSE，R^2 由密度>2000 株/hm^2 时的 0.640 升到 1500~2000 株/hm^2 时的 0.813，二者相差 0.173；RMSE 由密度 1500~2000 株/hm^2 时的 2.210 升到密度 0~500 株/hm^2 时的 3.360，二者相差 1.150。与之相反的是，式（8-6）在不同密度时的 R^2 和 RMSE 的最大值分别为 0~500 株/hm^2 时的 0.920 和 1000~1500 株/hm^2 时的 1.938，最小值分别为>2000 株/hm^2 时的 0.828 和>2000 株/hm^2 时的 1.633，二者仅相

差 0.092 和 0.305。与之相似的是，不同密度时的 AIC 最大值总是出现在式（8-2），而最小值总是出现在式（8-6），即在不同密度范围内，式（8-6）均具有最大的 R^2，最小的 RMSE 和 AIC 值，如在密度为 0 ~ 500 株/hm^{2}时的 R^2、RMSE、AIC 比式（8-2）分别大 28.9%、小 48.0%、小 52.0%。

表 8-3　式（8-1）~ 式（8-6）对不同密度青海云杉树高的拟合效果比较

密度/(株/hm^2)	拟合度	式（8-1）	式（8-2）	式（8-3）	式（8-4）	式（8-5）	式（8-6）
全密度	R^2	0.794	0.719	0.794	0.715	0.797	0.855
	RMSE	2.181	2.589	2.182	2.576	2.168	1.833
	AIC	11 885	14 473	11 885	14 398	11 798	9 224
0 ~ 500	R^2	0.792	0.714	0.798	0.714	0.805	0.920
	RMSE	2.825	3.360	2.777	3.310	2.733	1.748
	AIC	449	519	426	515	438	249
500 ~ 1000	R^2	0.804	0.715	0.809	0.736	0.814	0.880
	RMSE	2.318	2.845	2.285	2.710	2.253	1.811
	AIC	2 429	3 018	2 385	2 876	2 360	1 726
1000 ~ 1500	R^2	0.783	0.736	0.780	0.738	0.781	0.827
	RMSE	2.170	2.416	2.181	2.417	2.177	1.938
	AIC	4 196	4 761	4 223	4 763	4 227	3 578
1500 ~ 2000	R^2	0.858	0.813	0.853	0.813	0.860	0.866
	RMSE	1.902	2.210	1.931	2.210	1.884	1.844
	AIC	1 326	1 631	1 356	1 633	1 309	1 258
>2000	R^2	0.738	0.640	0.737	0.640	0.737	0.828
	RMSE	2.016	2.392	2.019	2.392	2.079	1.633
	AIC	3 134	3 891	3 134	3 893	3 156	2 199

单株树高和胸径是林业调查中必不可少的两个重要生长指标，用于估算木材产量、立地指数和其他与森林生长和产量、更新及碳收支模型相关的重要变量。单株树木的胸径可以快速、方便、准确的测量，但树高测量相对复杂、耗时且需要较多经费。树高经常采用基于角度和距离的测高仪来间接测量，精度较差。此外，样地无法到达或者时间限制等因素，也导致无法准确测量所有林木的高度。基于较易获得的单株和样地特征数据，发展简单精确的树高-胸径模型，是应用已有森林资源调查数据和样点数据计算材积和其他样地属性的普遍做法（Richards，1959；Ratkowsky and Reedy，1986；Mehtätalo，2004）。一些广泛应用的树高-胸径模型仅依据胸径一个自变量来估算树高，在一定程度上可以满足估算精度的需求。但对同一树种，树高与胸径的关系也可能会随立地条件、林分、经营措施、树木年龄与密度等的不同而改变，因此本研究中还选用考虑胸高断面积、优势木高和

林分密度的模型，利用样地调查资料进行拟合。按刘兴聪（1992a）的研究结果，青海云杉是慢生长寿树种，在 190～200 年生时才达到成熟期；本研究中的青海云杉林年龄在 9～193 年，因此多处于幼龄林或中龄林，而且青海云杉林主要分布在阴坡，加之样地数据的数量相对不足和分布不均，本研究暂未考虑年龄和坡向影响，而是按海拔、坡位、密度的不同进行树高估算模型的参数拟合；未来需考虑年龄和坡向差异的影响，可在进行立地-年龄-结构的不同分组后，分别拟合树高-胸径关系，或最好能把立地和林分结构特征的影响引入树高估算模型中。

赵维俊等（2012）曾在祁连山的东段、中段和西段等不同青海云杉生长区，选择青海云杉的典型分布区，调查研究青海云杉的树高-胸径关系，表明不同研究区域之间显著相关，均可用乘幂曲线模型进行较好的拟合，但该研究集中在青海云杉的主要分布海拔 2700～2900m,未考虑海拔因素。本研究中将海拔分成高（3100～3400m）、中（2800～3100m）、低（2500～2800m）三段，分别建立青海云杉树高-胸径关系，结果显示，同一个模型在不同海拔段的模拟效果有所差异，这与张雷（2015）对祁连山不同海拔段青海云杉高径比的分析结果相似，该研究显示，青海云杉高径比随海拔升高呈“单峰”变化，在 2500～2600m 处为 0. 61，在 2800～2900m 处为 0. 73，在 3200～3300m 处仅为 0. 45，说明存在一个最优海拔范围，在过低或过高的海拔范围内生长的青海云杉树形相对矮粗。

水分、土壤深度、光照等环境条件会随坡位而改变，一般下坡位的生长环境优于上坡位，如在青海大通东峡林区的青海云杉林树高-胸径关系也因此有所差异（王占林和蔡文成，1992）。在本研究中，不同树高-胸径模型在上坡位和下坡位的拟合效果均优于中坡位，具体原因还有待研究。

林分密度会影响林木生长及其树高-胸径关系。树木个体生长空间在低密度时不存在限制，但在达到一定年龄后随个体增大会越来越小，使径向生长受到限制，王梅等（2013）研究显示，祁连山区青海云杉的平均胸径随林分密度增大而降低，且林木为争夺更多光照，会加快高生长。本研究中不同树高-胸径模型的模拟效果随密度增加未表现出统一的变好或变坏趋势，但各模型均在密度为 500～1000 株/hm^2 和 1500～2000 株/hm^2 时表现出相对较好的拟合效果。

通常，决定系数 R^2、均方根误差 RMSE 和赤池信息量准则 AIC 被用作验证模型模拟精度的指标，R^2 越高和 RMSE 与 AIC 越小，模拟效果越好。本研究中，式（8-6）在不同海拔、坡位及密度条件下，相比其他几个模型均是 R^2 最大，RMSE 和 AIC 最小，表明式（8-6）拟合精度最高，因此更加适合用于祁连山区青海云杉树高的估算。应用式（8-1）和式（8-3）的拟合精度虽不如式（8-6）高，但可满足预测需求，且只需胸径一个自变量，简便易行，因此同样可推荐用于祁连山区青海云杉树高的估算。

8.1.2 冠层特征指标的推算

吴琴等（2010）在祁连山北坡中部西水生态站的研究表明，不同海拔处青海云杉的比叶面积平均为 313. 75g/m^2。基于青海云杉林叶生物量结果，可计算得到青海云杉林的叶面积指数。

$$\mathrm{LAI} = W_{\mathrm{L}} \times 100/\mathrm{SLA} \tag{8-7}$$

式中，LAI 为叶面积指数；W_L为叶生物量（t/hm^2）；SLA 为比叶面积（313.75g/m^2）。

利用计算或实测的青海云杉林的叶生物量，可根据式（8-7）进行叶面积指数的换算，将计算结果与实测值进行比较（图 8-1），发现拟合精度较高，决定系数 R^2为 0.586，且实测值与拟合值呈极显著相关（$P<0.01$），表明本书中选用的叶生物量计算方程及叶面积指数换算方程能够较好地预测青海云杉林叶面积指数的变化。

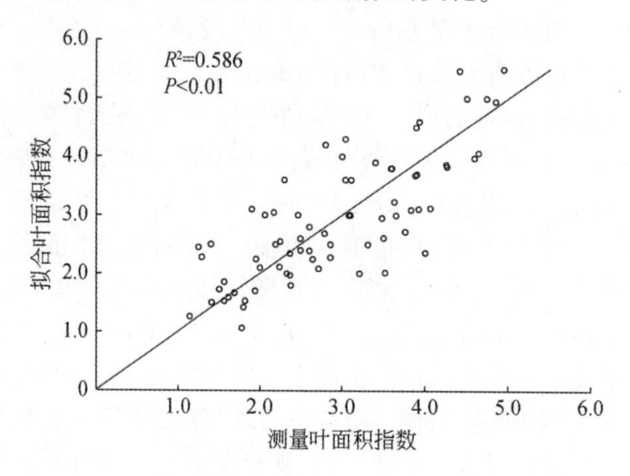

图 8-1　青海云杉林叶面积指数的计算值与实测值比较

从图 8-2 中的外包线可看出，青海云杉林郁闭度随树木胸高断面积增加呈非线性增大。当胸高断面积低于 10.0m^2/hm^2时，郁闭度随胸高断面积增加而快速升高，从胸高断面积 1.0m^2/hm^2时的 0.46 升至胸高断面积 5.0m^2/hm^2、10.0m^2/hm^2时的 0.69、0.78。当胸高断面积大于 10.0m^2/hm^2时，郁闭度增速明显变缓，胸高断面积为 25.0m^2/hm^2时仅升至 0.86。之后随胸高断面积继续增加，郁闭度升高速度缓慢。

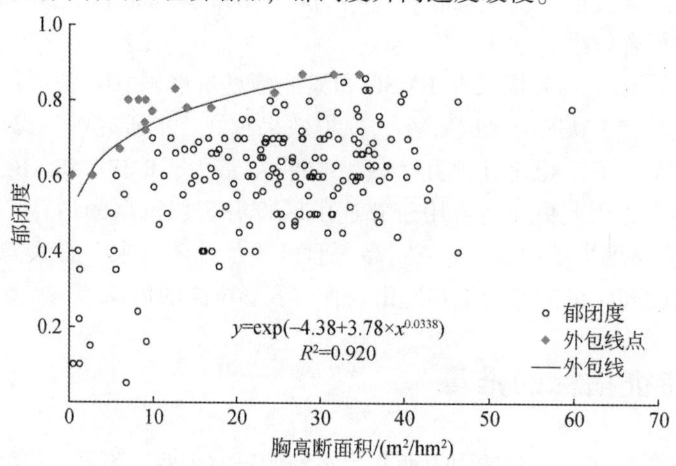

图 8-2　青海云杉林郁闭度随胸高断面积的变化

8.2 青海云杉林下天然更新和环境影响

苗毓鑫（2017）从 2003 年开始，在祁连山排露沟流域不同海拔（2500 ~ 3300m）、不同坡向、不同坡位、不同坡度（12° ~ 35°）处设置了 17 个青海云杉林样地（20m×20m）（表 8-4）。在不同海拔固定样地内，对胸径≤3cm 的幼苗进行天然更新调查，并记录幼苗的数量、高度、基径以及生长状况。

表 8-4　青海云杉林天然更新调查样地基本情况

样地号	林型	坡向	坡度/(°)	郁闭度	海拔/m	密度/(株/hm^2)	年龄/年	胸径/cm	树高/m
G1	藓类云杉林	N	32	0. 67	2715	1450	76. 6	14. 2	11. 0
G2	藓类云杉林	N	28	0. 58	2800	1625	64. 0	14. 7	10. 7
G3	藓类云杉林	EN	16	0. 87	2840	2825	59. 6	12. 5	11. 2
G4	藓类云杉林	N	33	0. 83	2952	2175	73. 8	14. 4	8. 6
G5	藓类云杉林	N	22	0. 78	3015	2200	75. 4	14. 1	9. 0
G6	灌丛云杉林	N	20	0. 40	3100	850	69. 8	15. 5	8. 9
G7	灌丛云杉林	NE	34	0. 35	3280	300	84. 0	15. 3	7. 3
G8	藓类云杉林	N	26	0. 75	2932	2630	70. 1	14. 6	10. 8
B1	藓类云杉林	EN	35	0. 69	2700	3067	67. 7	10. 3	8. 0
B2	藓类云杉林	N	30	0. 82	2860	2450	70. 1	14. 4	11. 3
B3	草类云杉林	N	12	0. 50	2900	1150	36. 8	14. 1	7. 4
B4	藓类云杉林	NW	25	0. 70	3030	1400	114. 4	15. 9	10. 5
B5	藓类云杉林	N	23	0. 70	3097	1025	72. 3	17. 4	11. 1
B6	藓类云杉林	NE	35	0. 66	3195	875	85. 9	22. 6	12. 4
B7	藓类云杉林	NE	30	0. 66	2762	1050	96. 0	20. 4	14. 6
B8	藓类云杉林	N	25	0. 69	2730	1950	84. 0	12. 4	9. 1
B9	藓类云杉林	NE	31	0. 58	2532	860	52. 1	9. 8	8. 2

资料来源：苗毓鑫（2017）。

8.2.1 不同海拔青海云杉天然更新密度特点

随着祁连山典型流域森林群落的天然更新进入主林层，群落树木个体的生长和结构，对更新苗的生长和发育起着选择性作用。研究流域海拔梯度的变化要与整体相结合，森林底层因素的复杂科学性决定了更新苗的存活与个体性质和行为的发育成熟。更新苗在不同海拔表现出先随着海拔的升高数量减少，后随着海拔的升高数量逐渐增加的变化趋势（苗毓鑫，2017）。

青海云杉不同海拔梯度天然更新苗平均密度差异显著（$P<0.05$）（图 8-3）。海拔 2500～3300m，天然更新苗密度低海拔地区最高，高海拔次之，中海拔较低。海拔 2500～3300m，5～10 月大气月平均温度>0℃，11 月到次年 4 月大气月平均温度<0℃，最高温度 18.5℃出现在 7 月，最低温度-12.8℃出现在 12 月。海拔 2900m、3000m、3100m、3200m 和 3300m 的大气最高温度和最低温度分别为 22.9℃和-21.6℃、26.8℃和-22.9℃、28.8℃和-23.6℃、24.6℃和-23.5℃、23.5℃和-24.6℃；各海拔年均温度分别为 1.28℃、0.42℃，0.33℃、-0.24℃和-0.36℃，3200m 海拔以上年均温度在 0℃以下，随着海拔上升，海拔每升高 100m 温度平均降低 0.54℃。最高温度随着海拔升高呈现先升高后降低的趋势，3100m 出现极大值，最低温度随着海拔上升而降低。2900m 海拔处更新苗最少，2700m 海拔处最多，林分温度决定了林地土壤层的温度差异，影响着林木更新苗繁殖，尤其是植物发育的效应。海拔 2900m 处内部环境影响着云杉种子的发育和定居，天然更新幼苗最少；海拔 2700m 处土壤种子库幼苗萌发轻度较高，样方密度、数量最大，其单位面积数量与海拔 2900m 相差约 40 倍（苗毓鑫，2017）。

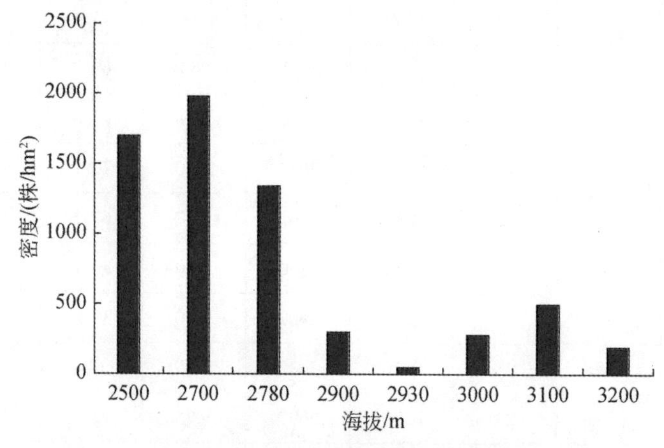

图 8-3　不同海拔梯度青海云杉林天然更新苗平均密度

资料来源：苗毓鑫（2017）

8.2.2　青海云杉林分类型与天然更新评价

根据对祁连山大野口流域青海云杉林天然更新情况的总体评价分析（表 8-5），确定 2500m 草类青海云杉天然更新株数为 1800 株/hm^2，更新良好，2700m、2800m、2900m 藓类青海云杉天然更新株数分别为 1975 株/hm^2、1375 株/hm^2、300 株/hm^2，更新一般，2930m、3000m 草类青海云杉天然更新株数为 50 株/hm^2、275 株/hm^2，无更新能力（苗毓鑫，2017）。

表 8-5　不同林分类型青海云杉天然更新评价　　（单位：株/hm^2）

林分类型	更新苗数量	更新评价
灌木青海云杉林	3000～5000	良好
藓类青海云杉林	2000	一般
草类青海云杉林	700～1000	较差
草甸青海云杉林	500 以下	无更新能力

灌木青海云杉林乔木层较稀疏，天然更新苗为 2500 株/hm^2，这说明天然更新苗比较能适应新的环境而保存下来，疏林下的灌丛能为青海云杉的幼苗生长发育创造良好的条件，林分具有较强的天然更新能力（苗毓鑫，2017）。

藓类青海云杉林是祁连山北坡青海云杉林中分布最广、面积较大、生产力最高的类型，天然更新苗为 2000 株/hm^2，多为 *N* 龄阶的中龄林，天然更新株数的保存率很低，更新效果有待观察。这种林分在祁连山区一般可以天然更新，但更新能力一般（苗毓鑫，2017）。

草类青海云杉林通常分布在较低海拔段的青海云杉林下限，地形比较零碎，多呈片、块状分布，各种数据表明，这种林分幼苗生长极不稳定，天然更新能力较差，一般应采用人工造林更新（苗毓鑫，2017）。

草甸青海云杉林仅见于高海拔地区窄沟沟底和积水的山麓地带，多有 10～40cm 的草丛，乔木生长不良，幼树分布不均，无更新能力，必须采用人工更新造林（苗毓鑫，2017）。

8.2.3　不同海拔青海云杉天然更新苗高度特点

将所调查固定样地中的青海云杉天然更新苗高度划分成 5 级，1 级为<30cm，2 级为 31～50m，3 级为 50～85cm，4 级为 85～105cm，5 级为>105cm。不同海拔梯度青海云杉天然更新苗平均高度如图 8-4 所示，2700～3100m 青海云杉林中更新苗都以<50cm 为主，更新苗随着高度的增加呈减少的趋势。3100m、3200～3300m 青海云杉更新苗的高度分布呈钟形，以 4 级（85～105cm）高度的更新苗居多，初步表明，林分郁闭度越大，青海云杉更新苗数量越多，但高度较低，生长较慢；反之，青海云杉更新苗生长较快，高度<30cm，>80cm 的更新苗所占比例较大（苗毓鑫，2017）。

在不同海拔梯度上青海云杉的成年树高度呈先增大后逐渐下降的趋势，2500m 下限处为 6.82m，3000m 处为 10.39m，3300m 上限处为 5.94m，林分的成年树的密度和更新苗的变化趋势相近，随着海拔的升高逐渐降低。2500～3300m 天然更新苗平均高度为 1.06m，2500m 平均高度最低，为 0.54m，2930m 平均高度最高，为 2.1m，随着海拔的升高，天然更新苗平均高度呈先增加，在 2900m 处到达最大值，后减小，至 3100m 处又开始增加的趋势，呈现双峰值（苗毓鑫，2017）。

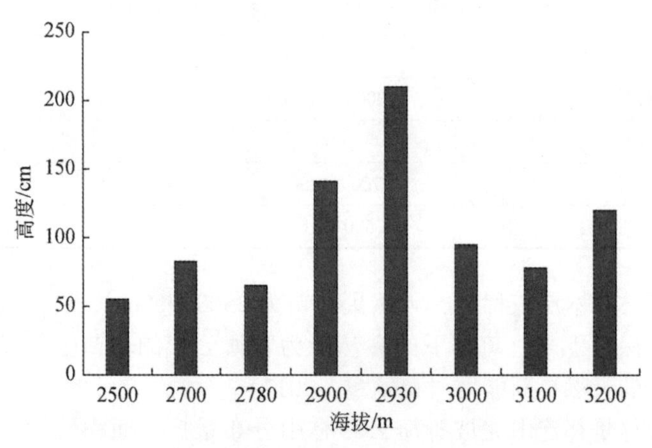

图 8-4　不同海拔梯度青海云杉林天然更新苗平均高度

资料来源：苗毓鑫（2017）

8.2.4　不同海拔青海云杉天然更新苗基径径级特点

不同海拔梯度青海云杉林天然更新苗平均基径如图 8-5 所示。青海云杉不同海拔梯度更新苗平均基径为 2.47cm，2500m 海拔平均基径最小，为 1.63cm，2930m 海拔最大，为 3.8cm。青海云杉更新苗平均基径与海拔梯度拟合方程为：$y=-0.0933x^2+0.9493x+0.5752$，$R^2=0.4454$，两者之间呈现单峰值（苗毓鑫，2017）。

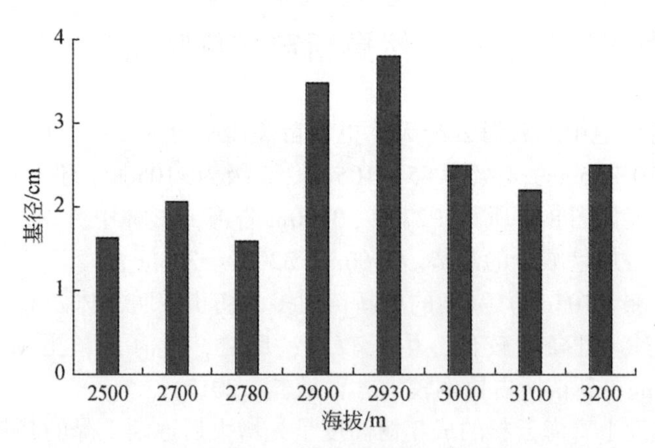

图 8-5　不同海拔梯度青海云杉林天然更新苗平均基径

资料来源：苗毓鑫（2017）

不同海拔更新苗的分布特征反映了林木之间随海拔梯度的变化，在不同水热条件下树木个体间的竞争和差异情况。祁连山林区面积大，应通过封山育林、人工抚育和天然林保护措施，提高林分质量，扩大森林资源。保持森林演替的连续性，形成良好的自我更新能力，保持森林群落的稳定健康（苗毓鑫，2017）。

8.2.5 青海云杉林下地被物厚度对天然更新的影响

活地被物苔藓层的厚度与青海云杉种子能否发芽及幼苗能否生长有密切关系。从图 8-6可以看出，活地被物苔藓层的厚度越大青海云杉更新频度越差。苔藓层厚度<5cm时，更新频度最好。随着苔藓层的加厚其更新频度越差，这是由于种子落到很厚的苔藓层上，经过冬雪覆盖，来年春季天气变暖，在水热条件满足时发芽，扎根于苔藓层中，当苔藓层薄时苗根穿透苔藓层进入土壤而成活，当苔藓层厚时苗根达不到土壤中，遇到夏季干旱苗木死亡（苗毓鑫，2017）。

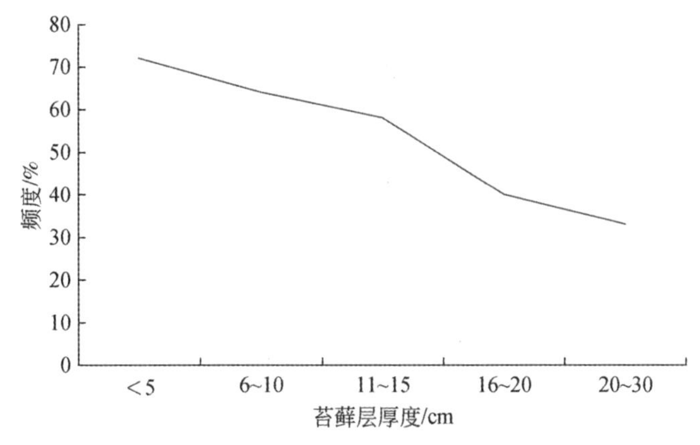

图 8-6　不同苔藓厚度青海云杉林天然更新频度

资料来源：苗毓鑫（2017）

8.3 灌木层结构特征

从图 8-7 可以看出，祁连山区青海云杉林内的灌木层盖度一般较低，多小于 10%，集

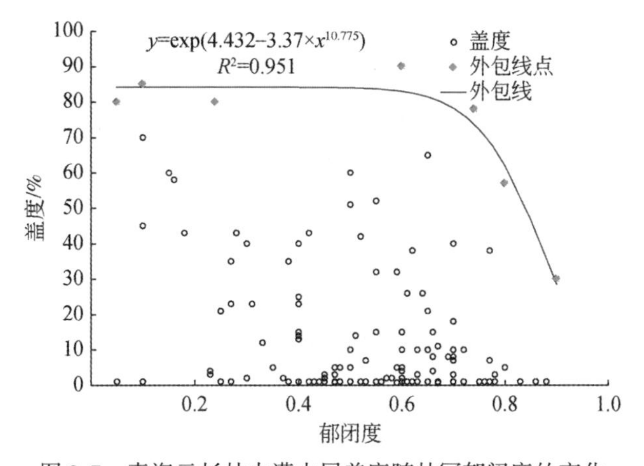

图 8-7　青海云杉林内灌木层盖度随林冠郁闭度的变化

中在样地郁闭度为0.4～0.8的分布区内，在郁闭度为0.6时，平均盖度约为15%。从灌木层盖度随林冠郁闭度变化的外包线可以看出，在郁闭度<0.6的范围内，灌木层盖度随林冠郁闭度增加仅极其轻微的降低，基本保持平稳，且数值较高，达85%左右；当郁闭度>0.6时，灌木层盖度开始加速降低，尤其是郁闭度超过0.7以后迅速下降，在郁闭度为0.8、0.9时降为57%、30%。

陈廷贵和张金屯（1999）用关帝山植被数据比较了15个物种多样性指数，结果表明，Menhinick指数为较好的丰富度指数，因此本研究选择Menhinick指数来计算林下灌木的丰富度指数，其计算方法如下：

$$D=S/\mathrm{SQRT}(N) \tag{8-8}$$

式中，D为丰富度指数；S为群落中的物种总数目；N为观察到的个体总数。

从图8-8可以看出，灌木层物种丰富度同样较低，普遍低于0.04。样地主要集中在林冠层郁闭度0.2～0.8的范围内，当郁闭度为0.5时，平均物种丰富度约为0.025。由外包线可以看出，林内灌木层的物种丰富度随林冠郁闭度增加表现为先增加后降低的变化趋势；当郁闭度<0.4时，物种丰富度的值较小，随郁闭度增加而升高；在郁闭度0.3～0.7的范围内具有较大值，且在郁闭度0.5处达到最大值（约为0.09）；当郁闭度大于0.5时，灌木层物种丰富度随郁闭度增加而降低。

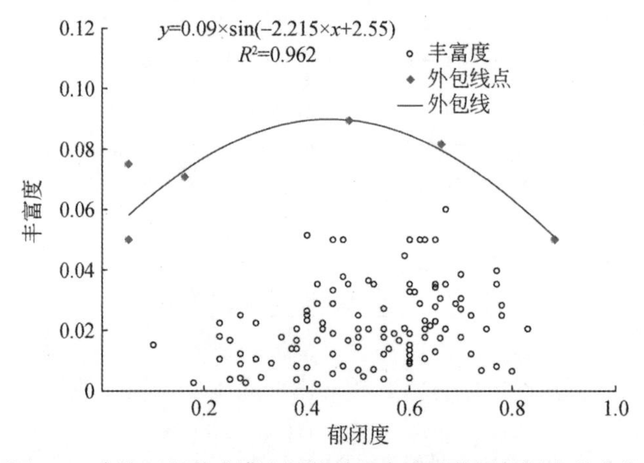

图8-8　青海云杉林内灌木层物种丰富度随林冠郁闭度的变化

参照范文义等（2011）对于云杉林下灌木的生物量计算模型，应用甘肃省祁连山水源涵养林研究院提供的林下灌木生物量调查数据进行参数拟合，得到祁连山区青海云杉林下灌木的生物量计算方程：

$$B_s=5.09\times H_s^{5.09} \qquad R^2=0.951 \tag{8-9}$$

式中，B_s为单株灌木生物量（kg）；H_s为灌木高度（m）。

从图8-9可以看出，青海云杉林内灌木层生物量普遍较低且分布零散，在样地较为集中且盖度和丰富度较大的林冠郁闭度0.4～0.6范围内，平均生物量约为2.0t/hm²。由外包线可以看出，林下灌木层生物量随林冠郁闭度的变化趋势，其表现与物种丰富度相似，即先增加后降低，但最大值出现在郁闭度0.5附近，约为12.0t/hm²。具体来看，多数青海云杉林样地的林下灌木层生物量较低，其数值<5.0t/hm^2，这与林下灌木层的盖度多低于 10% 相呼应。

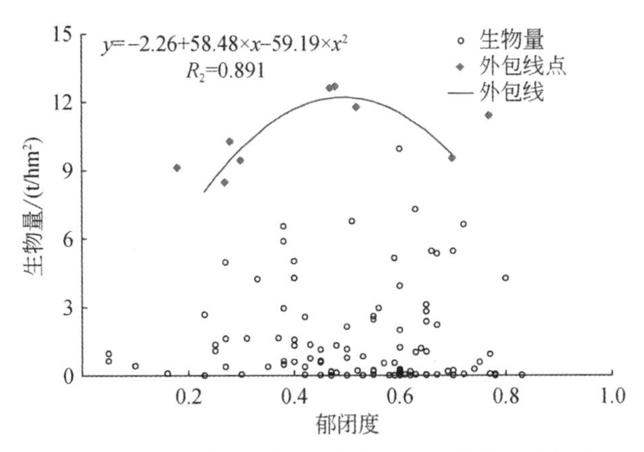

图 8-9 青海云杉林内灌木层生物量随林冠郁闭度的变化

资料来源：苗毓鑫（2017）

8.4 草本层结构特征

从图 8-10 可以看出，林内有草本分布的样地比例明显多于灌木层，且草本层盖度普遍较大，集中在样地郁闭度为 0.4 ~ 0.7 的分布区内，平均盖度约为 35%。由外包线可以看出，青海云杉林内草本层盖度随林冠郁闭度的变化趋势与灌木层盖度相似，林内草本层盖度在郁闭度<0.7 的范围内随郁闭度增加有极其轻微的降低，但基本保持平稳，且数值较高，可达 90% 左右。但当郁闭度>0.7 时，草本层盖度开始加速降低，在郁闭度为 0.9 时降低到几乎为零的水平。

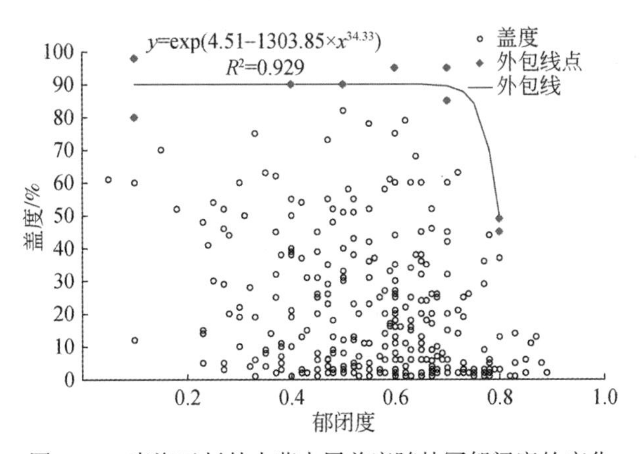

图 8-10 青海云杉林内草本层盖度随林冠郁闭度的变化

青海云杉林内草本的丰富度指数计算方法与 8.3 节中林下灌木的丰富度指数计算方法

相同。从图 8-11 可以看出，青海云杉林内草本层物种丰富度较灌木层高，变化范围集中在 0.1 ~0.6，在冠层郁闭度为 0.5 时，平均物种丰富度约为 0.3。由外包线可以看出，青海云杉林内草本层物种丰富度随林冠郁闭度的变化趋势表现为先增后减的单峰曲线。在郁闭度为 0.1、0.3 时，草本层物种丰富度为 0.36、0.67，在郁闭度 0.6 左右达到最大值(约 0.82)；之后持续下降，在郁闭度为 0.8、0.9 时降为 0.69、0.57。

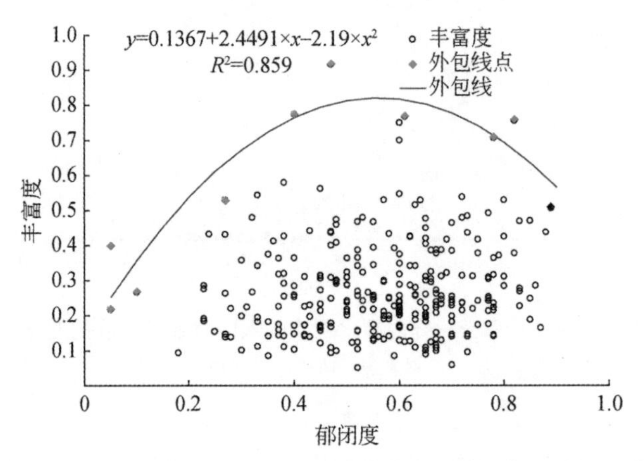

图 8-11　青海云杉林内草本层物种丰富度随林冠郁闭度的变化

参照杨昆和管东生（2007）对青海云杉林下草本的生物量计算模型，应用甘肃省祁连山水源涵养林研究院提供的林下草本生物量调查数据进行参数拟合，得到祁连山区青海云杉林下草本的生物量计算方程；

$$B_g = 0.095 + 0.084 \times (P_g \times H_g) \qquad R^2 = 0.908 \tag{8-10}$$

式中，B_g为单位面积草本生物量（t/hm²）；P_g为草本层盖度（%）；H_g为草本平均高度(m)。

从图 8-12 可以看出，青海云杉林内草本层生物量普遍较低，多低于 0.5t/hm²，林冠郁闭度为 0.5 时的平均生物量约为 0.3t/hm²。由外包线可以看出，青海云杉林内草本层生物量随林冠郁闭度增加的单峰变化趋势。当郁闭度<0.5 时，草本层生物量随郁闭度增加而快速升高，最大值约为 0.9t/hm²，之后随郁闭度增加而降低，在郁闭度为 0.9 时降到几乎为零的水平。

林冠郁闭度、林分密度、林龄及主林层的优势度、透光度等都会影响林下植被的物种组成、生物量和盖度等结构指标。在本研究中，青海云杉林下灌木层的常见优势种为金露梅、银露梅、吉拉柳、高山柳、鬼箭锦鸡儿和鲜黄小檗等，其中鬼箭锦鸡儿一般出现在海拔 3000m 以上；林下草本层的常见优势种为薹草和珠芽蓼。灌木层和草本层盖度的上外包线显示，林冠郁闭度在<0.6 的范围内变化的影响不大，灌木层和草本层的盖度都维持在较高范围，但郁闭度继续增大时迅速降低；林下灌木层和草本层的实际盖度较低，灌木层多低于 10%，草本层多低于 30%，与赵维俊等（2012）对祁连山东段、中段、西段不同青海云杉林下灌木层盖度（东段、中段、西段分别为 0.73%、0.64% 和 0.80%）和草本层盖度（东段、中段、西段分别为 16.20%、5.64% 和 6.20%）的研究结果相呼应。与灌

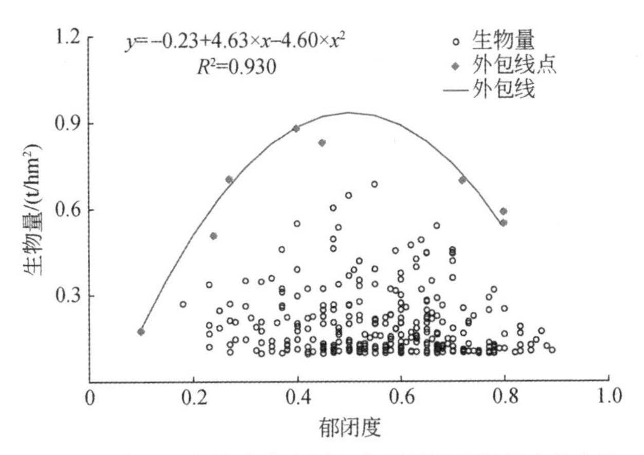

图 8-12　青海云杉林内草本层生物量随林冠郁闭度的变化

木层和草本层的盖度变化不同，灌木层和草本层的物种丰富度和生物量随林冠郁闭度升高的变化却是先增后减，在郁闭度为 0.5 或 0.6 时具有最大值。这与某些研究报道存在一些差异，如吉林金沟岭林场的云冷杉林下的灌木层生物量在郁闭度 0.2 时最大和 0.8 时最小，草本层生物量在郁闭度 0.2 时最大和 1.0 时最小；灌木层丰富度指数的郁闭度排序为 0.2>0.8>0.4>1.0>0.6，草本层丰富度指数的郁闭度排序为 0.2>0.4>0.6>1.0>0.8（季蕾，2016）。吉林金沟岭的研究结果与本研究结果不同的原因可能与吉林金沟岭的纬度更高、林下光照本来就较弱有关，也与林下植被的物种组成及其耐阴性差异有关。灌木层和草本层的盖度、丰富度和生物量在高郁闭度时表现出降低，主要是较大林冠郁闭度使林内光照变弱，而金露梅、鬼箭锦鸡儿、薹草、珠芽蓼等青海云杉林内灌木层和草本层优势种都是喜光的物种，因此生长不佳。当林冠郁闭度较小时，林内光照充足，但灌木层和草本层的丰富度和生物量却较小，可能与低郁闭度时更加适合某些喜光植物的生长有关，其竞争力增强抑制了其他植物种类的生存与生长，但准确原因还有待深入研究。同时，林下灌木层和草本层也共同竞争着有限的林下空间资源，张建华等（2014）对雾灵山油松林林下植被的研究显示，当灌木层多样性指数较大时，草本层多样性指数就较小；反之，当灌木层多样性指数较小时，草本层多样性指数就较大；但在本研究中，青海云杉林内灌木层和草本层在盖度、丰富度和生物量等方面的竞争表现不是很强，其原因有待研究。

8.5　苔藓层结构特征

祁连山区青海云杉林的苔藓层分布较为特殊，集中在郁闭度为 0.4～0.8 的分布区内（图 8-13）。由外包线的变化趋势可以看出，苔藓层盖度随郁闭度增加而轻微增加，增加幅度较小。郁闭度为 0.4、0.6、0.8 时，苔藓层盖度分别为 90%、95%、96%。

图 8-14 的外包线呈现了青海云杉林内苔藓层生物量随林冠郁闭度增加而单调升高的变化趋势。在林冠郁闭度较低的林分内，苔藓层生物量较低，郁闭度 0.3 时为 24.61t/hm^2；郁闭度 0.5 时升至 30.75t/hm^2；郁闭度为 0.7 时升至 33.83t/hm^2。

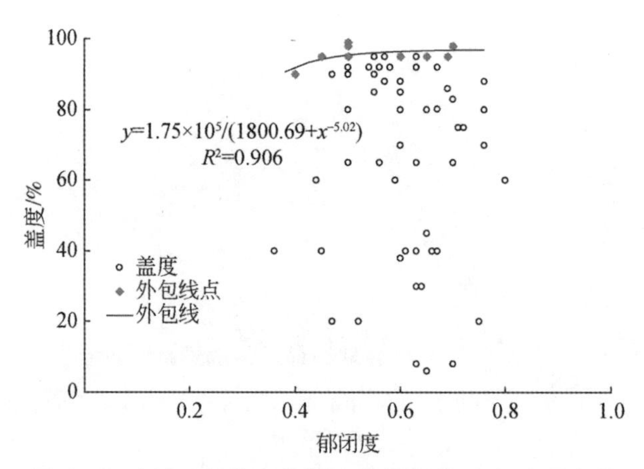

图 8-13　青海云杉林内苔藓层盖度随林冠郁闭度的变化

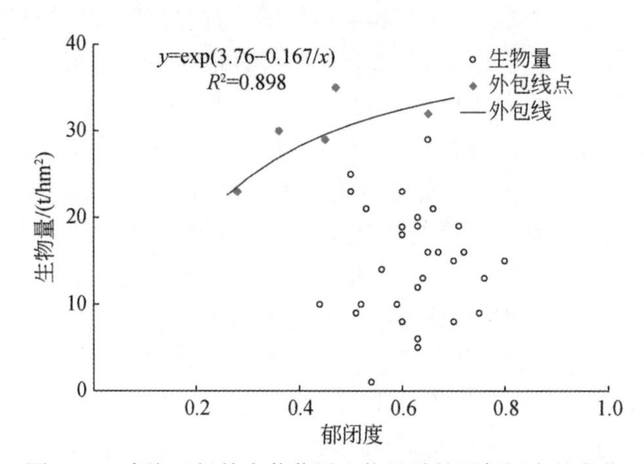

图 8-14　青海云杉林内苔藓层生物量随林冠郁闭度的变化

本研究中，青海云杉林内苔藓层盖度随林冠郁闭度增加而单调升高，变化不大。据报道，林下苔藓层盖度差异的原因可能是郁闭度不同引起的空气温湿度差异（郭水良和曹同，2000）。苔藓既是一种热性植物也是一种湿性植物，较大的森林郁闭度可为苔藓提供适宜的温度和湿度；而且在郁闭度 0.4 ~ 0.8 范围内的灌木层、草本层的盖度和生物量以及枯落物层厚度均较大，这些都为苔藓生长提供了适宜的温度、湿度和养分环境。但王顺利等（2006）在祁连山的研究表明，青海云杉林内苔藓枯落物层厚度除与林龄的相关系数大于 0.5 外，与坡向、海拔、郁闭度和密度等因子的相关性极差。本研究中苔藓层盖度虽然随郁闭度增加呈现单调升高，但升高幅度很小，因此两者的相关性也不会很高。此外，苔藓层盖度还可能受到人为活动或放牧活动的干扰，因此高海拔的林内苔藓枯落物层厚度和蓄积量均波动较小，而低海拔的林内波动较大（王顺利等，2006）。

高婵婵（2016）建立了祁连山区青海云杉林内苔藓层生物量与海拔、坡向、坡度等立地条件及林冠郁闭度的数量关系，表明苔藓层生物量为 0 ~ 34.88t/hm^2，平均为 16.40t/hm^2。这一结果与本研究结果（最大值 33.83t/hm^2）非常接近。白学良等（1998）报道的贺兰山青海云杉林内藓类地被物生物量为 9.15t/hm²；郭伟等（2009）报道的川西亚高山地区针叶纯林苔藓生物量为 2.13t/hm²；叶吉等（2004）报道的长白山暗针叶林下苔藓生物量为 0.5 ~5.10t/hm²。这些结果都明显低于祁连山区青海云杉林内苔藓层生物量，这可能与祁连山区青海云杉林覆盖率高、生长季内降水量大、当地环境适合苔藓生长等有关。

8.6 枯落物层结构特征

李效雄（2013）在祁连山西水林区内按照坡度、坡向、土壤、林分郁闭度等因子选取了具有代表性的青海云杉林分类型，分别为灌木云杉林、藓类云杉林、草地云杉林和云杉林更新地，并在各林分类型内设置 2 个固定样地，每一样地按照机械布样的方法放置凋落物收集框（1m×1m）10 ~12 个，每月定期采集凋落物，在室内分别测定鲜重和干重，计算其年及月凋落物累积量。在每年 4 ~10 月收集林内未分解原状枯落物，将枯落物中的枝、叶和球果分装在不同尼龙网袋内，再放置回林分内枯落物层内，在自然条件下测定枯落物的分解速率和分解量。通常每 2 个月取出 4 袋称重测定剩余量，10 月底和次年 4 月初各称重一次。

经调查，试验区青海云杉林枯落物层凋落量平均为 2.341t/(hm²·a)，其中以藓类云杉林最大，为 3.157t/(hm²·a)，云杉林更新地最小，为 1.288t/(hm²·a)，灌木云杉林和草类云杉林分别为 2.540t/(hm²·a) 和 2.379t/(hm²·a)。由表 8-6 可以看出，青海云杉林各类林分枯落物层的组成均以叶的比例最大，占 68.90%。

表 8-6 青海云杉林枯落物层凋落量及其组成

森林类型	凋落量/[t/(hm²·a)]	叶		球果		枝条树皮及其他	
		凋落量/[t/(hm²·a)]	比例/%	凋落量/[t/(hm²·a)]	比例/%	凋落量/[t/(hm²·a)]	比例/%
灌木云杉林	2.540	1.746	68.74	0.376	14.80	0.418	16.46
藓类云杉林	3.157	2.126	67.34	0.407	12.89	0.624	19.77
草类云杉林	2.379	1.672	70.28	0.365	15.34	0.342	14.38
云杉林更新地	1.288	0.892	69.26	0.176	13.66	0.220	17.08
平均值	2.341	1.609	68.73	0.331	14.14	0.401	17.13

资料来源：李效雄（2013）。

王顺利等（2006）对祁连山中段西水林区内的青海云杉林下苔藓枯落物分布情况进行研究的结果表明，祁连山青海云杉林内苔藓枯落物分布与组成存在明显差异（表 8-7），15 个样地平均厚度为 8.2cm，厚度最大达 13.7cm，最小仅为 1.5cm，相差近 10 倍。苔藓枯落物中未分解成分较多，占总量的 42.7%；半分解和已分解成分较少，分别占 24.4% 和 32.9%；未分解成分在 0.8 ~7.8cm 波动，半分解成分在 0.2 ~2.9cm 波动，已分解成分在 0.4 ~3.8cm 波动，表明苔藓枯落物组成受立地条件和环境条件影响而表现出不同样地之间的差别。

表 8-7　2003 年青海云杉林苔藓枯落物组成、厚度及蓄积量统计

项目	苔藓枯落物厚度/cm	未分解厚度/cm	半分解厚度/cm	已分解厚度/cm	鲜重/(t/hm^2)	蓄积量/(t/hm^2)
平均值	8.2	3.5	2.0	2.7	14.80	0.418
最大值	14.5	7.8	2.9	3.8	15.34	0.624
最小值	1.4	0.8	0.2	0.4	12.89	0.342
差值	13.1	7.0	2.7	3.4	2.45	0.282

资料来源：王顺利等（2006）。

为了确定引起苔藓枯落物组成与分布差异较大的原因，对坡向、海拔、郁闭度、密度、年龄等因子与苔藓枯落物厚度的相关性进行了分析（表 8-8），结果显示，除年龄与苔藓枯落物厚度相关系数在 0.5 以上外，其余均较小，祁连山区青海云杉林内苔藓枯落物厚度与坡向、海拔、郁闭度、密度等因子相关性极差，青海云杉林内苔藓枯落物分布与组成还受到诸如降水与气温等气象因子、小地形因子、微生物活动和人为干扰等因素的影响。在调查中普遍发现，青海云杉林内苔藓枯落物厚度在海拔 2700～2800m 是一个峰值，3000～3100m 是另一个峰值，最大值出现在海拔 2760m，该样地胸径、树高、年龄均较大；最小值出现在海拔 2900m，该样地是人工砍伐后天然更新林，其树高、胸径也较小，说明人为干扰越强烈，苔藓枯落物越少。高海拔地区无论是厚度还是蓄积量，波动幅度均较小，低海拔地区不确定的人为干扰造成其波动幅度较大。苔藓枯落物分布与组成不仅影响生态系统结构与功能及稳定性，而且直接对森林生态系统水文过程产生作用，今后还需要从多个方面进行研究，以深入揭示苔藓枯落物分布与组成规律及其对生态系统的影响。

表 8-8　青海云杉林苔藓枯落物与海拔、坡向、年龄等因子相关性分析表

因子	坡向	海拔/m	郁闭度	密度/(株/hm^2)	年龄/年	苔藓枯落物层厚度/cm
坡向	1	—	—	—	—	—
海拔/m	0.1928	1	—	—	—	—
郁闭度	0.0075	-0.4136	1	—	—	—
密度/(株/hm^2)	-0.0654	-0.6256	0.7517	1	—	—
年龄/年	0.6085	0.2024	0.0802	-0.2492	1	—
苔藓枯落物厚度/cm	0.1786	0.1313	0.2381	-0.0324	0.5167	1

图 8-15 中的外包线呈现了青海云杉林内枯落物层厚度随林冠郁闭度增加而单调升高，但升高速度不断降低的变化趋势。当郁闭度为 0.1 时，枯落物层厚度为 3.22cm；当郁闭度为 0.3、0.5、0.7 时，枯落物层厚度分别升至 8.04cm、11.14cm、13.53cm；当郁闭度超过 0.7 时，枯落物层厚度的升高速度明显趋缓。

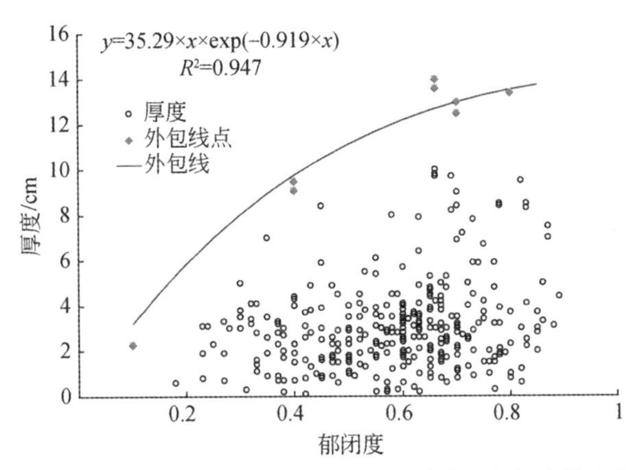

图 8-15　青海云杉林内枯落物层厚度随林冠郁闭度的变化

从图 8-16 中的外包线可以看出，青海云杉林内枯落物层重量随林冠郁闭度增加而单调升高的非线性变化趋势。当郁闭度为 0. 3 时，枯落物层重量为 37. 75t/hm^2；当郁闭度为 0. 5、0. 7 时，枯落物层重量分别升至 110. 71t/hm^2、157. 88t/hm^2；当郁闭度超过 0. 7 时，枯落物层重量的升高速度明显变缓。

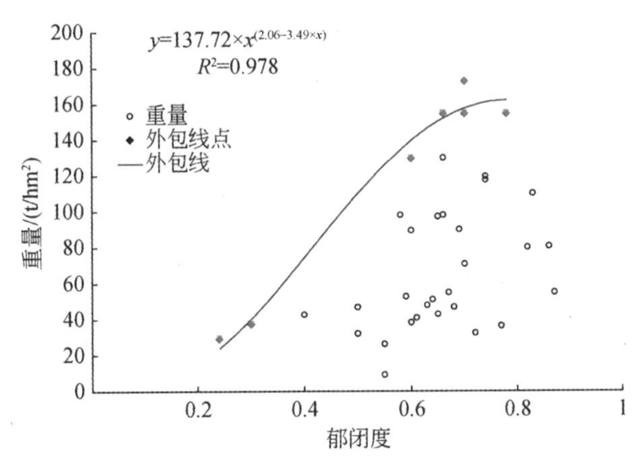

图 8-16　青海云杉林内枯落物层重量随林冠郁闭度的变化

从图 8-17 中的外包线可以看出，枯落物层重量随林分地上生物量变化的趋势，表现为先增加后趋于平稳。当地上生物量为 5. 0t/hm^{2}时，枯落物层重量为 50. 99t/hm^2；当地上生物量为 5. 0 ~ 30. 0t/hm^{2}时，枯落物层重量升高相对较快，地上生物量为 30. 0t/hm^{2}时，枯落物层重量升至 71. 03t/hm^2，相当于地上生物量每增加 10t/hm^2，枯落物重量增加 8. 02t/hm^2；当地上生物量为 30 ~ 60t/hm^{2}时，枯落物层重量缓慢升高，地上生物量为 60t/hm^{2}时，枯落物层重量升至79. 00t/hm^2，相当于地上生物量每增加 10t/hm^2，枯落物重量增加 2. 66t/hm^2。当地上生物量>60t/hm^{2}时，枯落物重量增加非常缓慢，逐渐达到枯落物层重量的最大值（80t/hm^2）。

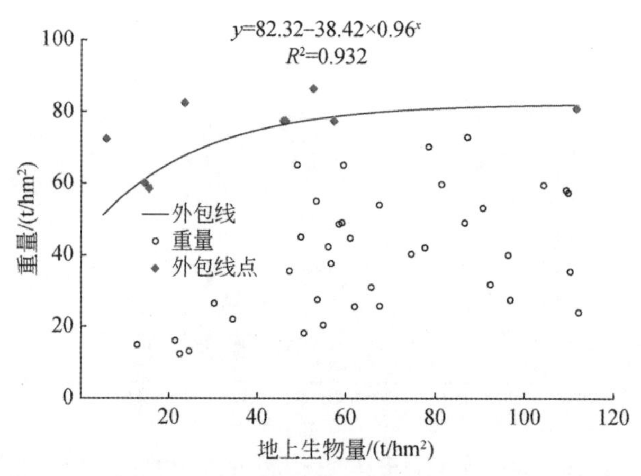

图 8-17　青海云杉林枯落物层重量随林分地上生物量的变化

林下枯落物层紧靠土壤层，作为森林生态系统的重要组分，不仅参与物质和养分循环，而且在水土保持、水文调节等方面发挥着独特作用（程根伟等，2004）。在本研究中，青海云杉林的枯落物层重量多介于 20.0 ~ 80.0t/hm^2，低于王顺利等（2006）报道的 113.4t/hm^{2}的研究结果，但高于报道的山杨林（14.98t/hm^2）（胡静霞等，2017）、白桦林（9.53t/hm^2）（周志立等，2015）等阔叶树种和油松林（29.11 ~ 47.14t/hm^2）（卢振启等，2014）等针叶林的研究结果。枯落物的保存量是多重因子综合作用的结果，包括凋落物输入量和其受到多种因子影响的分解速率，温度、水分、土壤生物群落等均对枯落物分解具有不同程度的影响。水分增加可以加快淋溶和促进枯落物分解，温度提高在一定范围内可以增强微生物活性（陈婷等，2016）。本研究涉及的青海云杉为针叶树种，其植物叶片质地较硬（吴琴等，2010），一般在干旱缺水地区其分解速度慢于杨树等阔叶树种的凋落物，加之祁连山温度较低，枯落物分解速度较低；另外，青海云杉林的凋落物量，尤其是叶的凋落量较高，如刘旻霞和车克钧（2004）研究发现，青海云杉林的凋落物量为 2.689t/(hm^2 · a)，这也是利于枯落物层积累的一个重要原因。森林枯落物层的厚度和储量与林分生长发育状况紧密相关，本研究表明，厚度和重量均随林冠郁闭度增加而增加，这一方面是由于郁闭度大的林分地上生物量或年龄较大，凋落物输入量和积累年限较高，另一方面是郁闭度大会引起林内的光照与温度等条件改变，降低枯落物分解速度。山西太岳山不同郁闭度油松林内枯落物储量也表现出了随郁闭度增加而增加的趋势（宋小帅等，2014）。

8.7　根系土壤层结构特征

8.7.1　青海云杉林土壤物理特征

2012 年 5 ~ 10 月，李效雄（2013）在祁连山西水林区内按照不同林分类型（灌木云杉林、藓类云杉林、草地云杉林）的坡度、坡向、土壤、林分郁闭度等因子选取具有代表性的青海云杉林样地和无林地，每种林分选3个标准样地，每个标准样地为20m×20m。按照土壤发生的自然层次或机械分层（0～10cm、10～20cm、20～40cm、40～60cm）取样测定土壤物理性质。

土壤容重是土壤紧实程度的反映，它与土壤孔隙大小及数量密切相关，土壤容重较小则土壤疏松、总孔隙度大；土壤容重大则土壤紧实、总孔隙度小。从表 8-9 可以看出，祁连山西水林区青海云杉林各林地从表层到底层土壤容重差异比较明显。土壤容重随着土层深度增加而逐渐增大，青海云杉林的土壤平均容重为 0.75g/cm^3，最大值达 0.88g/cm^3，最小值为 0.56g/cm^3，而祁连山无林地土壤平均容重达 1.24g/cm^3，这一结果表明，植被对上层土壤容重的影响较大，而底层土壤容重比较大，主要是由于青海云杉林为浅根系树种，根系在底层土壤分布少，对土壤容重的影响相对较小（李效雄，2013）。

表 8-9 不同海拔青海云杉林土壤物理特征参数

森林类型	土层深度/cm	土壤容重/(g/cm^2)	总孔隙度/%	毛管孔隙度/%	非毛管孔隙度/%	孔隙比
灌木青海云杉林（3300m）	0～10	0.35	76.80	42.38	34.42	3.21
	10～20	0.52	74.62	53.04	21.58	2.78
	20～40	0.68	67.92	53.66	14.26	2.42
	40～60	0.70	67.90	54.37	13.53	2.12
藓类青海云杉林（3000m）	0～10	0.62	72.22	49.40	22.82	2.53
	10～20	0.69	67.52	50.06	17.46	2.18
	20～40	0.78	61.82	48.76	13.06	1.71
	40～60	0.82	62.86	51.26	11.60	1.66
草类青海云杉林（2700m）	0～10	0.76	63.55	48.75	14.80	1.82
	10～20	0.82	60.00	46.20	13.80	1.64
	20～40	0.86	55.10	43.70	11.40	1.26
	40～60	0.90	60.30	50.10	10.20	1.32
青海云杉更新地（2700m）	0～10	0.78	57.64	46.84	10.80	1.36
	10～20	0.86	58.24	47.62	10.62	1.28
	20～40	0.90	55.92	46.06	9.86	1.06
	40～60	0.99	55.78	48.16	7.62	1.14
无林地（2700m）	0～10	1.30	43.00	36.20	6.80	0.92
	10～20	1.26	44.20	38.60	5.60	0.86
	20～40	1.24	48.90	42.80	6.10	0.94
	40～60	1.16	50.30	42.70	7.60	0.98

资料来源：李效雄（2013）。

土壤孔隙度分为非毛管孔隙度和毛管孔隙度，是为森林植被提供氧气和供水的重要场所。与容重分布相反，容重越大孔隙度越小。非毛管孔隙为通气孔隙，决定土壤通气与排水能力，毛管孔隙则是由土壤中的细小土粒致密排列而形成的小孔隙，决定土壤蓄水性。表 8-9 为祁连山西水林区不同海拔青海云杉林林地孔隙分布状况，林地土壤的非毛管孔隙和毛管孔隙度都比较大，随土层深度增加孔隙度逐渐减小。有林地孔隙度明显大于无林地，土壤总孔隙度平均值表现为灌木青海云杉林>藓类青海云杉林>草类青海云杉林>青海云杉更新地>无林地。不同林分类型的总孔隙度变动范围在 56.90%～71.81%，表土层(0～10cm)最大，在 57.64%～76.80%；底层土壤（10～60cm）最小，在 56.65%～70.15%。在林地表面，堆积其上的枯落物分解腐烂，从而增加了腐殖质含量，促进了表土团粒结构形成。青海云杉林各林分类型土层毛管孔隙度均大于 47.17%，各土层毛管孔隙度平均值大小分布规律为灌木青海云杉林>藓类青海云杉林>草类青海云杉林>青海云杉更新地>无林地。土壤中有效水分储存于毛管孔隙中，因此土壤的毛管孔隙度越大其有效水分储存就越多，树木根系可利用的有效水分就越多。非毛管孔隙度除了青海云杉更新地底土层在 9.73%之外，其余各林分类型和土层均在 12.55%之上。非毛管孔隙决定林分的通透性，非毛管孔隙度大的林分其降水下渗越好，越有利于减少地表径流的发生。青海云杉林林地土壤总孔隙度、毛管孔隙度和非毛管孔隙度平均值分别为 63.64%、48.77% 和 14.86%，而无林地总孔隙度、毛管孔隙度和非毛管孔隙度平均值分别为 46.60%、40.08% 和 6.53%，表明祁连山西水林区青海云杉具有较好的透水性（李效雄，2013）。

8.7.2 青海云杉林土壤养分和 pH 变化特征

祁连山北坡中山带森林灰褐土是生长青海云杉的集中地带。李效雄（2013）选择分布在祁连山排露沟流域海拔 2900～3300m 的青海云杉林为研究对象，每隔 100m 海拔梯度设置 3 个调查样地，研究了青海云杉林林下土壤养分及 pH 在海拔梯度上和不同土层深度的变化规律及它们间的相互关系。

永冻层或季节层在祁连山北坡青海云杉林分布内广泛存在，限制了降水入渗，导致植物根系下伸困难，形成了青海云杉浅根性的条件，研究区青海云杉根系平均深度为 40cm 左右，李效雄（2013）统计分析了祁连山西水林区不同海拔梯度青海云杉林 0～40cm 土层土壤养分和 pH 沿海拔梯度变化的规律。土壤有机质不仅是土壤中异养型微生物能源物质，也是植物矿质营养及有机营养的源泉。从表 8-10 可以看出，随海拔升高，青海云杉林土壤有机质含量大小不断增加，2900m 处有机质含量为（129.48±23.10）g/kg，有机质含量在 3300m 处，即高山林线处达到最大值，为（240.58±25.53）g/kg，其含量大小较 2900m 处有机质含量增加了 111.10g/kg，即增加了将近一倍。海拔 2900～3000m 土壤有机质含量与海拔 3100～3300m 土壤有机质含量差异性显著（$P<0.05$），即相邻海拔间 3000m 和 3100m 土壤有机质含量差异显著（$P<0.05$），其他相邻海拔间的差异不显著（$P>0.05$），土壤有机质含量在海拔 3100m 发生了显著变化。这与青海云杉林地处亚高寒山地有直接关系，随海拔升高，虽然降水不断增加，但林地土壤温度不断下降，土壤有机质分解因土壤微生物及各种酶活性受到抑制，土壤有机质分解减缓且周转时间增长，输入量大于损失量，土壤有机质得到不断积累（李效雄，2013）。

表 8-10　不同海拔青海云杉林土壤养分含量和 pH 大小

指标类型	海拔 2900m	海拔 3000m	海拔 3100m	海拔 3200m	海拔 3300m
有机质/(g/kg)	129.48±23.10a	180.90±16.97a	195.87±10.72b	204.51±7.17b	240.58±25.53b
pH	8.23±0.49a	8.25±0.08a	8.17±0.10a	8.15±0.05a	8.11±0.04a
全氮/(g/kg)	3.36±0.21a	3.79±0.07b	3.68±0.09b	4.03±0.02b	4.44±0.06c
全磷/(g/kg)	0.69±0.00a	0.55±0.01b	0.62±0.03b	0.63±0.02b	0.71±0.04c
全钾/(g/kg)	17.12±0.31a	14.99±0.30b	13.73±0.83b	11.41±0.21c	12.11±0.61c
速效磷/(mg/kg)	16.89±2.76a	18.19±2.66a	13.75±6.57a	11.60±2.33a	16.18±4.00a
速效钾/(mg/kg)	126.01±34.16a	108.93±13.57a	140.54±44.37a	110.08±19.82a	218.32±31.61b

资料来源：李效雄（2013）。

土壤 pH 是有机质合成与分解、土壤微生物活动、营养元素转化和释放、土壤养分保持的综合反映，土壤营养存在状态、转化和有效性都受其制约。排露沟流域青海云杉林土壤呈弱碱性，主要原因是淋溶作用不强，土壤盐基饱和度高，土壤含有较多的盐分，使土壤呈碱性。总体来看，随海拔梯度的增加，土壤 pH 不断减小，原因是流域大气降水量随海拔增加不断增加，土壤及母质受到的淋溶作用加强，土壤复合体吸附 H^+ 数量增加，OH^- 数量减小，使得土壤碱性降低，其最大值和最小值分别为 8.25±0.08 和 8.11±0.04。相邻海拔间和不同海拔间土壤 pH 差异性均不显著（P>0.05）（李效雄，2013）（表 8-10）。

全氮被认为是最易耗竭和限制植物生长的营养元素之一。流域青海云杉土壤全氮含量基本随海拔梯度的增加不断增加，从最小值 3.36±0.21g/kg 增加到最大值 4.44±0.06g/kg。海拔 2900m 和 3000～3200m 与海拔 3300m 差异显著（P<0.05），3000～3200m 海拔间差异不显著（P>0.05），3300m 海拔土壤全氮含量与其他海拔土壤全氮含量差异显著（P<0.05）。随海拔梯度增加，土壤全氮含量与土壤有机质含量变化规律相同，表明两者之间具有较强的相关性（表 8-10）。通过计算，随海拔梯度增加，C/N 为 22.35∶1、27.68∶1、30.87∶1、29.43∶1 和 31.43∶1，可以看出，C/N 随海拔梯度增加而增加，即微生物的分解作用减慢，腐殖化程度降低，这是亚高寒山地森林土壤有机质积累的重要特征。

在高山区，磷氮影响植物群落分布，同时对初级生产力有一定的限制作用。相对于氮供应受大气沉降影响，高山区对磷的供应更依赖于土壤过程，对其供应更依赖于土壤过程。试验区青海云杉林土壤全磷含量随海拔梯度的增加其含量先是减小而后又增加，最小值和最大值分别为 0.55±0.01g/kg 和 0.71±0.04g/kg，均值为 0.64±0.01g/kg。高海拔土壤全磷含量高于低海拔土壤全磷含量，土壤全磷含量变化不大，说明土壤中全磷含量比较稳定，迁移缓慢，变异可能是由成土母质和成土过程中的生物作用决定的，而外界环境对深层土壤全磷含量的影响较小。不同海拔间的差异主要体现在高海拔与低海拔上。与其对应的速效磷含量则随海拔梯度没有明显的变化规律，相邻海拔间和不同海拔间的差异不显著（P>0.05）（表 8-10）。经过计算，土壤有效磷含量仅为全磷含量的 1.8%～3.3%，表明研究区 96.7% 以上有机态磷不易被青海云杉林直接利用及其林下其他植物吸收（李效雄，2013）。

钾是作物生长发育所必需的营养元素之一。总体来看，土壤全钾含量随海拔梯度的增加其含量不断减少。高海拔土壤全钾含量与低海拔土壤全钾含量差异显著（$P<0.05$）（表 8-10），土壤全钾含量最大值出现在低海拔上，为 17.12±0.31g/kg。土壤全钾含量与土壤全氮含量随海拔梯度的变化规律相反，这与随海拔梯度的增加降水量不断增加导致的雨水淋溶增强有很大的关系。另外可能与土壤有机质积累量的增加导致土壤全钾含量减少，即与土壤有机质对矿物钾的“稀释效应”有关。土壤速效钾随海拔梯度增加没有明显的变化规律，高海拔 3300m 土壤速效钾含量最大，为 218.32±31.61mg/kg，而且与其他海拔土壤速效钾含量差异显著（$P<0.05$）。高海拔土壤有机质含量亦高，可能是土壤有机质对土壤速效钾具有保持作用（李效雄，2013）。

青海云杉林土壤有机质、全氮、全磷、速效磷和速效钾含量随土层深度的增加不断减小（表 8-11），其中 0～10cm 土层土壤含量较高，而且空间变异性较大，10～20cm 土层减小量变化比较缓和，到 20～40cm 土层土壤含量减小较为明显，土壤养分呈现出明显的“表聚现象”。这主要是由丰富的乔木林枯落物、林下灌草及苔藓枯落物和草本植物根系在土壤表层聚集并分解成腐殖质引起的（李效雄，2013）。

表 8-11　不同土层青海云杉林土壤养分含量和 pH 大小

土层深度 /cm	有机质 /(g/kg)	pH	全氮 /(g/kg)	全磷 /(g/kg)	全钾 /(g/kg)	速效磷 /(mg/kg)	速效钾 /(mg/kg)
0～10	234.76±27.27a	8.00±0.05a	4.10±0.22a	0.70±0.03a	13.11±0.99a	21.95±2.39a	237.61±47.07a
10～20	174.23±13.65ab	8.21±0.02ab	3.88±0.13ab	0.61±0.03ab	14.21±1.12a	12.83±1.77ab	101.22±11.11ab
20～40	161.83±15.47b	8.32±0.04b	3.61±0.23b	0.62±0.02b	14.31±1.31a	11.19±1.31b	83.05±5.28b

资料来源：李效雄（2013）。

土壤全钾含量和 pH 在表层数值较小，随土层深度增加，全钾含量和 pH 不断增加，其中在 10～20cm 土层含量大小增加较为明显，到 20～40cm 土层变化较为缓和，主要是由于研究区土壤母质富含钾，而表层土壤受到了土壤有机质等的“稀释效应”加之雨水淋溶作用，使表层土壤全钾含量较深层土壤含量低。同时枯落物分解产生的有机酸使表层土壤碱性较弱，加之盐基离子从上层淋溶，在下层土壤聚集，导致深层土壤含有较多的盐分，土壤碱性增加（李效雄，2013）。

8.8 小　　结

在比较了按海拔、坡度、密度分组进行青海云杉的树高-胸径关系拟合结果后，发现综合考虑胸径、林分密度、胸高断面积和优势木高的式（8-6）拟合精度最高，最适合用于估算青海云杉的树高。但式（8-1）和式（8-3）只需胸径一个自变量，且模拟精度也相对较高，因而推荐使用。同时确定了根据叶生物量及比叶面积推算青海云杉林叶面积指数的方程，拟合精度较高，可较好地预测青海云杉林叶面积指数的变化；林冠层郁闭度随胸高断面积的增加呈先快速增大后增速变缓的指数型增长。

祁连山区青海云杉林分自然恢复的能力是较差的。随着海拔的变化，林冠下更新不好的原因主要是受苔藓枯落物层厚度以及水热条件的限制，且具有从水分限制向热量限制转变的趋势。水分是低海拔青海云杉天然更新的制约因子，高海拔天然更新主要受热量条件的限制。不同海拔的天然更新在2900m处最小，随着海拔梯度的增加，天然更新也随之变大。青海云杉林内天然更新分布情况受林分类型和郁闭度的影响，青海云杉天然更新能力为2900m<3000m<3100m<3200m<2800m<2700m<2500m。青海云杉天然更新苗数量，随着海拔梯度的增加呈现先降低后增加的趋势，海拔3200～3300m的更新苗，以中（25～55cm）、低（<25cm）、高（>105cm）为主，2500m草类青海云杉天然更新株数为1800株/hm^2，更新良好，2700m、2800m、2900m藓类青海云杉天然更新株数分别为1975株/hm^2、1375株/hm^2、300株/hm^2，更新一般，2930m、3000m草类青海云杉更新株数为50株/hm^2、275株/hm^2，无更新能力。2500～2600m缺少85～105cm高度级的更新苗；海拔3300m左右各高度级天然更新苗数量相差不大，更新情况较差，某些高度级的幼苗分布较少。分布在3300m林线附近的灌木青海云杉林，乔木层较稀疏，幼苗密度为2500株/hm^2；分布在2600～3000m海拔的藓类青海云杉林是祁连山北坡青海云杉林中分布最广、面积较大、生产力最高的林分类型，天然更新苗为1500株/hm^2，多为中龄林，天然更新株数的保存率很低。3100m、3200～3300m青海云杉天然更新苗的高度分布呈钟形，以4级（25～55cm）高度的幼树居多，初步表明，扩展林窗中，青海云杉天然更新数量多、水热限制下生长较慢，而在郁闭度较小的林窗中，45～105cm高度级的更新苗占较高比例，青海云杉天然更新较快。青海云杉天然更新在地被物厚度为5～15cm时更新良好，随着地被物厚度的增加更新效果愈差。

祁连山区青海云杉林内灌木层盖度一般较低，多小于10%；在林冠郁闭度<0.6的范围内随郁闭度升高而轻微降低，但>0.6之后则迅速下降，在郁闭度为0.6时，平均盖度约为15%。灌木层的物种丰富度随郁闭度升高而先增后减，在郁闭度0.4～0.7的范围内具有较大值，但在郁闭度0.5处达到最大值。灌木层生物量随林冠郁闭度也先增后减，在郁闭度0.5附近达到最大值。

青海云杉林内草本层盖度随郁闭度升高的变化趋势与灌木层盖度相似，在郁闭度<0.7的范围内变化不大，基本保持平稳；但当郁闭度>0.7时，开始加速降低，在郁闭度为0.9时降低到几乎为零的水平。草本层的物种丰富度和生物量均随林冠郁闭度升高表现出先增后减，分别在郁闭度0.6和0.5附近达到最大值。

青海云杉林内苔藓层盖度随郁闭度升高而缓慢增加，苔藓层生物量随郁闭度升高而单调增加，当郁闭度<0.7时增加相对较快，当郁闭度>0.7时，增速明显变缓。

枯落物层厚度和生物量均随林冠郁闭度升高而增大。当郁闭度<0.7时，增加较快，但增加速度不断降低；当郁闭度>0.7时，增加速度明显变缓。枯落物重量随林分地上生物量增加呈先增加后趋于平稳的变化趋势，当地上生物量<30t/hm^2、30～60t/hm^2、>60t/hm^2时，枯落物重量的变化表现为相对快速升高、缓慢升高、非常缓慢升高。

青海云杉林内的土壤容重随土层深度（0～10cm、10～20cm、20～40cm、40～60cm）增加而逐渐增大，平均值均为0.75g/cm^3，低于无林地的1.24g/cm^3，表明青海云杉林对表层土壤容重具有较大影响。土壤有机质含量在海拔梯度上的变化规律是，0～40cm土层土壤有机质、全氮及全磷平均含量在高海拔处高于低海拔，且海拔间差异显著（$P<0.05$）；土壤全钾和速效钾含量则是高海拔低于低海拔，且海拔间差异亦显著（$P<0.05$）；速效磷含量随海拔升高没有明显的变化规律，且海拔间的差异不显著（$P>0.05$）；土壤pH随海拔的升高不断减小，但海拔间的差异不显著（$P>0.05$）。在不同土层深度的变化规律是，0～10cm土层土壤有机质、全氮、全磷、速效磷和速效钾平均含量均大于10～20cm和20～40cm土层含量，而且0～10cm土层含量显著大于20～40cm土层含量（$P<0.05$）；土壤pH和全钾含量则随土层深度增加，pH在0～10cm土层与20～40cm差异显著（$P<0.05$），但全钾含量在不同土层差异均不显著（$P>0.05$）。

第9章 青海云杉林叶面积指数对水热因子的响应

对林冠层LAI分布特征及其季节动态变化的研究是树木生理生态学和生理生态模型领域未来需要研究解决的一个重要问题，是研究林分生产力的关键。LAI的动态变化可以较好地反映植被结构和数量特征的变化，因而可以更好地反映植被和气候的相互作用，也可以作为植被生物量的敏感性指标。研究一个地区森林冠层LAI的动态变化规律以及与生产力、水分的关系，在植被恢复、造林树种选择、森林经营管理上有着重要的理论和实践价值。

研究利用光学仪器LAI-2200C（LI-COR，美国）对祁连山北麓中段青海云杉林LAI进行了两个生长季的人工观测，本章将分析青海云杉林冠层LAI的季节动态，研究青海云杉林冠层LAI与降水、空气温度、土壤温度以及土壤含水量的关系，并建立回归模型，可进一步反映祁连山植被冠层与气候的相互作用机理，为祁连山水源涵养林可持续经营提供理论依据。

9.1 青海云杉林叶面积指数测定

9.1.1 青海云杉林样地选取以及叶面积指数测定

LAI测定样地与第2章中的物候观测的3个样地（1号、2号以及3号样地）相同。在2015年和2016年5～10月每隔5天利用LAI-2200C测定青海云杉林样地的林冠层LAI，测定时按固定的“S”形路线，每个样地测25个点，取平均值作为样地林冠层LAI特征值，为了保证不测到样地外林冠层，观测点距样地上下边缘为3m（斜坡长），左右边缘为2.5m。由于在林间寻找空旷地测量冠层上方数值（*A*值）难度较大，为了提高精度，使用两台型号相同的LAI-2200C同步测量，一台置于林外空地上测量*A*值，另外一台在样地内测量冠层下方的数值（*B*值）。同时利用日本Nikon公司生产的鱼眼数码照相机（D80）获取植被冠层的半球图像，用于林冠层LAI的计算（赵传燕等，2009）。在生长季初期，青海云杉林新枝生长变化较快，因此该时段内适当增加观测次数。

9.1.2 青海云杉林叶面积指数观测数据处理

针叶林针叶的集聚效应，导致仪器测定值偏低，需要一个校正系数进行调整。利用跟踪辐射与冠层结构测量仪（TRAC）测出青海云杉林的聚集系数（Ω_E）为0.93（由中国科学院西北生态资源环境研究院马明国研究员提供），计算调整系数：

$$L=(1-\alpha)L_e\gamma_E/\Omega_E \tag{9-1}$$

式中，L为调整系数；L_e为有效LAI（仪器观测获得）；γ_E为针叶总面积与簇面积的比率，针叶树种为1.4；α为树干等非树叶因素对总叶面积的比率，为0.12（Chen，1996）。

根据式（9-1），计算得到调整系数为1.32，与LAI-2200C所测LAI相乘，对观测的青海云杉林冠层LAI观测值进行调整。

9.2 青海云杉林叶面积指数季节变化动态

从图9-1、图9-2可以看出，在2015年和2016年两个生长季（5～10月）内，3个样地的青海云杉林LAI呈一条先上升，达到最大值后相对稳定，然后再下降的单峰曲线，峰值大概出现在7月中下旬左右。从5月下旬到7月中上旬基本为LAI的迅速增长期，从第2章青海云杉物候期的变化可知，青海云杉在5月下旬开始展叶，6月底达到展叶盛期，所以这一时期的LAI呈快速增长期。另外，从图2-1和图2-2可知，2015年和2016年7月平均气温最高，2015年7月降水量最多，2016年7月降水量也仅次于8月，这个阶段气温和降水成为影响LAI增加的主要因子。9月初开始，LAI开始下降，结合9月气温发现，此时气温也开始下降，虽然2015年9月降水量很高，但LAI开始下降，这个阶段气温成为影响LAI的主要因子。青海云杉虽然是常绿针叶林，但是我们发现从9月开始也会有大量枯黄的针叶凋落，因此LAI也开始减小，根据我们两年的观测发现，这些针叶应该是多年生的老叶或者生病的枯叶。另外我们发现，1号和2号样地青海云杉LAI接近，二者LAI大于3号样地LAI，这一结果与表2-1中郁闭度的结果是一致的。

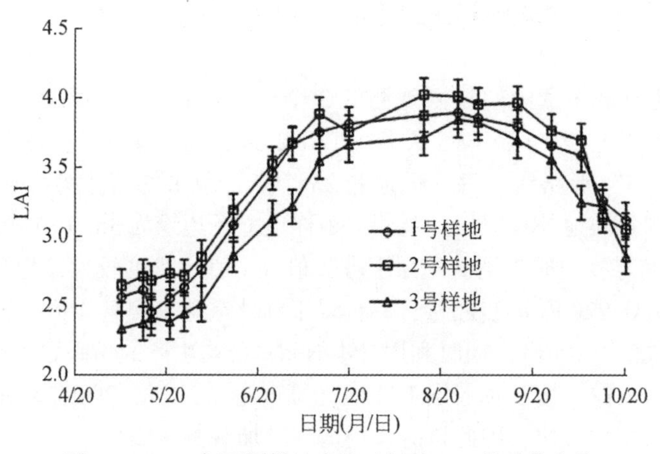

图9-1　2015年不同样地青海云杉林LAI的季节变化

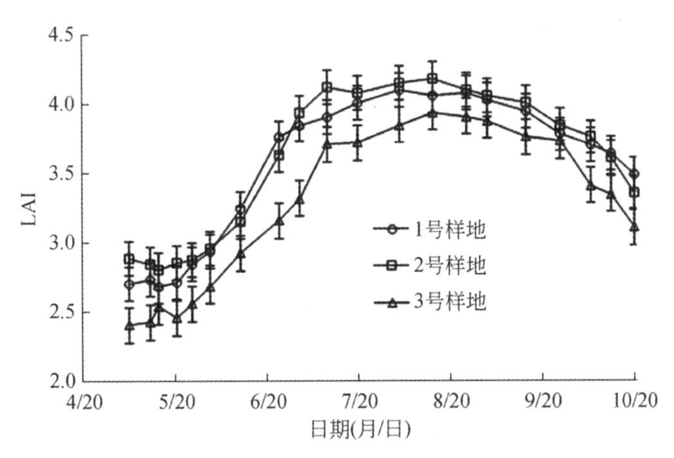

图 9-2 2016 年不同样地青海云杉林 LAI 的季节变化

LAI 作为一个可以定量描述冠层结构特征及其动态变化的重要植被参数，是森林生长和演替的重要驱动因子，它直接影响着植被生理过程，反映了诸多影响因素对冠层结构的综合作用，与初级生产、能量交换、元素循环等许多生态过程直接相关（Wullschleger and Hanson，2006），并与生态系统的水量平衡过程（如降水、截留、蒸散发等）以及植被净生产力等森林生态水文过程有着紧密的联系（Granier et al.，1999；Nasahara et al.，2008；Behera et al.，2009）。因为受林分结构、土壤因素（土壤水分、理化性质等）、地形因素（海拔、坡度、坡向等）、气象条件等诸多环境因素的共同影响，林冠 LAI 往往具有高度复杂的时间和空间变异，即使在林分结构单一的同龄纯林中也是这种情况（Bequet et al.，2012）。所以准确理解林冠层 LAI 的时间和空间变异并进行定量描述，对于多尺度准确评价森林生产力及开展从林分、流域到区域等不同空间范围的能量和水量平衡等的研究具有重要意义。

森林 LAI 存在明显的时空异质性，本研究选取的 3 个固定样地都在同一海拔、同一坡面上，因此仅对青海云杉 LAI 的季节变异进行了研究。但是有学者对祁连山区青海云杉 LAI 的空间分布进行了研究，如赵传燕等（2009）研究结果表明，祁连山寺大隆林场天老池流域内青海云杉林 LAI 随海拔升高先增大后减小，这可能是由于青海云杉生长的限制因素在低海拔处以水分控制为主，而在高海拔处以温度控制为主，这是因为随海拔升高，降水量先增加后减少，土壤含水量不断增加，但气温却逐渐降低，同时土层厚度变薄，土壤质地变粗。学者对不同地区不同类型森林 LAI 也进行了大量研究，有学者对川西亚高山暗针叶林 LAI 的空间变异进行了研究，结果表明，海拔是影响 LAI 的重要因素，不同海拔梯度上 LAI 差异极显著，并且得出川西亚高山暗针叶林 LAI 随海拔升高的结论（吕瑜良等，2007）。对小兴安岭云冷杉林 LAI 的变异函数分析表明，LAI 大的月份其空间异质性程度也大，7 月和 11 月 LAI 的空间异质性主要是由空间自相关引起的，且引起的空间异质性分别占到总空间异质性的 99.8% 和 66.9%（刘志理等，2013）。苏宏新等（2012）对北京东灵山 3 种温带森林 LAI 季节变化用不同方法进行了监测，结果表明，3 种温带森林生长季的 LAI 均呈现单峰变化趋势。Bréda 和 Granier（1996）对法国 Champenoux 森林里的纯橡树林 LAI 的年内和年际变化进行了研究，结果表明，年内生长季初期橡树 LAI 随着新枝的生长而不断增大，但是年际变化不太大。对六盘山华北落叶松 LAI 的季节动态研究表明，LAI 随着郁闭度的增加而呈线性增加的趋势，生长季 LAI 变化也呈单峰曲线（童鸿强等，2011）。本研究结果表明，青海云杉 LAI 呈现明显的季节变化，LAI 的最大值出现在 7 月中下旬，并一直持续到 8 月中下旬，之后略有下降，这是因为在生长季初期青海云杉新枝大量生长，LAI 变大，而生长季末期青海云杉老叶和病叶开始凋落，导致 LAI 略有减小。从 2015 年和 2016 年两年的数据来看，2016 年的 LAI 略大于 2015 年，这可能是因为累积的新枝贡献了一定的 LAI。李相虎等（2012）利用生物模型 SiB_2 方法分析了鄱阳湖流域 LAI 的年内和年际动态，结果表明，不同植被覆盖类型 LAI 在 20 年间没有明显整体增大或者减小的趋势，但是每隔 2～3 年呈波浪状增大或者减小的交替变化趋势，而且常绿针叶林 LAI 变幅较大，在 2.3～3.5，这与本研究结果是一致的。

9.3 青海云杉林叶面积指数对气温和土壤温度的响应

9.3.1 青海云杉林叶面积指数与气温的关系

表 9-1 是青海云杉 LAI 与气温的 Pearson 相关分析结果，结果表明，在 2015 年的不同月份，青海云杉林 LAI 均与气温呈正相关关系，其中 7 月和 8 月 LAI 与气温呈显著正相关（$P<0.05$）。在 2016 年的不同月份，青海云杉林 LAI 也与气温呈正相关关系，其中 7 月和 8 月 LAI 也与气温呈显著正相关（$P<0.05$）。综合两年结果来看，不同月份青海云杉林 LAI 与气温正相关，其中 7 月和 8 月 LAI 与气温呈显著正相关（$P<0.05$）。

表 9-1　2015 年和 2016 年青海云杉林 LAI 与气温的 Pearson 相关系数

年份	相关系数				
	5 月	6 月	7 月	8 月	9 月
2015	0.402	0.334	0.533*	0.878*	0.335
2016	0.434	0.421	0.870*	0.916*	0.418

注：气温为两次观测 LAI 日数之间的平均值。

*表示 $P<0.05$。

9.3.2 青海云杉林叶面积指数与土壤温度的关系

从表 9-2 可知，在 2015 年不同月份，青海云杉林 LAI 均与土壤温度呈正相关关系。具体表现为 5 月 40～80cm 土层土壤温度、6 月 20～80cm 土层土壤温度、7 月 0～80cm 土层土壤温度、8 月 0～80cm 土层土壤温度均呈显著正相关（$P<0.05$），其中 7 月和 8 月 60～80cm 土层土壤温度与 LAI 极显著正相关（$P<0.01$），虽然 9 月土壤温度与 LAI 相关系数

较大，但是它们的相关关系不显著。在 2016 年不同月份，5 ~ 8 月青海云杉林 LAI 与 20 ~ 80cm 土层土壤温度显著相关（$P<0.05$），其中 7 月和 8 月 LAI 与 0 ~ 20cm 土层土壤温度也显著相关（$P<0.05$），其他月份 LAI 与不同土层土壤温度也正相关，只是相关关系不显著。综合两年结果来看，7 月和 8 月青海云杉林 LAI 与各土层土壤温度均显著相关，5 月和 6 月青海云杉林 LAI 与 20 ~ 80cm 土层土壤温度显著相关，总之，青海云杉林 LAI 与土壤温度显著相关。

表 9-2　2015 年和 2016 年青海云杉林 LAI 与土壤温度的 Pearson 相关系数

年份	土层深度/cm	相关系数				
		5 月	6 月	7 月	8 月	9 月
2015	0 ~ 10	0.506	0.468	0.840 *	0.701 *	0.688
	10 ~ 20	0.574	0.459	0.738 *	0.663 *	0.714
	20 ~ 40	0.668	0.465 *	0.666 *	0.835	0.794
	40 ~ 60	0.799 *	0.507 *	0.660 *	0.865 *	0.869
	60 ~ 80	0.809 *	0.532 *	0.628 **	0.821 **	0.916
	0 ~ 80	0.670	0.591	0.680 *	0.709 *	0.798
2016	0 ~ 10	0.541	0.578	0.630 *	0.674 *	0.641
	10 ~ 20	0.603	0.562	0.271 *	0.023 *	0.824
	20 ~ 40	0.692 *	0.659 *	0.703 *	0.723 *	0.820
	40 ~ 60	0.804 *	0.511 *	0.541 *	0.947 *	0.808
	60 ~ 80	0.871 *	0.607 *	0.604 *	0.979 *	0.814
	0 ~ 80	0.721	0.601	0.733 **	0.770 **	0.785

注：土壤温度为两次观测 LAI 日数之间的平均值。

* 表示 $P<0.05$，* * 表示 $P<0.01$。

9.4　青海云杉林叶面积指数对降水和土壤含水量的响应

9.4.1　青海云杉林叶面积指数与降水的关系

表 9-3 是青海云杉 LAI 与降水的 Pearson 相关分析结果，结果表明，2015 年结果和 2016 年结果一致，具体表现为 5 ~ 8 月青海云杉 LAI 与降水呈正相关关系，其中 6 ~ 8 月青海云杉 LAI 与降水呈显著正相关关系（$P<0.05$），9 月青海云杉 LAI 与降水呈负相关关系。结合第 4 章月平均降水情况可知，7 ~ 8 月是年内降水分布较多的月份，也是 LAI 较大的 2 个月，这进一步表明了青海云杉 LAI 与降水呈正相关关系。

表 9-3　2015 年和 2016 年青海云杉林 LAI 与降水的 Pearson 相关系数

年份	相关系数				
	5 月	6 月	7 月	8 月	9 月
2015	0. 313	0. 461 *	0. 861 *	0. 546 *	-0. 321
2016	0. 298	0. 553 *	0. 649 *	0. 713 *	-0. 247

注：降水为两次观测 LAI 日数之间的累计降水。

* 表示 $P<0.05$。

9. 4. 2　青海云杉林叶面积指数与土壤含水量的关系

对青海云杉 LAI 与土壤含水量的 Pearson 相关系数进行了分析，见表 9-4。结果表明，青海云杉 LAI 整体上与土壤含水量呈正相关关系，但不同月份略有差异。具体表现为，在 2015 年 5 月、6 月以及 9 月，青海云杉 LAI 与不同土层土壤含水量均呈正相关关系，7 月和 8 月青海云杉 LAI 与不同土层土壤含水量均呈显著正相关关系（$P<0.05$）。在 2016 年 5 月、6 月以及 9 月，青海云杉 LAI 与不同土层土壤含水量均呈正相关关系，7 月和 8 月青海云杉 LAI 与 0 ~ 60cm 土层土壤含水量均呈显著正相关关系（$P<0.05$），8 月青海云杉 LAI 与 60 ~ 80cm 土层土壤含水量呈极显著正相关关系（$P<0.01$）。

表 9-4　2015 年和 2016 年青海云杉林 LAI 与土壤含水量的 Pearson 相关系数

年份	土层深度/cm	相关系数				
		5 月	6 月	7 月	8 月	9 月
2015	0 ~ 10	0. 321	0. 251	0. 622 *	0. 726 *	0. 240
	10 ~ 20	-0. 063	0. 466	0. 602 *	0. 658 *	0. 365
	20 ~ 40	0. 321	0. 349	0. 920 *	0. 784 *	0. 165
	40 ~ 60	0. 627	0. 167	0. 721 *	0. 636 *	0. 254
	60 ~ 80	0. 652	0. 493	0. 820 *	0. 589 *	0. 365
	0 ~ 80	0. 634	0. 586	0. 759 *	0. 677 *	0. 465
2016	0 ~ 10	0. 279	0. 258	0. 401 *	0. 525 *	0. 601
	10 ~ 20	0. 593	0. 364	0. 388 *	0. 435 *	0. 147
	20 ~ 40	-0. 101	0. 469	0. 902 *	0. 623 *	0. 682
	40 ~ 60	0. 703	0. 475	0. 673 *	0. 446 *	-0. 170
	60 ~ 80	0. 681	0. 383	0. 552 *	0. 603 **	0. 646
	0 ~ 80	0. 652	0. 336	0. 621 *	0. 683 *	0. 147

注：土壤含水量为两次观测 LAI 日数之间的平均值。

* 表示 $P<0.05$，** 表示 $P<0.01$。

9.5 青海云杉林 LAI 与水热因子的多元回归分析

对 2015 年和 2016 年两个生长季的不同月份青海云杉 LAI 与气温、降水、土壤温度以及土壤含水量进行了多元回归分析，逐步回归方程见表 9-5。结果表明，多元回归模型很好地拟合了青海云杉 LAI 与气温、降水、土壤温度以及土壤含水量的关系，总体上模型通过了检验，具有统计意义。

表 9-5　2015 年和 2016 年青海云杉林 LAI 与水热因子的多元回归

年份	月份	逐步回归方程	R^2	F	p
2015	5	$y=1.362x_1+0.287x_3$	0.754	13.065	0.084
	6	$y=3.295x_1+14.769x_2$	0.923	12.348	0.037
	7	$y=0.895x_1+0.205x_3+5.872x_4$	0.901	15.792	0.020
	8	$y=2.125x_2+5.365x_3$	0.815	10.631	0.135
	9	$y=1.090x_2+0.145x_3-0.029x_4$	0.982	16.304	0.036
2016	5	$y=6.954x_1+14.253x_3$	0.629	20.127	0.041
	6	$y=3.254x_1+7.158x_2$	0.775	13.396	0.039
	7	$y=0.042x_1+0.556x_3$	0.854	26.671	0.044
	8	$y=0.327x_1+2.836x_2+9.879x_4$	0.840	15.738	0.019
	9	$y=4.346x_2+1.442x_3$	0.967	29.595	0.153

注：y 表示 LAI，x_1 表示气温，x_2 表示降水，x_3 表示土壤温度（不同土层土壤温度加权平均值），x_4 表示土壤含水量（不同土层土壤含水量加权平均值）。

5 月气温和土壤温度共同影响 LAI，6 月气温和降水共同影响 LAI，7 月 LAI 则由气温和土壤温度或者气温、土壤温度以及土壤含水量共同影响，8 月 LAI 由降水和土壤温度或者气温、降水以及土壤含水量共同影响，9 月 LAI 由降水、土壤温度以及土壤含水量或者降水、土壤温度共同影响。总体来看，不同月份影响 LAI 的主要水热因子不一样。

植被对水热条件的响应是了解陆地系统碳循环的关键环节，因此众多学者研究了植被 LAI 与水热条件的关系。张佳华等（2002）采用遥感信息反演的 LAI 数据对全球植被 LAI 对气温和降水的响应进行了研究，结果表明，全球尺度上植被与气温和降水的季节、年际变化在不同的生态系统差异明显。李相虎等（2012）发现鄱阳湖流域年内不同植被类型的 LAI 与前 3 月的降水和前 1 月的平均气温相关性较大，而且都通过了 95% 的显著性检验，不同植被类型 LAI 年际变化受流域内 5 ~7 月降水年际变化的影响较大。研究青藏高原降水、气温以及土壤水分对 LAI 的影响时发现，在时间尺度上，LAI 和三者存在着良好的相关关系，在空间尺度上，LAI 和三者的相关性在大部分地域呈良好的正相关（王永前等，2008）。刘泽彬等（2017）研究了六盘山小流域华北落叶松 LAI 的坡面尺度效应，结果表明，5 月主要影响因素是太阳辐射和气温，6 ~8 月主要影响因素是土壤含水量，9 ~10 月由地形条件、气象条件、土壤含水量、土壤孔隙度以及土壤持水量等因子共同影响 LAI。

本研究结果表明，不同月份青海云杉 LAI 与气温呈正相关关系，与降水也呈正相关关系，而不同土层的土壤温度和土壤含水量对 LAI 的影响则因月份不同而不同，但总体上与 LAI 呈正相关关系。有学者利用 CMIP5 模型研究了 LAI 对干旱的响应，发现 LAI 随土壤水分的减少呈现不规律的增大和减小的趋势（Huang et al.，2016）。

9.6 小　　结

对祁连山西水林区排露沟流域内的 3 个固定样地青海云杉林 LAI 季节动态变化进行了连续两年的人工观测，并分析了其与水热因子的关系，初步得到如下结论。

1）根据针叶聚集效应得到的调整系数调整后的青海云杉林 LAI 季节动态变化呈一条先上升，达到最大值后相对稳定，然后再下降的单峰曲线，峰值出现在 7 月中下旬左右，且 LAI 为 2.33 ~4.18。

2）不同月份青海云杉林 LAI 与气温呈正相关关系，与降水也呈正相关关系。其中 7 月和 8 月 LAI 与空气温度呈显著正相关（$P<0.05$）。7 月和 8 月青海云杉林 LAI 与各土层土壤温度均显著相关，5 月和 6 月青海云杉林 LAI 与 20 ~ 80cm 土层土壤温度显著相关。青海云杉林 LAI 整体上与土壤含水量呈正相关关系，但不同月份略有差异。

3）多元回归分析表明，多元回归模型很好地拟合了青海云杉林 LAI 与气温、降水、土壤温度以及土壤含水量的关系，总体上各系数及整体模型都通过了检验，具有统计意义，并且不同月份影响 LAI 的主要水热因子不一样。

第 10 章 青海云杉林结构的水文影响

在干旱缺水的祁连山区，青海云杉林的水文调节作用主要体现在蒸散耗水上，因其在水量平衡中占据着主导地位。因此，分析青海云杉林结构特征对林分蒸散总量及组分的影响，可更清晰地认识和预测祁连山区青海云杉林的水文作用。本章将分析总结祁连山区青海云杉林的水文作用研究结果，并依据典型流域青海云杉林水文研究固定样地的有限数据，分析林冠截留、林木蒸腾和林下蒸散 3 个林分蒸散组分对林分结构变化的响应，确定林分日蒸腾和林下日蒸散对潜在蒸散 PET、土壤可利用水分 REW 和叶面积指数 LAI 的单因子响应关系及以连乘形式耦合的多因子响应模型。

10.1 数据获取与预处理

10.1.1 气象及土壤数据

1. 站点气象数据

甘肃省祁连山水源涵养林研究院的青海云杉林树干液流观测样地内建有一座 30m 高的微气象观测塔，塔上分 3 层（5m、10m 和 30m），分别安装有温度、湿度（HMP45C 温湿度传感器，Vaisala，芬兰）、风速（034B 风速风向传感器，MerOne，美国）观测传感器和不同层次（0 ~ 20cm、20 ~ 40cm、40 ~ 60cm 和 60 ~ 80cm）土壤温湿度传感器，并在 1.5m 和 20.0m 高度处分别安装辐射通量观测仪器（CM3，CAMPBELL，美国）。温度、湿度和风速数据通过 CR23XTD 数据采集器进行采集，辐射通量数据通过 CR500 数据采集器进行采集，数据存储时间步长为 30min（彭焕华等，2011）。

中国科学院西北生态环境资源研究院的青海云杉林树干液流观测样地内设有美国 Campbell 公司生产的 CR3000 自动气象站，用于连续采集林冠层上方降水、太阳辐射强度、空气温度、空气相对湿度、林内土壤湿度和土壤温度等数据，其中冠层上方环境因子的观测高度为 30m。在 0 ~ 20cm、20 ~ 40cm、40 ~ 60cm 和 60 ~ 80cm 4 个土层测定土壤体积含水量和温度，数据采集时间间隔为 10min（万艳芳等，2017）。

本研究应用以上两观测气象站点（均在排露沟流域内）2002 ~ 2008 年、2014 年和 2015 年的观测数据，对原始不同观测步长（分别为 30min 和 10min）数据进行处理，并剔除雨、雪等环境因子干扰以及仪器瞬间断电等原因导致的数据野点，计算得到排露沟流域的多年逐日温度、降水量、净辐射通量等（图 10-1）。

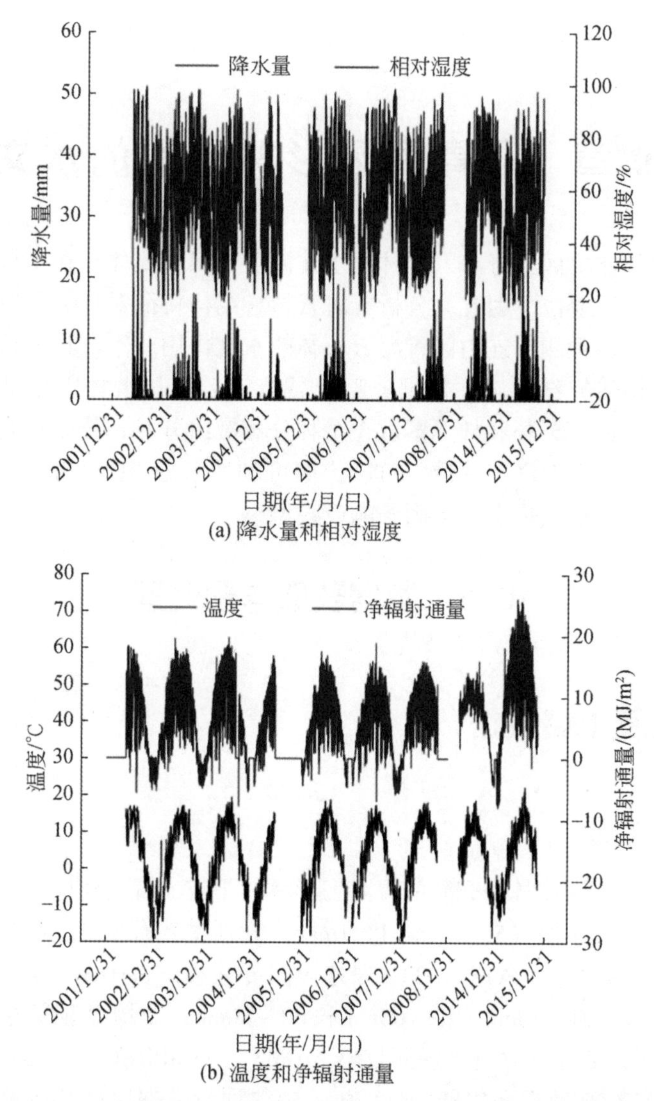

图 10-1　排露沟流域 2002～2008 年、2014 年和 2015 年气象观测值

2. 站点土壤数据

基于从两观测气象站点获取的各土层实时监测的土壤体积含水量数据，对原始数据进行处理，计算得到逐日主要根系层（0～80cm）的平均土壤体积含水量，进一步计算得到排露沟流域多年逐日可利用水分：

$$REW=\frac{\theta_{avg}-\theta_m}{\theta_{FC}-\theta_m} \tag{10-1}$$

式中，REW 为土壤可利用水分；θ_{avg}为平均土壤体积含水量（cm^3/cm^3）；θ_m为土壤萎蔫体积含水量（cm^3/cm^3），本研究样地取值为 0.058cm^3/cm^3；θ_{FC}为土壤田间体积含水量

(cm^3/cm^3)，本研究样地取值为 $0.45cm^3/cm^3$。土壤萎蔫体积含水量和土壤田间体积含水量均基于排露沟流域内的样地实测值，参见 Chang 等（2014a，2014b）的结果。

3. 潜在蒸散的计算

本研究采用联合国粮食及农业组织（Food and Agriculture Organization of the United Nations，FAO）推荐的 Penman-Monteith 方程（李振华，2014）计算潜在蒸散，得到排露沟流域多年逐日潜在蒸散。

$$\mathrm{PET}=\frac{0.408\Delta(R_n-G)+\gamma\frac{900}{T_a+273}U_2\times \mathrm{VPD}}{\Delta+\gamma(1+0.34U_2)} \tag{10-2}$$

式中，PET 为潜在蒸散（mm/d），Δ 为饱和水汽压–温度曲线的斜率（kPa/℃）；R_n 为实际到达作物表面的净辐射 [MJ/(m^2 · d)]；G 为土壤热通量 [MJ/(m^2 · d)]，通常在日尺度上计算时可忽略不计；γ 为湿度计常数（0.0664kPa/℃）；T_a 为高度 2m 处的气温（℃）；U_2 为高度 2m 处的风速（m/s）；VPD 为当时气温条件下的饱和水汽压差（kPa）。

根据气温和空气相对湿度，计算饱和水汽压差（VPD），计算公式如下：

$$\mathrm{VPD}=0.611\times\exp\left(\frac{17.502T}{T+240.97}\right)-0.00611\mathrm{RH}\times\exp\left(\frac{17.502T}{T+240.97}\right) \tag{10-3}$$

式中，T 为气温（℃）；RH 为空气相对湿度（%）。

10.1.2 林分蒸腾野外观测

计算青海云杉林分蒸腾的树干液流观测数据分别来自排露沟流域内的中国科学院西北生态环境资源研究院和甘肃省祁连山水源涵养林研究院的固定样地，具体样地信息见表 10-1。

表 10-1 排露沟流域青海云杉林分蒸腾观测样地基本信息

单位	样地面积/m^2	海拔/m	坡向/(°)	坡度/(°)	坡位	密度/(株/hm^2)	郁闭度	平均树高/m	平均胸径/cm
中国科学院西北生态环境资源研究院	30×30	2700	10	18	下	1150	0.58	11.8	16.25
甘肃省祁连山水源涵林研究院	25×50	2700	-10	23	中下	1128	0.55	10.6	15.30

中国科学院西北生态环境资源研究院的观测样地采用澳大利亚 Greenspan 公司生产的 SF-300 热脉冲液流计测定树干液流密度。SF-300 热脉冲液流计由四个热脉冲探头组成，探头长度 30mm，每个热脉冲探头又由两个传感器探头和一个加热器探头组成，将上游传

感器探头位于加热探头下方 5mm 处，下游传感器探头位于加热探头上方 10mm 处。在样地内选择 4 株不同胸径（分别为 13. 7cm、15. 0cm、17. 5cm 和 18. 8cm）、生长健康的青海云杉样树，测定时间为 2002 年 7 ~9 月、2003 年 7 ~ 12 月、2004 年 9 ~ 12 月、2005 年 1 ~ 6 月，2006 年 1 月 ~2008 年 10 月，每隔 30min 记录一次上下游探针的温差，再由温差推算出液流密度（He et al.，2012）：

$$J_s = 0.714 \times \left(\frac{\Delta T_m}{\Delta T} - 1 \right)^{1.231} \tag{10-4}$$

式中，J_s为液流密度［mL/(cm^2 · min)］；ΔT_m为最大温差（℃）；ΔT 为上下游传感探针之间的温差（℃）。

甘肃省祁连山水源涵养林研究院的观测样地采用德国 Ecomatik 公司生产的 SF-L 热扩散液流计测定树干液流密度。SF-L 热扩散液流计是基于热扩散原理设计的，由 4 个探针［记为 S_0、S_1（加热探针）、S_2和 S_3］组成，探针长度均为 20mm，记录探针之间的温差，再由温差推算液流密度所测出的液流密度是线平均值（有别于热脉冲测定系统的点平均值），探针基本上能整合青海云杉液流密度随边材厚度变化而可能出现的变异（即液流密度在边材内的径向变化）（万艳芳等，2017）。在样地内选择不同胸径级别（分别为 12. 2cm、14. 9cm、18. 5cm、21. 0cm、32. 4cm 和 31. 5cm）的 6 株健康样树进行监测，数据采集时间间隔为 30min，测定时间为 2015 年 1 月 21 日 ~12 月 5 日。

$$J_s = 0.714 \times \left(\frac{d_{tmax}}{d_{tact}} - 1 \right)^{1.231} \tag{10-5}$$

式中，J_s为液流密度［mL/(cm^2 · min)］；d_{tmax}为液流密度为 0 时的 d_{tact}。

d_{tact}的计算公式如下：

$$d_{tact} = T_{1-0} - \frac{T_{1-2} + T_{1-3}}{2} \tag{10-6}$$

式中，T_{1-0}为探针 S_1和 S_0之间的温差（℃）；T_{1-2}为探针 S_1和 S_2之间的温差（℃）；T_{1-3}为探针 S_1和 S_3之间的温差（℃）。

Chang 等（2014a，2014b）用费林（Fehling）溶液对祁连山区青海云杉木质部染色，并对染色后的边材宽度与胸径进行统计分析，得到青海云杉边材面积与胸径的数量关系式，如下所示：

$$A_{SW} = 12\,655.61 \times \exp\left(\frac{\text{DBH}}{22.672} \right) - 13\,306.78 \tag{10-7}$$

式中，A_{SW}为边材面积（mm^2）；DBH 为胸径（cm）。

将各样树的平均液流密度结合样地边材面积和密度实现由样树向林分蒸腾的尺度扩展，样地内林分日蒸腾的计算公式为

$$T_d = J_S \times 60 \times 24 \times A_{SW} \times \text{Den} \times 10^{-8} \tag{10-8}$$

式中，T_d为林分日蒸腾（mm）；J_S为液流密度［mL/(cm^2 · min)］；A_{SW}为边材面积（mm^2）；Den 为密度（株/hm^2）。

10.1.3 林下蒸散野外观测

计算青海云杉林下蒸散的观测数据分别来自排露沟流域内的中国科学院西北生态环境资源研究院和甘肃省祁连山水源涵养林研究院的固定样地，具体样地信息见表 10-2。

表 10-2 排露沟流域青海云杉林下蒸散观测样地基本信息

单位	样地面积 /m^2	海拔/m	坡向 /(°)	坡度 /(°)	坡位	密度/(株 /hm^2)	郁闭度	平均树高/m	平均胸径 /cm
中国科学院西北生态环境资源研究院	20×20	2762	12	20	中	1075	0.66	11.7	20.57
甘肃省祁连山水源涵养林研究院	25×25	2750	5	15	中下	1000	0.60	12.0	18.95

林下蒸散均采用微型蒸渗仪（每个样地均匀布设 6 个）观测，微型蒸渗仪为圆筒状，因此给出高和口径，即可计算体积。在微型蒸渗仪的蒸发筒底部钻有 15 个直径 0.5cm 的孔，筒底部垫上直径与筒内径相同的滤纸，下面安装收集渗透土壤水的储水杯，测定下渗水量。蒸渗仪安装时应注意不要过多干扰样地周边环境，以防止样地组分发生迁移和改变；蒸渗仪内土样必须保持原状，结构不能破坏，且安装时要求高度与周围地表一致（王顺利等，2017）。蒸渗仪顶部覆盖与样地周围环境一致的草本和枯落物。

在观测期间，每天定时采用精度为 0.001kg 的电子秤对蒸渗仪进行称重记录。林下日蒸散的计算公式为

$$\mathrm{UET_d}=10\times\frac{G_1-G_2}{S\times\rho}+P-R \tag{10-9}$$

式中，$\mathrm{UET_d}$为林下日蒸散（mm）；G_1为测定期开始的蒸渗仪称重结果（g）；G_2为测定期结束前的蒸渗仪称重结果（g）；S 为蒸渗仪内筒表面积（cm^2）；ρ 为水的密度（g/cm^3）；P 为测定期的降水量(mm)；R 为蒸渗仪测定期下渗量（mm）。

10.2 林分冠层截留

林分冠层降水截留可改变林下降水的数量和空间分配格局，从而影响林内水文过程。冠层截留随降水强度和冠层特性（郁闭度、树种、LAI、叶片最大持水能力等）不同而变化。冠层截留可显著削弱降水对林下土壤的侵蚀力，但当冠层高度或降水强度超过一定限度时反而可能增大侵蚀力。因此，了解冠层截留作用，对认识森林水文效应有重要意义。目前，已有一些青海云杉林冠层截留作用的研究报道，但多是集中在某一固定地点或时段的研究。

本研究共收集到青海云杉林次降水截留记录202次，次降水量在0.3～54.7mm；收集到青海云杉林年降水截留记录23次，其降水量在310.4～596.2mm，具体数据来源见表10-3。这些数据多集中在大野口流域，主要因为这里是祁连山开展青海云杉林水文研究最早的一个地点，1978年成立的甘肃省祁连山水源涵养林研究院，早期研究集中在天老池流域，后期转移和集中到交通便利的排露沟流域（位于大野口流域内），建立了全年观测的森林水文研究定位站，随后中国科学院寒区旱区环境与工程研究所也在排露沟流域建立了定位观测站；参照中国森林生态系统动态监测样地设置方法及国际森林生态学大样地建设技术规范，于2010年在大野口关滩建立了一块面积为10.2hm^2的青海云杉林动态监测大样地。

表10-3　大野口流域青海云杉林冠层截留数据来源

调查人	地点	海拔/m	时间	来源
常学向	排露沟流域	2800	2011～2013年	黑河计划数据管理中心
赵传燕	天老池流域	2800	2013年5月24日～9月3日	黑河计划数据管理中心
谭俊磊	大野口流域	2835	2008年6月1日～10月10日	黑河计划数据管理中心
何志斌	排露沟流域	2750	2012年6月17日～10月15日 2013年6月5日～9月9日	调查人提供
王顺利等（2017）	排露沟流域	2762	2015年5～9月	甘肃省祁连山水源涵养林研究院
张虎和马力（2000）	排露沟流域		2000年	CNKI
葛双兰和牛云（2004）	西水林区		2004年	CNKI
田风霞等（2012）	大野口关滩	2835	2008年6月12日～10月8日	CNKI
赵维俊（2008）	排露沟流域		2007年	CNKI
金博文等（2001）	排露沟流域		1998～1999年	CNKI
张学龙等（2007）	排露沟流域	2762	2006年	CNKI
刘旻霞（2004）	排露沟流域	2735	2002～2003年	CNKI
彭焕华等（2011）	大野口关滩	2835	2008年	CNKI
党宏忠等（2005）	旱泉沟流域		2003年6～10月	CNKI
万艳芳等（2016）	排露沟流域	2700	2015年5～9月	CNKI
刘兴明等（2010）	旱泉沟流域		2003年7～10月	CNKI
常学向等（2002）	寺大隆	2800	1975～2000年	CNKI

迄今为止，青海云杉林水文研究多集中在大野口流域，所以本章主要讨论祁连山大野口流域青海云杉林的蒸散耗水特征。

森林截留大气降水数量和比例受许多因子影响，因林冠郁闭度、前期冠层湿度、降水量和形式及强度等不同而异。冠层截留首先受降水量的影响，从图10-2可以看出，青海云杉林的次降水截留量随次降水量增加而非线性增长，呈趋向饱和的指数型增长，当次降水量<10.0mm时，截留量几乎呈线性增长；当次降水量为10.0～30.0mm时，截留量增加速度开始逐渐变缓；当次降水量>30.0mm时，截留量的增加速度进一步减缓，观测记录显示，当次降水量为 34.8mm 时，截留量为 10.2mm，当次降水量为 54.7mm 时，截留量为 12.9mm，达到所有观测值中的最大值。次降水事件的冠层截留率随降水量增加而降低，呈趋向平稳的对数型变化，当次降水量<0.5mm 时，截留率>90%，基本可全部截留；当次降水量为 0.5 ~ 1mm 时，截留率>70%；当次降水量<5mm 时，截留率一般>50%；当次降水量为 5 ~ 10mm 时，截留率在 30%~40%；当次降水量为 20 ~ 30mm 时，截留率降低到 20%左右；当次降水量>30mm 时，截留率一般<10%。对年降水截留的分析表明，当年降水量为 300 ~ 600mm 时，截留量虽然表现出了随年降水量增加的线性增加趋势，但其关系并不显著；截留率随年降水量增加的变化关系更弱，一般为 25%~35%。

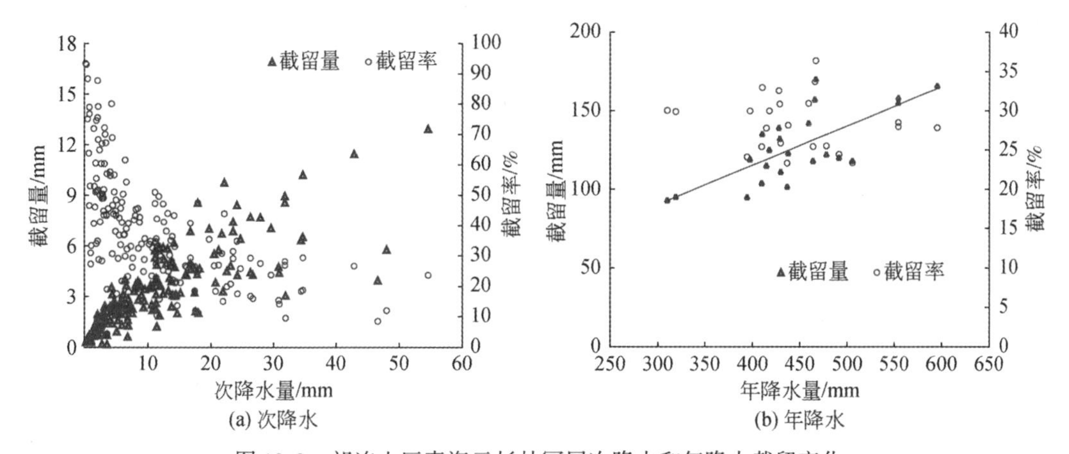

图 10-2　祁连山区青海云杉林冠层次降水和年降水截留变化

虽然固定样地观测可以获得冠层截留的较准确结果，但因大、中空间尺度上存在着各种相关因素的显著时空差异，很难通过直接应用局部地点获得的观测结果来描述大、中空间尺度上的冠层截留，这就需要利用一些局部地点观测研究数据建立截留模型，然后将其进行尺度上推。

常学向等（2002）通过分析祁连山寺大隆林区气象站 1975 ~ 2000 年的降水及青海云杉林的降水再分配数据，建立了没有考虑林冠特征的青海云杉林冠层截留与次降水量的关系式：

$$I=-0.0518\times P^2+1.9339\times P-3.3286 \tag{10-10}$$

式中，I 为林冠截留量（mm）；P 为次降水量（mm）。

党宏忠等（2005）对不同郁闭度青海云杉林冠层截留的 78 次观测数据进行分析，结果表明，林冠层截留量与降水强度的相关性不显著。在引入了林分郁闭度这个影响因子以后，优化得到了对次降水截留具有较高拟合精度的模型：

$$I=1.3627[1-\exp(-P\times C)]+0.1835P\times C \tag{10-11}$$

式中，I 为林冠截留量（mm）；P 为次降水量（mm）；C 为林冠郁闭度；1.3627 和 0.1835 分别为林冠吸附截留容量系数和降水蒸发系数，与王彦辉和于澎涛（1998）对该地区林分截留值的模拟结果非常接近。

王彦辉和于澎涛（1998）提出基于林冠吸附截留容量和次降水量的林冠截留量模型：

$$I=I_{cm}\times\left[1-\exp\left(-\frac{P}{I_{cm}}\right)\right]+\Delta P \quad (10\text{-}12)$$

式中，I为林冠截留量（mm）；P为次降水量（mm）；I_{cm}为林冠吸附截留容量（mm）；ΔP为附加截留量（mm）。

对于给定植被类型，仪垂祥和刘开瑜（1996）提出林冠吸附截留容量与植被 LAI 紧密相关；Aston（1979）和曾德慧等（1996）研究表明，林冠吸附截留容量与植被 LAI 呈线性关系。彭焕华等（2010）应用植被 LAI 计算了林冠吸附截留容量，将式（10-14）中的I_{cm}转换为关于 LAI 的函数，并基于截留观测数据建立了附加截留容量（ΔP）与降水量P相关的函数，最终建立的林冠截留量与次降水量及 LAI 之间的关系为

$$I=0.4519\times \mathrm{LAI}\times\left[1-\exp\left(-\frac{P}{0.4519\mathrm{LAI}}\right)\right]+0.27327P \quad (10\text{-}13)$$

式中，I为林冠截留量（mm）；LAI 为叶面积指数；P为次降水量（mm）。

式（10-10）、式（10-11）和式（10-13）为目前普遍应用的次降水林冠截留模型，因此本研究应用收集的 202 次冠层截留实测数据，对以上三个模型进行了模拟精度对比验证。由于研究区和树种相同，本研究直接应用他人研究结果中已确定的模型参数，计算次降水事件的林冠截留量，然后与实测值进行比较（图 10-3）。

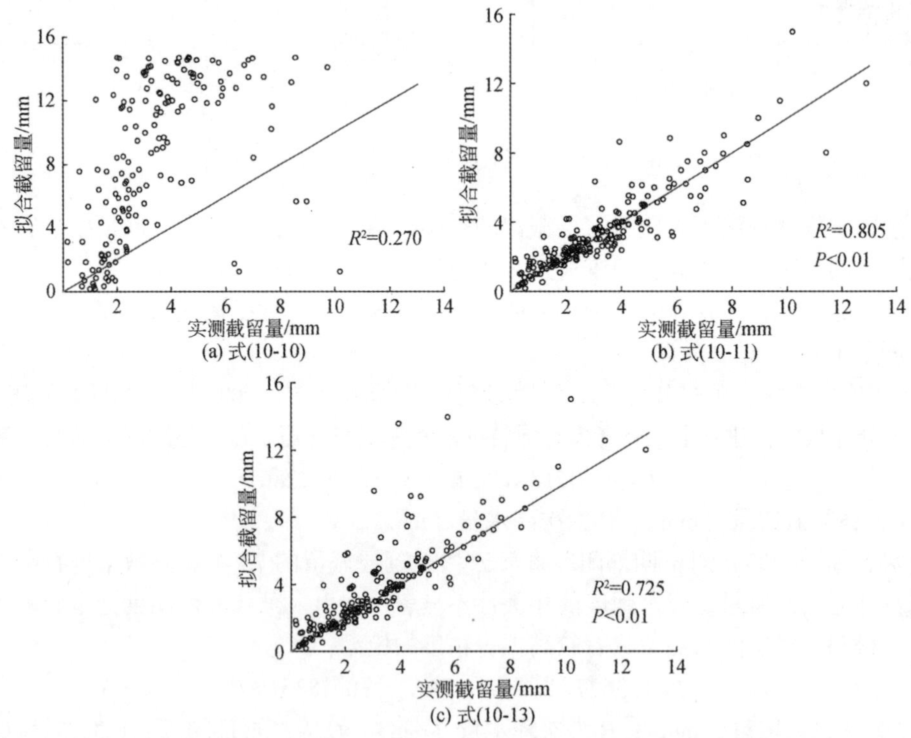

图 10-3　不同截留模型对青海云杉林次降水冠层截留的拟合效果

从图 10-3 可以看出，只应用次降水量与林冠截留量建立的二项式模型的拟合精度非常低，决定系数R^2只有 0.270，拟合值整体比实测值要高，当实测截留量>4mm 时，拟合

截留量集中在 8～15mm。相比之下，结合冠层郁闭度、LAI 与次降水量共同建立的截留模型［式（10-11）和式（10-13）］的拟合效果较好，其决定系数 R^2 分别为 0.805 和 0.725。式（10-13）在实测截留量为 3.93mm 和 5.95mm 时出现了两个较大的拟合偏差，可能导致了总体拟合效果稍差于式（10-11），因此决定同时保留式（10-11）和式（10-13）进行全年截留量验证。

上述模型是针对次降水量的截留模型，但是多数研究需要分析全年截留量。为此，本研究继续分析了祁连山区年降水等级特征。收集到的全年降水量及不同次降水量级的水量及次数的分布情况，见表 10-4。

表 10-4　祁连山区年降水量的降水等级分布

调查人	地点	海拔/m	年份	指标	Ⅰ	Ⅱ	Ⅲ	Ⅳ	Ⅴ	Ⅵ
常学向	天老池流域	2800	2013	降水量量占比/%	11.17	13.51	30.16	13.24	22.44	9.48
				降水次数占比/%	46.49	14.84	19.10	9.42	8.96	1.19
谭俊磊	大野口流域	2835	2008	降水量量占比/%	11.19	14.36	34.31	18.38	7.09	14.67
				降水次数占比/%	47.22	16.67	22.22	8.33	2.78	2.78
何志斌	排露沟流域	2750	2012 2013	降水量量占比/%	10.55	15.42	27.57	13.95	21.68	10.83
				降水次数占比/%	47.65	13.33	18.50	8.80	7.84	3.88
甘肃省祁连山水源涵养林研究院	排露沟流域	2762	2015	降水量量占比/%	11.50	11.58	22.79	17.65	21.08	15.40
				降水次数占比/%	45.94	16.22	13.51	10.81	8.11	5.41
张学龙等（2007）	排露沟流域	2762	2006	降水量量占比/%	12.18	12.68	30.44	12.68	20.35	11.67
				降水次数占比/%	50.60	15.66	19.28	6.02	6.02	2.40

注：Ⅰ、Ⅱ、Ⅲ、Ⅳ、Ⅴ、Ⅵ分布表示次降水量级为 0～5mm、5～10mm、10～15mm、15～20mm、20～30mm、>30mm。

从表 10-4 可知，祁连山地区多为小雨（次降水量 0～5mm），其降水次数占全年总次数的近 50%，但降水量却只占全年总降水量的 11% 左右。与之相反的是，次降水量级>30mm 的降水次数占全年总次数的 3% 左右，但降水量却占全年总降水量的 12% 左右。表 10-4 中的降水特征数据多集中在大野口流域，且陈昌毓（1994）根据分析多年气象观测资料，发现祁连山北坡降水量变率很小，1956～1980 年，祁连山东段山区年降水量的离差系数为 0.15～

0.22，中段山区为0.15～0.25，这一离差系数比我国南方许多地方还小，因此计算了各观测结果的算术平均值，作为祁连山大野口流域年降水量分布特征，见表10-5。

表10-5　祁连山大野口流域年降水量分布特征

次降水量级/mm	0～5	5～10	10～15	15～20	20～30	>30
降水量占比/%	11.32	13.51	29.05	15.18	18.53	12.41
降水次数占比/%	47.58	15.34	18.52	8.68	6.74	3.14

根据表10-5中的降水量级分配和收集到的全年降水量，进行冠层截留计算，具体方法为应用全年降水量乘以相应降水量级的占比，得到不同降水量级的总降水量，然后除以各降水量级的平均值（如次降水量级0～5mm、5～10mm分别为2.5mm、7.5mm），得到不同次降水量级的降水次数（取整数）。对次降水量级>30mm的数据，直接根据求得的降水量来判定降水次数，如降水量为30～60mm时，记为1次降水事件，其降水量数值即为次降水量大小；当降水量为60～90mm时，记为2次降水事件，次降水量大小为降水量数值除以次数2；其他类推。依照上述方法，对收集到的23次全年降水截留数据，应用式（10-11）和式（10-13）计算次降水截留量后求和得到年截留量，并与实测结果对比（图10-4）。

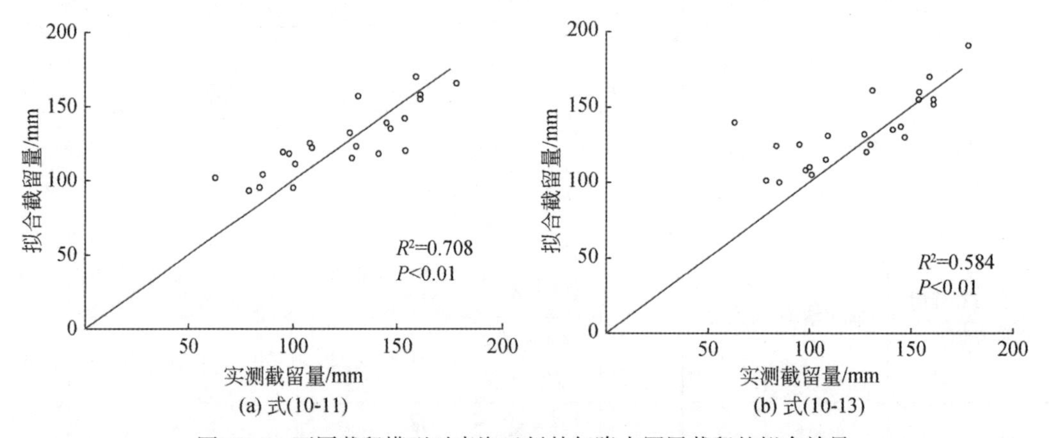

图10-4　不同截留模型对青海云杉林年降水冠层截留的拟合效果

从图10-4可以看出，式（10-11）的拟合效果优于式（10-13），决定系数R^2分别为0.708和0.584。但是两个模型均表现出拟合值在实际年截留量低于和高于110mm时出现高估和低估的现象，只是式（10-11）要更加平稳。因此，本研究最后选择式（10-11）应用于后续的水量平衡计算。

对本研究收集到的青海云杉林冠层截留的202次次降水和23次年降水数据的综合分析发现，截留量随次降水量增加而增加，但增速逐渐减小，是由于冠层截留有一个由冠层特性决定的最大吸附截留容量，接近或达到这个阈值后，截留量的增加便逐渐减少或不再增加。本研究观测到的最大次降水量为54.7mm，对应截留量为12.9mm，其是观测到的最大次截留量。但常学向等（2002）对寺大隆青海云杉林的研究发现，当降水量为 18.67mm 时，截留量达到最大值（14.72mm），之后随降水量增加不再增加，一直保持这个截留量，这可能与降水的时间分布和历时长短以及气象条件变化进程等情况有关。

对次降水截留而言，青海云杉林冠截留率随降水量增加而降低，当次降水量<0.5mm 时，截留率高于 90%；当次降水量为 0.5 ~ 1.0mm 时，截留率一般高于 70%；当次降水量>30mm时，截留率一般低于 10%。对年降水截留而言，当年降水量为 300 ~ 600mm 时，截留率为 25%~35%，与刘兴明等（2010）（35%）、金博文等（2001）（29.4%）、张虎和马力（2000）（25.86%）的研究结果非常接近，略高于万艳芳等（2017）（24.48%）、田风霞等（2012）（23.0%）的研究结果，略低于常学向等（2002）（37.5%）、张学龙等（2007）（35.28%）的研究结果，由此可见，青海云杉林具有较高的冠层截留率，这与祁连山区多为次降水量<5mm 的弱降水有关。党宏忠等（2005）对青海云杉林冠层截留的研究也发现，次降水量 5mm 是青海云杉林冠层截留发生明显变化的一个拐点，当次降水量<5mm时，不同郁闭度（0.1、0.4、0.8、1.0）的青海云杉林冠层截留率均随降水量增加而迅速下降，在 5mm 时降为 30% 左右，之后随降水量增加而缓慢下降。本研究的观测结果也显示了相似规律。

林冠截留模型研究已有近百年历史，大体可分为经验模型、理论模型和半经验半理论模型（概念模型）三种。经验模型一般适用于与研究条件相同或类似的降水事件和林分状态；理论模型过分注重逻辑推导，使模型较复杂，较难用于实际；相比之下，半经验半理论模型由于参数少且具有相对明确的物理意义，在区域尺度上的林冠截留模拟上具有明显优势（彭焕华等，2010）。刘兴明等（2010）对于不同郁闭度的青海云杉林冠层截留研究显示，当次降水量为 25.0mm 时，郁闭度为 0.4、0.6 和 0.8 的青海云杉林冠层截留分别为 4.2mm、5.6mm 和 10.8mm，表明郁闭度对青海云杉林冠层截留有重要影响。树体表面积或叶面积大小直接决定冠层截留，且其与林冠郁闭度具有紧密联系，因此研究青海云杉林冠层截留时可以应用考虑郁闭度影响的截留模型。

利用收集到的 202 次青海云杉林次降水截留观测数据，对比分析了几个常用截留模型的拟合效果。发现只考虑降水量影响的二项式模型（属于经验模型）的拟合精度较差，决定系数 R^2 仅为 0.270，金博文等（2001）在研究青海云杉林冠层截留时也发现，二项式模型仅在降水量<20mm 时具有较好拟合效果，当降水量>20mm 时模拟精度开始变差，且当降水量>25mm 时模型不再适用。在综合考虑林冠郁闭度或叶面积指数以及次降水量影响的两个模型［式（10-11）、式（10-13）］中，由于同时还考虑了林冠吸附容量和附加截留的作用机制，其对次降水截留的拟合效果均较好，但应用到年降水截留时，即将次降水截留计算结果求和从而上推到全年尺度时，考虑林冠郁闭度影响的式（10-11）的拟合效果优于考虑林冠层 LAI 影响的式（10-13），这可能是受林冠层 LAI 的季节变化较大和对应的实时测定值的精度较低以及不同研究案例的测定精度差别较大等因素的影响，相比之下，林冠层的郁闭度比较稳定，在不同研究案例中的精度也比较一致。因此，在本研究后面的水量平衡计算中，采用了计算结果更加稳定的式（10-11）计算冠层截留。

10.3 树干茎流

森林的树干茎流量通常较小，占降水量的比值通常在5%以下，很少超过10%（周晓峰等，2001）。党宏忠等（2005）在对祁连山区青海云杉天然林进行研究时发现，青海云杉在降水量达到6.5mm时才开始有树干茎流出现，且随降水增加而缓慢增加。树干茎流呈现随径级增大、树冠面积增加而增加的趋势。但青海云杉树干茎流占同期降水量的比例非常小，树干茎流率平均为0.0182%，是目前研究报道中较低的树种之一，其中最大的一次树干茎流率是在降水量达到最大值28.7mm时出现的，但也低于0.1%。观测还表明，只有在持续几日的降雨后青海云杉树干才有干流出现，对于强度较大的阵性降水，干流非常小，而且在流经树干时主要用于湿润树皮，很少能到达胸径位置产生茎流。青海云杉树冠的几何形态结构（枝叶的分布与排列）不利于形成树冠茎流；且树皮常龟裂呈片状，也延缓了茎流的运动，枝的开张角度较大，成熟枝接近90°，针叶呈四棱形保持直立或伸张状态，极不利于树冠承接降水向树干集中（赵维俊，2008）。因此，以往在研究青海云杉林的水文作用时一般不考虑树干茎流的作用。

树干茎流的数量虽然不多，但在青海云杉林生态系统中的作用却不可忽视。首先，它改变了降水进入林地的途径，径流沿树干流向林地，有利于降水下渗，不易产生侵蚀；其次，它携带大量的养分进入根系区域，从树干基部进入根系的土壤中，水分及其中的养分元素容易被根系吸收，促进了养分的再循环，对维持树木体内水分平衡，提高大气降水的利用效率及林木生长起到重要作用。因此，树干径流具有重要的生态意义。

10.4 苔藓枯落物层截留

苔藓枯落物层是森林生态系统中重要的作用层次，始终处在输入与分解动态变化状态；对土壤结构和养分状况也有显著影响，同时可以拦蓄降水、防止土壤侵蚀、减少地面水分蒸发，对森林涵养水源具有重要的作用。

为了测定青海云杉林下苔藓枯落物层对降水的截留作用，张剑挥（2010）在祁连山西水林区青海云杉林内取原状枯落物，置于雨量筒上，每次降水后，测定穿透雨量。将对照雨量筒测得的大气降水与穿透雨量比较，计算枯落物的截留量和截留率。从表10-6可以看出，降水量级在0~2mm时林内穿透雨量比较小，苔藓枯落物层截留率最大，并且随着降水量的增大，苔藓枯落物层截留量与截留率随之增大；当降水量级逐渐增大，降水量为2~10mm时，随着林内穿透雨量的增大，苔藓枯落物层截留量增大，截留率反而开始逐渐减小。苔藓枯落物层对森林生态系统水循环的分配表现为三个阶段，第一阶段为截留阶段，降水量小，苔藓枯落物层截留率最大。第二阶段为渗透阶段，随着降水量增大，苔藓枯落物层累计截留量逐渐增大，但是截留率减小，出现渗透水，渗透水随着降水量增大而增大。第三阶段为饱和阶段，随着降水量进一步增大，苔藓枯落物层渗透水趋近于输入水量，截留量累计达到最大值，截留率趋近于0，失去截留功能。其截留特征与林冠层截留特征相似。

表 10-6　青海云杉林苔藓枯落物层对降水截留分配统计

林外降水量级/mm	次数	林外降水量/mm	林内降水		苔藓枯落物层截留	
			穿透雨量/mm	树干茎流/mm	截留量/mm	截留率/%
0～1	16	6.9	5.5	0.00	1.30	18.84
1～2	12	10.6	5.7	0.00	2.25	21.23
2～5	11	60.2	36.8	0.00	6.68	11.10
5～10	13	99.2	73.4	0.00	8.12	8.19
10～15	7	79.7	61.5	0.20	4.95	6.21
15～20	2	19.8	12.8	0.30	1.08	5.45
20～30	1	22.6	18.1	0.40	0.62	2.74
30～50	1	34.8	24.6	0.70	2.78	7.99
合计/平均	63	333.8	238.4	1.60	27.78	8.32

资料来源：张剑挥（2010）。

此外，苔藓枯落物层截留使林内降水的雨强减小，降低了土壤侵蚀的剧烈程度，削弱了暴雨可能引起的水土流失，在水源涵养和水土保持方面也起到了积极作用，而且对增加土壤层截留有一定的作用。

李效雄（2013）在祁连山西水林区从低海拔到高海拔布设调查样线，沿样线设置调查样方。在青海云杉林内设置 3 个用于测定枯落物水文特性的观测试验样地；安置测定枯落物截留降水的装置，上部设枯落物过滤筛（孔径 10mm、直径 20cm），下部为集水瓶。试验观测到，苔藓枯落物层从开始截留降水到吸水饱和的截留全过程分为三个阶段：第一阶段为截留阶段，降水全部被截留，其时间由降水特性决定，与降水量大小成反比；第二阶段为渗透阶段，这一阶段随着枯落物的充分吸水，截留量不再随降水量增加而增加，截留量逐渐变小，累计截留曲线仍缓慢上升；第三阶段为饱和阶段，随着枯落物吸水饱和，截留作用消失。据分析，在本试验中，第一阶段历时 6h，降水量为 10mm；第二阶段长达 22h 以上，第三阶段达 24h 以上。

分析青海云杉林枯落物层截留过程，可以看出，枯落物层对降水截留过程是一个有限增加的过程，其上限为最大截留量。

枯落物层厚度、蓄积量、结构特征、前期含水量及降水特性，是影响截留的主要因素。枯落物层达饱和截留量的时间一般在 24h 以上。祁连山区次降水超过 24h 的场次极少，除了连续降水情况外，大多数降水不能使枯落物层达到饱和，所以森林枯落物层可发挥良好的截留降水和调蓄降水的作用。

10.5　林冠层蒸腾

林分蒸腾是林分蒸散的重要组成，其大小主要取决于大气蒸散需求、土壤供水能力和林分结构特征三方面，但目前研究多集中在林分蒸腾对单因子的响应上，限制了对林分蒸腾影响机理的深入认识和野外复杂条件下的准确预测。

为探究青海云杉林蒸腾机理和提高预测能力，本研究首先分析青海云杉林分日蒸腾对气象（潜在蒸散）、土壤（土壤可利用水分）和植被（LAI）三个单因子的响应关系，分别确定相应响应函数，然后利用连乘函数进行单因素响应关系的耦合，并利用实测数据拟合确定青海云杉林分蒸腾响应潜在蒸散、土壤可利用水分和 LAI 的多因素耦合模型的参数值。

由于在祁连山区缺乏对 LAI 的全年连续地面观测数据，本研究采用北京大学范闻捷研究团队在 2000 ~ 2014 年对排露沟流域进行的 8 天一次的 30m 分辨率的 LAI 数据产品进行分析（车克钧和杨全生，2000；黄永梅等，2018；张杰等，2018）。研究的青海云杉林的林龄较大，生长较慢，且研究区位于祁连山自然保护区内，无人为破坏与干扰，因此将 2000 ~ 2014 年的青海云杉林多年 LAI 求平均值，得到大野口流域内 LAI 的全年日变化趋势。将根据本研究中青海云杉林分蒸腾观测样地（海拔 2700m）的经纬度坐标，定位至遥感图像中，找到相应的 LAI。由于研究尺度差异，大尺度遥感影像上的数据需由小尺度实地调查的数据进行校正，经过多方数据的筛选，选用 2015 年在排露沟流域青海云杉林样地生长季（6 ~ 9 月）10 天一次的观测值，同时应用其与 LAI 遥感产品对应日期的观测值，对 LAI 多年遥感平均值进行校正，并根据其他日期的观测值对校正过的 LAI 进行内插，得到逐日 LAI。

10.5.1 潜在蒸散、土壤可利用水分及叶面积指数的变化

如图 10-5 所示，排露沟流域青海云杉林固定样地 2002 ~ 2008 年的平均潜在蒸散与 2015 年的潜在蒸散总体变化趋势相似，1 月（儒略日<30）潜在蒸散值较低且基本无变化，之后慢慢增大，5 ~ 8 月（儒略日 120 ~ 240）的数值较高，2002 ~ 2008 年的最大值（4.52mm/d）出现在第 233 天，2015 年的最大值（4.87mm/d）出现在第 207 天；之后潜在蒸散开始降低，至第 320 天时降至第 30 天时的大小，约为 0.2mm/d，之后一直保持较小值。与 2002 ~ 2008 年平均潜在蒸散相比，2015 年的单年数据波动较大，但两者的年潜在蒸散数值和月分配比例较为接近。

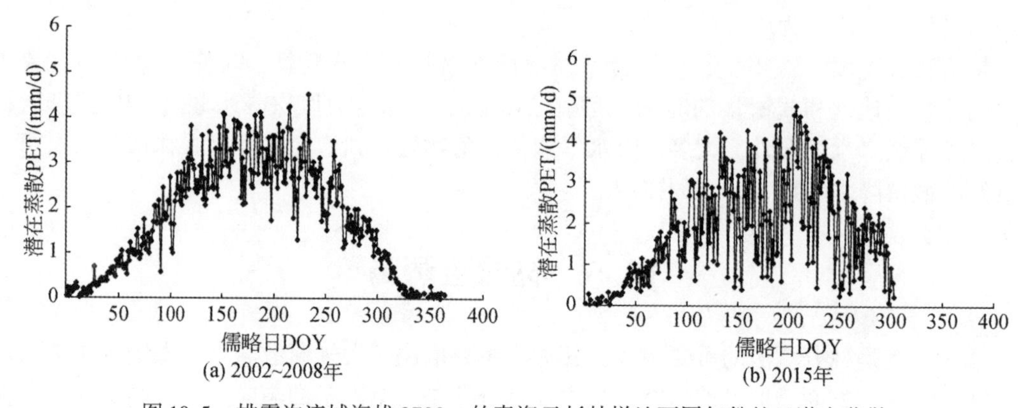

图 10-5　排露沟流域海拔 2700m 的青海云杉林样地不同年份的日潜在蒸散

图 10-6 进一步展示了排露沟流域海拔 2700m 处两个青海云杉林固定样地的土壤可利用水分变化情况，2002 ~ 2008 年的平均数据与 2015 年的单年数据均显示土壤可利用水分在第 0 ~ 10 天时约为 0.1，随后有一个轻微下降过程；2002 ~ 2008 年在第 30 天时降到最小值 0.05，2015 年在第 43 天时降到最小值 0.07；之后有一个缓慢上升过程，到第 90 天左右以后，土壤可利用水分迅速升高，2002 ~ 2008 年在第 146 天时达到最大值 0.53，之后呈小幅波动性下降，在第 280 天时达到另一个小高峰，其值为 0.45，随后迅速下降；2015 年稍有不同，最大值出现在第 213 天，为 0.56，且在第 195 ~ 270 天一直维持在较大值，第 270 天后迅速降低，进入土壤可利用水分的冬季降低过程，到年底降至 0.07 ~ 0.10。

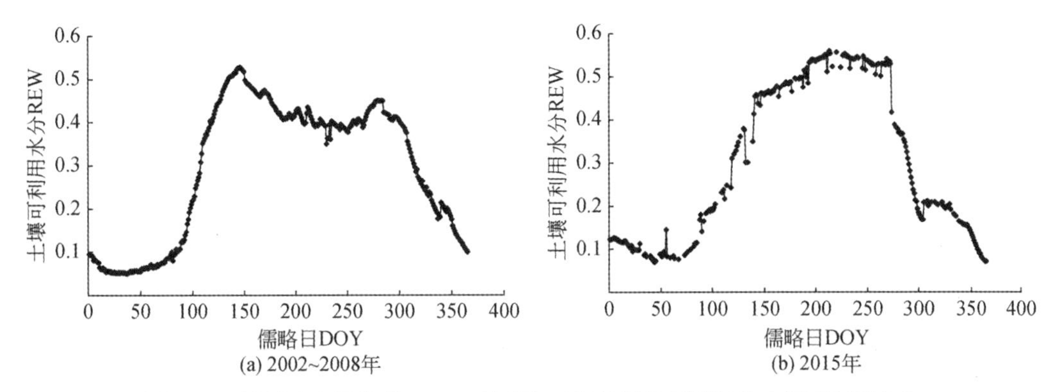

图 10-6　排露沟流域海拔 2700m 的青海云杉林样地不同年份土壤可利用水分

图 10-7 为排露沟流域海拔 2700m 的青海云杉林样地多年平均冠层 LAI 的变化情况，总体上近似“马鞍”形分布。在第 1 天时，LAI 为 2.58，之后基本保持平稳；约在第 100 天后开始轻微升高，在第 100 天时为 2.63；之后随生长季来临和生长加快而快速升高，在第 201 天时达到最大值，为 4.10，之后随时间推移开始下降，在第 312 天降为 2.80，之后保持平稳缓慢降低。

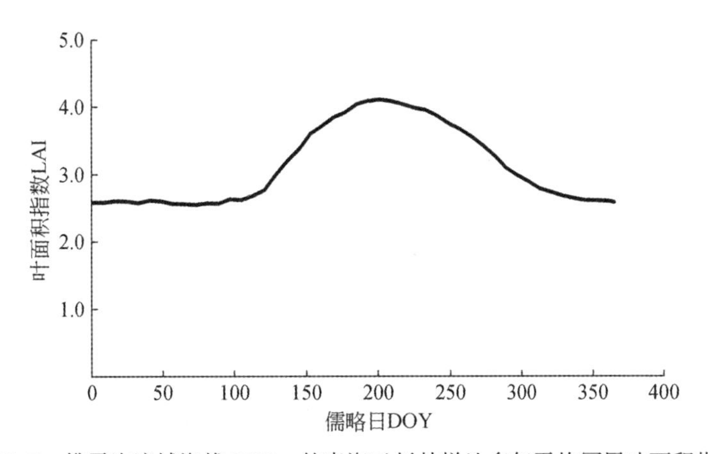

图 10-7　排露沟流域海拔 2700m 的青海云杉林样地多年平均冠层叶面积指数

10.5.2 青海云杉林实测日蒸腾的年内变化

图 10-8 展示了青海云杉林固定样地 2002～2008 年的实测日蒸腾与 2015 年的实测日蒸腾总体变化趋势。在第 150～250 天（即生长季的 6～9 月）具有较大值，其余时段日蒸腾较小，一般低于 0.5mm/d。2002～2008 年的日蒸腾最大值出现在第 205 天，为 2.28mm/d；2015 年的日蒸腾最大值出现在第 207 天，为 2.13mm/d。2002～2008 年和 2015 年均在秋末冬初出现一个日蒸腾的小峰值，2002～2008 年出现在第 299 天（10 月 26 日），为 0.67mm/d；2015 年出现在第 297 天（10 月 24 日），为 0.51mm/d。2002～2008 年和 2015 年的平均日蒸腾量分别为 0.45mm/d 和 0.44mm/d。

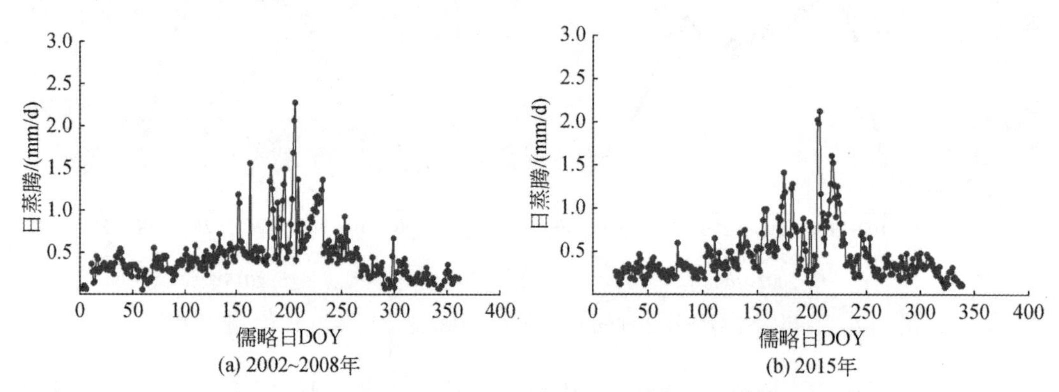

图 10-8 排露沟流域海拔 2700m 的青海云杉林样地不同年份日蒸腾

10.5.3 青海云杉林日蒸腾对单因素的响应关系

参照已进行多年较成熟研究的宁夏六盘山华北落叶松林分日蒸腾响应单因素的模型函数（李振华，2014；王云霓，2015；王艳兵，2016），来表述青海云杉林日蒸腾对单因素的响应关系。

从图 10-9 的外包线可以看出，青海云杉林的日蒸腾 T_d 与潜在蒸散 PET 的关系呈抛物线型，当 PET 为 0 时，日蒸腾也为 0；当 PET 为 1.0mm/d、2.0mm/d、3.0mm/d 时，日蒸腾分别约为 0.69mm/d、1.30mm/d、1.81mm/d。在研究涉及的潜在蒸散变化范围内，日蒸腾随潜在蒸散升高的增加速度变化不大，仅在后面有轻微降低。日蒸腾 T_d 响应潜在蒸散 PET 的外包线方程为

$$T_d = -0.046 \times PET^2 + 0.74 \times PET \qquad R^2 = 0.853 \tag{10-14}$$

式中，T_d 为林分日蒸腾（mm/d）；PET 为潜在蒸散（mm/d）。

图 10-10 为青海云杉林日蒸腾 T_d 与土壤可利用水分 REW 的响应关系，对应关系见式（10-15）。日蒸腾随 REW 增加而增大，当 REW 为 0 时，日蒸腾也为 0；当 REW 为 0.1、0.2、0.4 时，日蒸腾分别为 0.49mm/d、0.95mm/d、1.78mm/d。

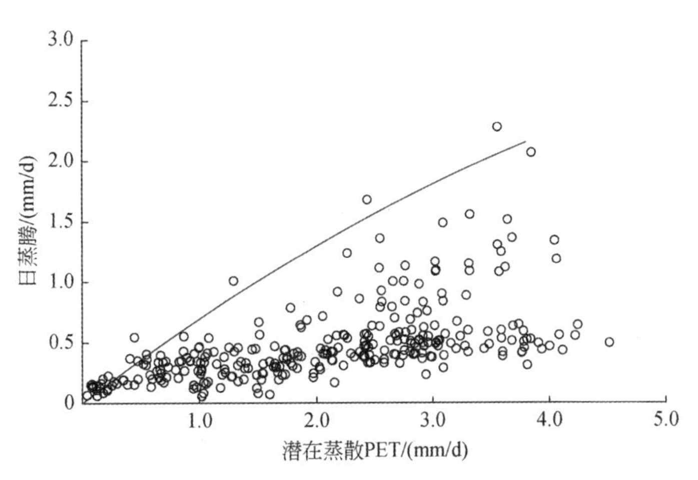

图 10-9　青海云杉林日蒸腾与潜在蒸散的关系

$$T_d = 7.717 \times [1 - \exp(-0.655 \times REW)] \qquad R^2 = 0.835 \qquad (10\text{-}15)$$

式中，T_d为林分日蒸腾（mm/d）；REW 为土壤可利用水分。

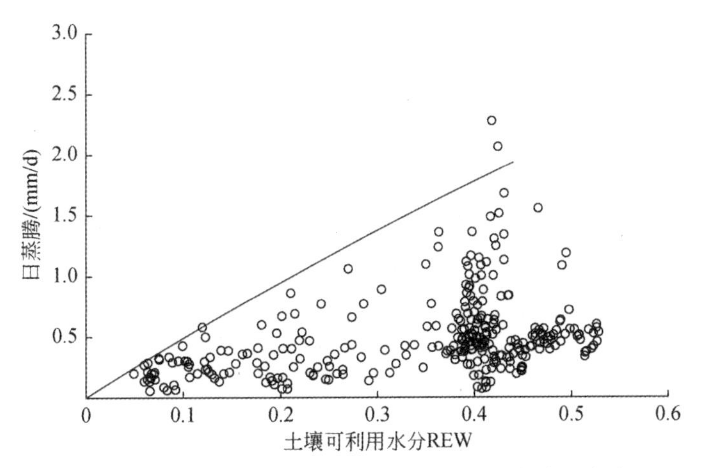

图 10-10　青海云杉林日蒸腾与土壤可利用水分的关系

青海云杉林日蒸腾 T_d对林冠层叶面积指数 LAI 的响应关系如图 10-11 所示，对应关系见式（10-16）。与日蒸腾对土壤可利用水分的响应相似，日蒸腾随 LAI 的升高而增大，当 LAI 为 0 时，日蒸腾也为 0；当 LAI 为 3.0、4.0 时，日蒸腾分别为 1.28mm/d、1.65mm/d。

$$T_d = 6.147 \times [1 - \exp(-0.078 \times LAI)] \qquad R^2 = 0.775 \qquad (10\text{-}16)$$

式中，T_d为林分日蒸腾（mm/d）；LAI 为林冠层叶面积指数。

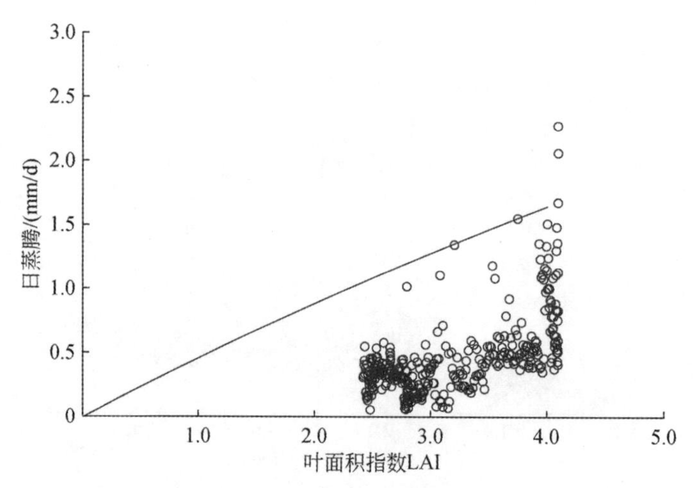

图 10-11　青海云杉林日蒸腾与林冠层叶面积指数的关系

10.5.4　青海云杉林日蒸腾的多因素响应模型

为综合反映青海云杉林分日蒸腾 T_d对潜在蒸散 PET、土壤可利用水分 REW 和林冠层叶面积指数 LAI 的响应关系，将日蒸腾对 PET、REW 和 LAI 的单独响应关系［式（10-14）～式（10-16）］进行连乘耦合，并基于实测数据拟合确定模型参数，得到青海云杉林日蒸腾对多因素的响应模型，其表达式如下：

$$T_d = (11.317\times \text{PET} - 0.756\times \text{PET}^2)\times[1-\exp(-64\,788.65\times \text{REW})]\times[1-\exp(-0.008\,12\times \text{LAI})] \quad R^2=0.687 \tag{10-17}$$

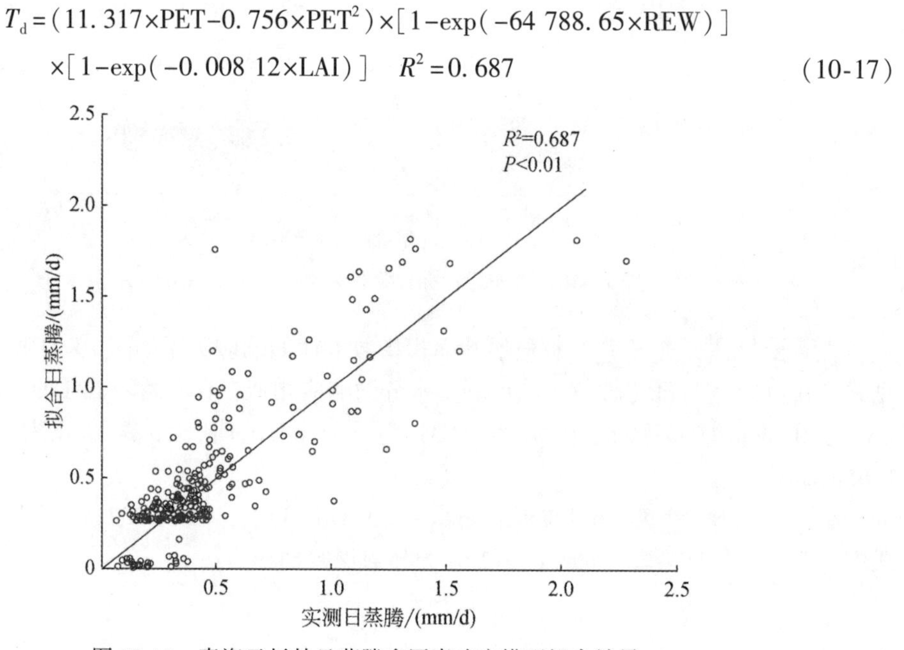

图 10-12　青海云杉林日蒸腾多因素响应模型拟合效果

将由响应模型［式（10-17）］计算得到的日蒸腾与实测日蒸腾进行比较（图 10-12），发现决定系数 R^2 为 0.687，且实测值与拟合值呈极显著相关（$P<0.01$），拟合精度相对较高。考虑到研究中所用的日蒸腾、土壤可利用水分、潜在蒸散的气象数据是排露沟流域的地面观测数据，而林冠层的 LAI 是遥感数据产品，数据的来源不同会降低部分模型精度，因而认为拟合精度是可以接受的。

10.5.5　青海云杉林分日蒸腾模型的验证

本研究采用 2015 年排露沟流域青海云杉林分日蒸腾观测值进行模型［式（10-17）］精度验证。将 2015 年的潜在蒸散 PET、土壤可利用水分 REW 和林冠层叶面积指数 LAI 的观测数据代入模型［式（10-17）］，计算林分日蒸腾并与实测值对比（图 10-13），两者的决定系数 R^2 为 0.637，且实测值与拟合值呈极显著相关（$P<0.01$）。2015 年用于计算 PET 的气象数据是 1 月 1 日～10 月 30 日，土壤含水量观测日期是 1 月 1 日～12 月 31 日，树干液流观测日期是 1 月 21 日～12 月 5 日，因此日蒸腾实测值与拟合值的对比时段是 1 月 21 日～10 月 30 日（第 21～303 天），中间有些时段因缺少土壤含水量数据而无数值。对比发现，在非生长季的第 21～150 天和第 280～303 天拟合值与实测值较接近，峰值出现位置吻合度也较高，实测林分日蒸腾均值为 0.44mm/d，拟合林分日蒸腾均值为 0.48mm/d。但是在生长季（第 150～280 天）拟合值与实测值存在一些偏差，但峰值出现位置大致吻合，只是拟合峰值比实测峰值偏低，如第 205 天的实际蒸腾为 2.03mm/d，而拟合值只有 1.72mm/d。

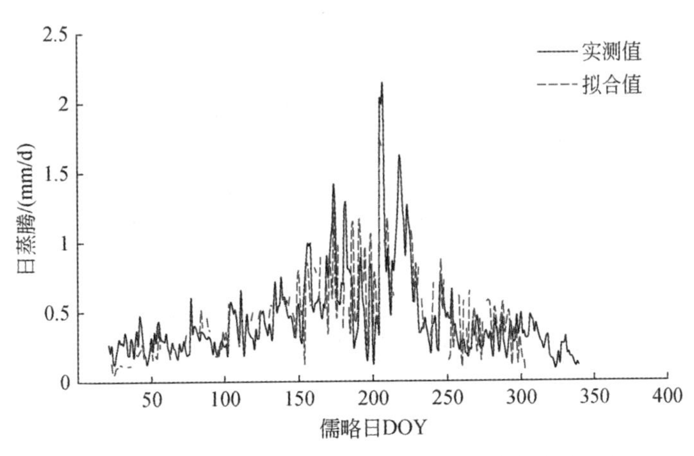

图 10-13　青海云杉林日蒸腾的测量值和拟合值的对比

在祁连山，林分蒸腾对林地水量平衡和产水量具有决定性作用，准确计算冠层蒸腾对估计林地水量平衡和建立水文模型及进行水文影响预测非常重要（Mcjannet et al.，2007）。但关于青海云杉林分蒸腾的研究报道还非常少，其中还包括一些应用水量平衡关系推算的结果，且差别较大。例如，万艳芳（2017）于 2015 年 6～10 月应用 SF-L 型热扩散液流计对排露沟小流域青海云杉林的蒸腾研究显示，林分平均日蒸腾为 0.47mm/d。Chang 等（2014a，2014b）应用 SF-300 树干液流仪对排露沟小流域青海云杉林的蒸腾研究显示，2011 年和 2012 年的生长季（6～9 月）林分平均日蒸腾分别为 1.6mm/d 和 1.8mm/d。田风霞等（2011）应用改进的 Penman-Monteith 方程，估算了大野口关滩青海云杉林 2008 年生长季（5～9 月）的平均日蒸腾量，为 0.97mm/d。

本研究计算得到 2002～2008 年和 2015 年排露沟流域的年均日蒸腾量分别为 0.45mm/d 和 0.44mm/d，生长季（6～9 月）的平均日蒸腾量分别为 0.70mm/d 和 0.64mm/d。低于 Chang 等（2014a，2014b）和田风霞等（2011）的研究结果，但高于万艳芳（2017）的研究结果。

本研究在不同年份的青海云杉树干液流观测数据中均发现 10 月底（2002～2008 年为 10 月 26 日，2015 年为 10 月 24 日），即秋末冬初时，会出现一个小的液流峰值，陈仁升等（2005）在对黑河流域青海云杉的液流研究时也发现，在 10 月底与 11 月初会出现一个较小的液流速率峰值，这可能是青海云杉为适应西北干旱区恶劣的气候环境条件和应对严寒的冬季与漫长的早春而采取的生理响应措施，类似于动物冬眠前的准备，但还有待严格的控制实验进行验证。

林分蒸腾受林分冠层结构特征、气象条件、土壤特性等多因子影响，其中起主要作用的分别是 PET、REW 和 LAI。本研究首先分析了青海云杉林分日蒸腾对 PET、REW 和 LAI 的单因素响应关系，随后建立了林分日蒸腾对多因素综合响应的耦合模型。

结果显示，青海云杉林分日蒸腾对 PET 的响应呈抛物线型，当 PET 为 0 时，林分日蒸腾也为 0，之后随 PET 增大而增大，但增速渐缓，逐渐趋于一个最大值。在其他的研究中，日蒸腾在达到峰值后会随 PET 的继续增大而降低，这是因为饱和水汽压差会伴随 PET 增大而增大，饱和水汽压差增大会引起气孔关闭，从而使蒸腾降低，在本研究中，林分日蒸腾未出现到达峰值后并继续下降的现象，可能是由于 PET 还没有达到其阈值，也暂未发现关于祁连山区青海云杉蒸腾受到过高 PET 限制的报道。王艳兵（2016）对六盘山区华北落叶松人工林的研究显示，林分日蒸腾在 PET>5.4mm/d 时开始降低。

在本研究的土壤含水量变化范围内，青海云杉林分日蒸腾对 REW 的响应呈近线性的正相关关系，总体表现为逐渐趋向饱和的指数形式。在以往其他地点的研究报道中，两者的关系多呈逐渐趋向饱和的指数形式，当 REW 为 0 时，林分日蒸腾也为 0；当 REW 较小时，林分日蒸腾也较小，这是由于 REW 少限制了树木吸收水分，土壤水分亏缺使根系发出信号并传导到叶片气孔，迫使气孔导度降低，通过减少蒸腾以防止水分继续亏缺（王进鑫等，2005）；随着 REW 增大，林分日蒸腾也随之增加；但当 REW 达到一个较大值时，林分日蒸腾不再随 REW 增大而增加或增加很少，王艳兵（2016）对六盘山华北落叶松的研究表明，林分蒸腾在 REW<0.4 时随 REW 增加而快速增大，在 REW>0.4 时增速渐缓。王进鑫等（2005）对侧柏蒸腾耗水的研究显示，当土壤相对含水率高于 87.84% 时，侧柏蒸腾耗水量减小，这是由于土壤相对含水率过高时，会降低土壤通气性，使根系生长、呼吸及吸水受到影响，从而限制蒸腾。在本研究中，青海云杉林分日蒸腾随 REW 的增加呈近线性增加，是由于 REW 一直处在较低范围，未达到增速逐渐变缓的较高含水量范围。

在本研究中，青海云杉林分日蒸腾对LAI的响应呈近似线性关系的正相关，总体表现为逐渐趋向饱和的指数形式。在以往的多数研究报道中，当LAI为0时，由于没有蒸腾途径，林分日蒸腾也为0；之后随着LAI的增大，林分日蒸腾快速增加；但是当LAI达到一个较大值时［多数研究报道阈值为6（Granier and Bréda，1996；Granier et al.，2000；Lawrence et al.，2007）］，林分日蒸腾不再增加或增加很少，这主要是较大的LAI使林冠内外枝叶相互遮阴的效果增强，内部枝叶所接受的辐射变得很小，造成蒸腾出现饱和现象（Forrester et al.，2010）。在本研究中，青海云杉林分的日蒸腾对冠层LAI的响应呈近似线性关系的正相关，这是由于林冠层LAI的变化范围较小，还未达到蒸腾增速变缓的范围。

10.6 土壤蒸发

土壤蒸发是生态系统中能量交换的主要过程之一，它既是地表能量平衡的重要组成部分，也是水分平衡中的重要组分。土壤蒸发的准确观测可以为正确估算土壤水分、流域水量平衡等提供重要信息。

2011年6～9月，在天老池小流域海拔3100m的青海云杉林内，彭焕华（2013）采用自制的Lysimeter蒸渗仪（编号分别为7号、8号）对不同林冠盖度下的土壤蒸发进行了观测。结果显示，青海云杉林下土壤蒸发量与其上一日是否有降水密切相关。在降水日，由于太阳辐射较低，相对湿度较大，土壤湿度较大，土壤蒸发量较低；但在降水结束，林下土壤蒸发有一个较高的峰值，主要是由于降水后土壤含水量增加，土壤有足够的水分可供蒸发，如果遇到晴天条件，土壤蒸发将有一个明显的升高。田风霞（2011）在青海云杉林下土壤蒸发量研究中发现，降水后如果遇到晴天，随后的土壤蒸发量是平均值的2.26倍。2011年6～9月观测的结果显示，7号Lysimeter蒸渗仪观测到的土壤日蒸发变化范围在0.15～3.25mm/d，平均值为1.17mm/d；8号Lysimeter蒸渗仪观测到的土壤日蒸发变化范围在0.14～4.71mm/d，平均值为1.70mm/d。8号Lysimeter蒸渗仪观测结果平均值要比7号Lysimeter蒸渗仪平均值高出45.3%左右，且8号Lysimeter蒸渗仪观测得到的最高值要比7号Lysimeter蒸渗仪观测到的最高值高44.9%。究其原因，主要是由Lysimeter蒸渗仪上方青海云杉林冠盖度差异导致，其中7号Lysimeter蒸渗仪上方青海云杉林冠盖度为0.77，而8号Lysimeter蒸渗仪上方青海云杉林冠盖度为0.61。林冠盖度越小，林窗孔隙越大，一方面会增加林内穿透雨，从而增加土壤水分来源，使得土壤有足够的水分蒸发；另一方面林窗孔隙增大，导致林下光照时间和辐射的增加，这将极大地增加土壤蒸发。

对于青海云杉林内的土壤蒸发，宋克超等（2004）在祁连山排露沟流域观测时发现，青海云杉林下枯枝落叶覆盖下的林内日均土壤蒸发为0.83mm/d，苔藓覆盖林地的林内日均土壤蒸发为0.61mm/d。田风霞（2011）应用改进的Penman-Monteith方程，估算了青海云杉林生长季林下土壤蒸发，得到其日均土壤蒸发量为0.34mm/d，但用自制Lysimeter蒸渗仪观测得到的青海云杉日均土壤蒸发量为1.25mm/d，最高可以达到2.82mm/d。彭焕华（2013）所采用的Lysimeter蒸渗仪规格和田风霞（2011）所采用的相近，从观测结果来看，两者较为接近。但和宋克超等（2004）的研究结果相比，研究区青海云杉林土壤蒸发的观测结果偏高，造成该结果的原因可能与观测所采用的 Lysimeter 蒸渗仪规格及观测方法的差异有一定的关系。在观测期间内由于降水的影响，我们对于雨天的土壤蒸发观测较少，而且强降雨情况下会产生一些不合理的数据（如计算的土壤蒸发为负值）。加之，在降水情况下采用 Lysimeter 蒸渗仪对土壤蒸发进行观测还存在较大误差，因而会造成某些降水日的土壤观测数据缺失，这种数据缺失实际上是丢失了一些土壤日蒸发较小值，总体来说会造成观测结果偏高。

为了对青海云杉林内的土壤蒸发进行预测，彭焕华（2013）将青海云杉林内及林外的土壤蒸发与通过蒸发皿测得的潜在蒸发进行了比较分析，结果发现，2011 年青海云杉林内土壤蒸发与潜在蒸发的显著性要远低于 2012 年林外青海云杉土壤蒸发和潜在蒸发之间的关系。这主要是由于 2011 年青海云杉林下土壤蒸发受林内因子影响较复杂，林冠孔隙不仅会影响林下辐射、气温、风速等气象条件，还会影响林内穿透雨，对土壤水分有较大的影响。但总的来说，利用土壤蒸发与蒸发皿潜在蒸发之间的关系，可以考虑在土壤蒸发观测数据较缺乏，但蒸发皿潜在蒸发数据较可靠的情况下利用潜在蒸发数据来估算土壤蒸发数据。

10.7 林下蒸散

林下蒸散大小同样取决于大气的蒸发需求、土壤的供水能力和林分结构特征三个方面，因此本节参照 10.5 节中对青海云杉林分日蒸腾的外包线分析方法，首先分析青海云杉林下蒸散对气象（潜在蒸散）、土壤（土壤可利用水分）和植被（冠层 LAI）三个单因素的响应，分别确定相应响应函数，然后进行连乘耦合，构建青海云杉林下蒸散对潜在蒸散、土壤可利用水分和冠层 LAI 的多因素耦合模型，并利用实测数据确定模型参数。

10.7.1 青海云杉林实测林下蒸散的变化

位于排露沟流域海拔 2750m 坡向 5°处（2014 年）与海拔 2762m 坡向 12°处（2015 年）的青海云杉林固定样地林下日蒸散变化情况如图 10-14 所示，林下日蒸散在非生长季（第 1 ~ 100 天和第 300 ~ 365 天）数值较低，大部分低于 0.5mm/d，在第 100 天之后开始增大，最大值一般出现在 7 月和 8 月（第 180 ~ 240 天），2014 年最大值出现在第 198 天（7 月 17 日），为 2.76mm/d；2015 年最大值出现在第 210 天（7 月 29 日），为 2.25mm/d。但生长季林下蒸散并不是一直保持在较高值，也会有极小值出现，如 2014 年第 219 天时有个极小值 0.20mm/d，2015 年第 238 天有个极小值 0.14mm/d。2015 年林下蒸散在 250 天后逐渐降低，2014 年同样表现出第 250 天后整体降低趋势，但波动较大。从整体分布来看，2014 年较 2015 年的波动较剧烈。

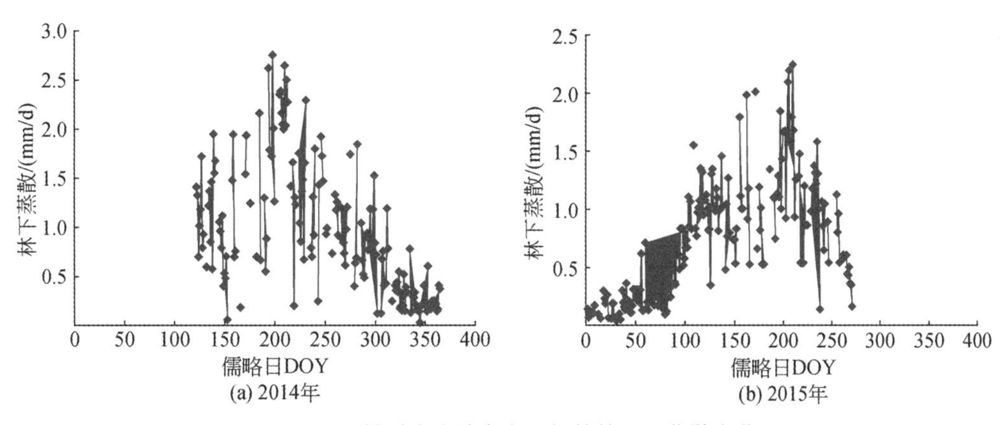

图 10-14　排露沟流域青海云杉林林下日蒸散变化

10.7.2　青海云杉林林下蒸散对单因素的响应关系

从图 10-15 的外包线可以看出，林下蒸散 UET_d与潜在蒸散 PET 的关系呈现逐渐趋向饱和的指数形式，当 PET 为 0、1.0mm/d、2.0mm/d、3.0mm/d、4.0mm/d 时，林下蒸散分别为 0、0.88mm/d、1.45mm/d、1.80mm/d、2.03mm/d；可以看出，林下蒸散随潜在蒸散升高而增加的速度当 PET<2.0mm/d 时较快；当 PET>3.0mm/d 时明显变缓；当 PET 为 4.0mm/d 时林下蒸散已接近最大值，之后逐渐趋于平稳。林下蒸散 UET_d响应潜在蒸散 PET 的外包线关系式如下：

$$UET_d = 2.436 \times [1 - \exp(-0.45 \times PET)] \qquad R^2 = 0.950 \qquad (10\text{-}18)$$

式中，UET_d为林下蒸散（mm/d）；PET 为潜在蒸散（mm/d）。

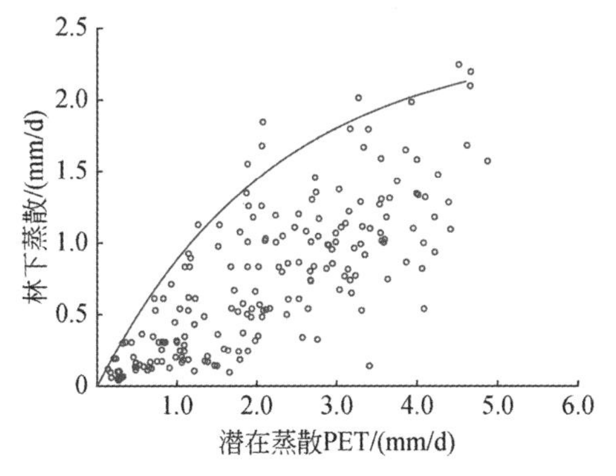

图 10-15　青海云杉林林下蒸散随潜在蒸散的变化

从图 10-16 的外包线可以看出，在研究涉及的土壤含水量变化范围内，林下蒸散 UET_d响应土壤可利用水分 REW 的关系呈逐渐趋向饱和的指数型［式（10-19）］。当 REW 为 0 ~0.3 时，林下蒸散随土壤 REW 增加而增大，近似直线型增加，当 REW 为 0 时，林下蒸散也为 0；当 REW 为 0.1、0.2、0.3 时，林下蒸散分别为 0.41mm/d、0.82mm/d、1.30mm/d；当 REW>0.3 时，林下蒸散随 REW 的增加速度变缓。

$$UET_d = 2.885 \times [1 - \exp(-2.004 \times REW)] \qquad R^2 = 0.889 \tag{10-19}$$

式中，UET_d为林下蒸散（mm/d）；REW 为土壤可利用水分。

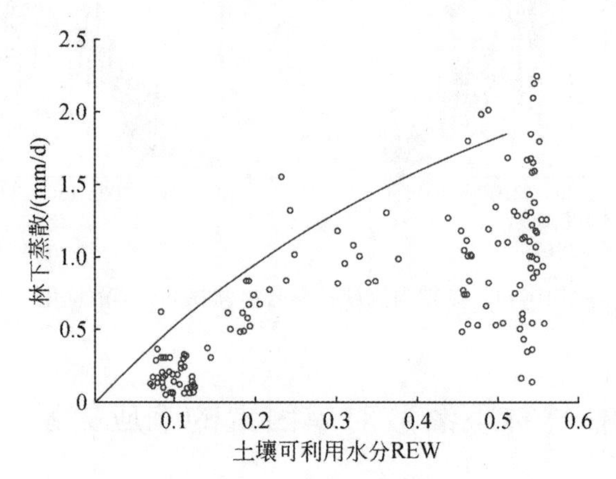

图 10-16　青海云杉林林下蒸散随土壤可利用水分的变化

在分析林下蒸散 UET_d响应 LAI 关系之前，首先基于林下蒸散响应 PET 和 REW 的关系［式（10-18）、式（10-19）］，计算与 PET 和 REW 对应的林下蒸散，然后利用林下蒸散实测值分别除以依 PET 和 REW 外包线计算的林下蒸散，相当于消除 PET 和 REW 对林下蒸散响应 LAI 分析的干扰。利用前面所述方法计算的相对林下蒸散与 LAI 的数据，建立两者关系散点图（图 10-17），并绘制外包线表示林下蒸散对 LAI 的响应关系［式（10-20）］。可以看出，林下蒸散随 LAI 增大先迅速降低，但降速逐渐减小，并在 LAI 为 3.0 左右时出现拐点，此时林下蒸散为 0.5mm/d，之后降速更慢，到 LAI 为 4.0 时降至 0.30mm/d，之后基本趋于平稳。

$$UET_d = 0.29 + 8213.97 \times \exp(-3.523 \times LAI) \qquad R^2 = 0.906 \tag{10-20}$$

式中，UET_d为林下蒸散（mm/d）；LAI 为冠层叶面积指数。

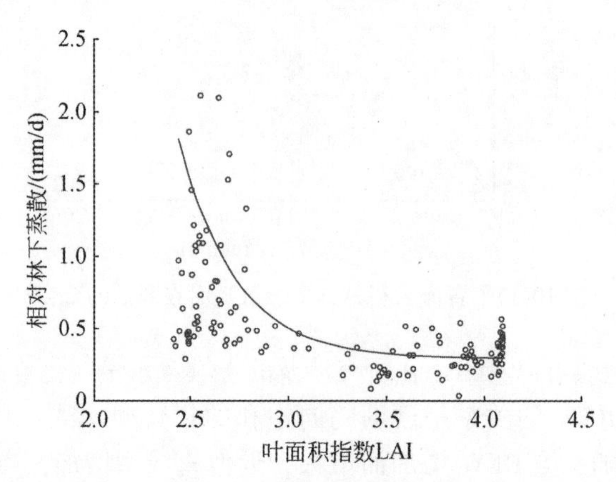

图 10-17　排除 PET 和 REW 影响后的青海云杉林相对林下蒸散随叶面积指数的变化

10.7.3 青海云杉林林下蒸散的多因素响应模型

为综合反映青海云杉林林下蒸散 UET_d对潜在蒸散 PET、土壤可利用水分 REW 和叶面积指数 LAI 的综合响应关系，将林下蒸散对 PET、REW 和 LAI 的单独响应关系式［式（10-18）~式（10-20）］进行连乘，并基于实测数据拟合确定模型参数，得到青海云杉林林下蒸散对多因素的响应模型，其表达式如下：

$$UET_d = 2.74 \times 10^{-8} \times [1-\exp(-8.08 \times REW)] \times [1-\exp(-0.47 \times PET)] \times [51035598.7 + 6.85 \times 10^{-99} \times \exp(59.45 \times LAI)] \quad R^2 = 0.715 \tag{10-21}$$

将林下蒸散实测值与响应模型［式（10-21）］计算值比较（图 10-18），发现决定系数 R^2为 0.715，且实测值与拟合值呈极显著相关（$P<0.01$）。对野外观测数据而言，这是较高的拟合精度，因此认为本模型可较好地反映青海云杉林林下蒸散对 PET、REW 和 LAI 变化的综合响应。

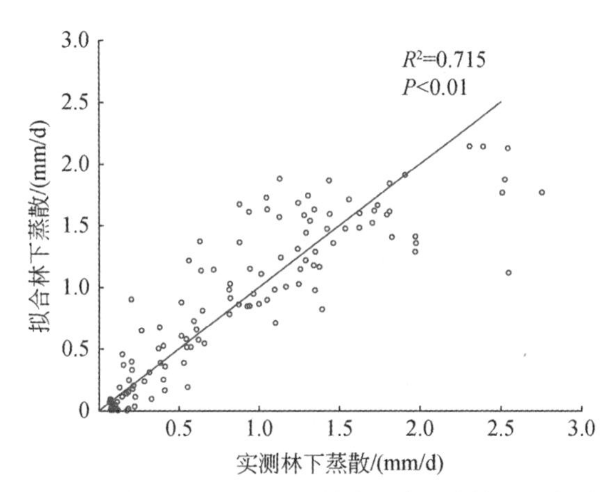

图 10-18　青海云杉林林下蒸散多因素响应模型拟合效果

10.7.4 青海云杉林林下蒸散模型的验证

本研究采用排露沟流域 2014 年的青海云杉林固定样地林下蒸散观测数据进行模型验证。将 2014 年的潜在蒸散 PET、土壤可利用水分 REW 和叶面积指数 LAI 的观测数据代入模型［式（10-21）］，将得到的计算结果与实测值进行对比（图 10-19），两者的决定系数 R^2为 0.706，且实测值与拟合值呈极显著相关（$P<0.01$）。由于用于计算 PET 的气象数据只包括 2014 年 3 月 24 日 ~12 月 11 日，土壤含水量观测数据是 2014 年 3 月 34 日 ~12 月 12 日，林下蒸散数据是 2014 年 5 月 1 日 ~12 月 31 日，因此林下蒸散实测值与拟合值的对比只有 5 月 1 日 ~12 月 11 日（第 121 ~345 天）的数据，而且中间遇到雨天会出现林下蒸散的中断。从现有的用于模型精度验证的实测值与拟合值的比较发现，模型可较好地拟合林下蒸散，其升高和降低的总体趋势基本相似，且实测平均值为 0.94mm/d，拟合平均值

为 1.00mm/d；但当实测值较大时（如>2.0mm/d），拟合值偏低，尤其是在第 121 ~ 150 天和第 280 天之后，2014 年的实测林下蒸散最大值为 2.76mm/d，但对应的拟合值仅为 2.24mm/d，看来还有必要增加模型的敏感性。

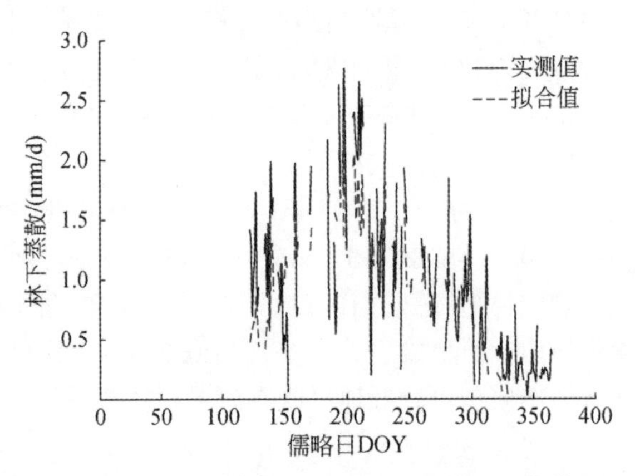

图 10-19　青海云杉林林下日蒸散的测量值和拟合值的对比

林下蒸散主要由土壤蒸发、林下灌木和草本植被蒸腾和地被物截持蒸发等组成，在稀疏林分的总蒸散中属于重要组分。现有的关于青海云杉林下蒸散的研究均集中在某个组分上，如土壤蒸发等。目前关于青海云杉林下灌木层和草本层的相关水文过程的研究报道很少，一方面可能是由于青海云杉林灌木层和草本层分布较少，且长势不好，在第 8 章的分析中可见，林下灌木层的盖度多低于 10%，草本层的盖度多低于 30%；另一方面可能是由于林下灌木层和草本层的相关水文过程较复杂，暂时还未找到合适的测量方法。因此本章未专门分析林下灌木层和草本层的水文影响。

在本研究中，应用排露沟流域青海云杉林固定样地 2014 年和 2015 年的林下蒸散观测数据，分析青海云杉林下蒸散特点，发现非生长季的林下蒸散低于生长季，其最大值一般出现在生长季中期的 7 ~ 8 月，虽然此时林冠遮阴作用最强，这可能与祁连山区的气候特点有关，生长季降水较多使得土壤湿度增大，从而促进了生长季内的林下蒸散，说明水分条件是影响林下蒸散的主导控制因素。

本研究分析表明，林下蒸散对 REW 的响应关系呈现渐趋饱和的指数型关系特点，当 REW>0.3 时，林下蒸散随 REW 增速变缓。林下蒸散与 PET 的响应关系表明，林下蒸散随 PET 增大而增大，但与 REW 不同的是，当 PET>4.0mm/d 时，林下蒸散为 2.03mm，接近其最大值，之后趋于平稳。对林下蒸散随 LAI 变化的关系分析显示，林下蒸散随 LAI 增加先迅速降低，随后降低速度逐渐变缓，当 LAI 为 3.0 时达到一个拐点，之后降低速度非常缓慢，直至趋于一个稳定值，这是由于随 LAI 增加，林内的辐射和温度降低，风速减小，湿度增大，从而使林下蒸散降低。王金叶等（2001）的研究显示，祁连山区青海云杉林内温度比林外草地低 0.2℃，林内空气湿度比林外高 16.67%，从而导致林内地面蒸发仅为林外草地的 60.71%。

10.8 土壤入渗特性

土壤水分入渗过程及渗透能力显著影响森林群落对降水再分配进程中的地表产流和土壤储水。土壤渗透性是植被各种水文功能的总基础，良好的渗透能力不仅在数量上减少了地表径流量，同时在时空上延滞了雨季降水的汇集，对森林流域水分传输与分配具有很强的调节作用。

土壤入渗能力与土壤毛管和非毛管孔隙度密切相关。土壤通透性主要取决于当量孔径超过 0.02mm（或 0.06mm）的非毛管孔隙，其中大孔隙结构对土壤入渗能力的影响巨大。大孔隙的形成与植物根系及动物洞穴有关。在水分渗透上起决定作用的孔隙是树根腐烂后形成的管状孔隙。在同一土壤含水量条件下，土壤非饱和导水率随土层深度的增加而缓慢的减小。在同一土层深度，土壤非饱和导水率随土壤含水量的增加而增加，其变化规律可以用幂函数来拟合，土壤非饱和导水率并不是一个定值，受土壤含水量、土壤结构、质地等因子的综合影响。随着土层深度的增加，土壤饱和导水率呈负指数递减，这与土壤质地和水文物理性质的变化基本是一致的。有研究表明，土壤入渗速率与有机质含量和土壤非毛管孔隙度相关密切，与土壤容重、粉沙粒含量、黏粒含量相关较弱（党宏忠，2004）。

不同类型林分林地土壤稳渗率基本表现出从大到小依次为阔叶林、针叶林、荒地的规律，如东北东部林区这种排序为蒙古栎天然林、白桦天然林、水曲柳天然林、樟子松人工林和落叶松人工林。不同植被间也有天然次生林、人工林、灌木林、草地、农田的排序。阔叶林枯落物的分解速度快，回归量大，土壤结构要好于针叶林和荒地，而针叶树，如樟子松、落叶松、油松等松类树种枯落物富含单宁等物质，影响枯落物的分解速率。另外根部常常有共生菌根，这些菌根的遗体在落叶层下逐年积累，并在土壤内部形成土壤菌丝网层，它具有不吸水、斥水性强等特性，妨碍入渗，降水时容易产生地表径流。但是在叶片硬而宽大的阔叶林分（特别是常绿阔叶林）中，落叶像岩板状紧密地堆积于地面，往往也会妨碍入渗（党宏忠，2004）。

高婵婵等（2016）对黑河上游天老池小流域青海云杉林下 0～20cm 土层的土壤入渗能力研究发现，初始入渗速率较大，随着时间的推移，入渗速率渐渐变小，并趋于稳定。青海云杉林下土壤的初始入渗速率和稳定入渗速率分别为 7.17mm/min 和 5.12mm/min，明显高于流域内的其他植被类型，这是由于青海云杉林下土质疏松，土壤孔隙度大，土壤入渗率较高。

土壤水分入渗是一个复杂的过程，它涉及土壤饱和、非饱和带中的水、空气、水汽在水力梯度、温度梯度、浓度梯度、渗透梯度等影响下的动态流动，进而影响森林流域的界面产流。合理的土壤入渗模型是研究水源涵养林保水功能的重要手段。刘贤德等（2009）对祁连山寺大隆林区和西水林区内的青海云杉林土壤入渗特性研究发现，青海云杉林的初始入渗速率为 59.22mm/min，稳定入渗速率为 18.32mm/min，平均入渗速率为 26.41mm/min。青海云杉林的土壤入渗特征曲线可用乘幂方程进行拟合，模拟方程为 $f=59.485t^{-0.2854}$。

张剑挥（2010）对祁连山排露沟小流域青海云杉林下不同深度土层入渗性能的研究发现（表10-7），青海云杉林土壤的渗透过程包括三个时期：①快速浸润期，水分一方面主要在分子力的作用下，被土粒快速吸附成为薄膜水，另一方面快速填满表层土壤的孔隙，并形成一定的水压（水势梯度），下渗锋面快速延伸；②渗漏期，下渗水分在毛管力和重力的作用下，在土壤孔隙中向下不稳定流动，并逐步填充表层以下土壤孔隙，直至全部孔隙为水分所饱和，下渗速率由递减较快趋于稳定，这一时期主要是包气带内土壤孔隙水分的充填过程；③稳渗期，土壤孔隙被水分充满，水分在重力作用下向下做渗透运动，这一时期包气带内的孔隙全部为水分所充满而形成饱水带，成为由土粒和水分组成的二相系统，且表层土壤的初始入渗速率和稳定入渗速率均高于其他土层。

表10-7　祁连山区青海云杉林土壤入渗速率

森林类型	土层深度/cm	入渗速率/(mm/min)	
		初始	稳定
苔藓云杉林	0～10	214.4	160.2
	10～20	80.5	33.9
	20～40	25.7	15.3
	40～60	11.1	5.3

资料来源：张剑挥（2010）。

10.9　土壤持水能力

土壤在森林水分循环中起着重要的作用，森林土壤受森林凋落物、树根以及依存于森林植被下的特殊生物群的影响，具有特殊的水文物理性质。林地土壤水分对植物-大气、大气-土壤和土壤-植物三个界面物质和能量的交换过程有着重要的控制作用，直接影响土壤水分的入渗、林地蒸散和流域产流。目前林地土壤对于水源的涵养关系主要分为静态涵蓄功能和动态调蓄功能两方面。林地土壤的静态涵蓄功能研究主要集中在不同林型对土壤水分、物理性质的改善和持水能力影响的分析上。

林地土壤持水量可分为林地土壤最大持水量和土壤有效持水量。最大持水量是毛管水和非毛管水均达到饱和时土壤的持水量，其中毛管水供植物根系吸收和林地蒸发，只做上下垂直运动。非毛管水通过重力在土壤中可做上下运动，也可做横向渗透，透水层由高到低供应湖泊、河流，起着调节流量、稳定水位的功能。因此通常把这部分水量叫涵养水源量，即有效持水量。

孙昌平（2010）选取祁连山西水林区排露沟小流域具有代表性的青海云杉林、祁连圆柏林、湿性灌丛林、干性灌丛林四种不同植被类型进行土壤储水量的观测试验，另选一种牧坡草地作为对照。不同植被类型的试验地概况见表10-8。每种植被类型挖取土壤剖面两个，按照0～10cm、10～20cm、20～40cm、40～60cm分别取样测定。

表 10-8 不同植被类型试验地概况

植被类型	坡度/(°)	坡向	海拔/m	林分状况				灌木草本植物		
				胸径/cm	树高/m	郁闭度	优势种	生长状况	盖度/%	平均高/cm
青海云杉林	26	NE	2700	21.2	19.2	0.5	山羽藓、薹草	良	90	8
祁连圆柏林	30	SW	2700	16.0	8.2	0.4	金露梅、珠芽蓼	中	50	30
湿性灌丛林	28	SW	3300				绣线菊等	中	95	60
干性灌丛林	35	S	2700				狭叶锦鸡儿	中	50	
牧坡草地	30	SE	2700				克氏针茅、冷蒿	中	60	20

资料来源：孙昌平（2010）。

众多研究表明，森林土壤对于水分的涵蓄能力的高低主要取决于土壤深度和土壤非毛管孔隙度的数量关系。土壤深度标志着储蓄水分的深度，而降落到林地上的雨水则涵养于土壤非毛管孔隙内。一般认为，林地土壤蓄水量可分为林地土壤最大蓄水量和土壤有效蓄水量。其求算公式如下：

$$土壤最大蓄水量=土壤总隙度\times土壤深度 \tag{10-22}$$

$$土壤有效蓄水量=土壤非毛管孔隙度\times土壤深度 \tag{10-23}$$

从表 10-9 可以看出，各林地非毛管孔隙度均值以青海云杉林的最高（21.20%），其次为湿性灌丛林、祁连圆柏林、干性灌丛林，分别为 18.96%、11.78%、10.45%，牧坡草地仅为 7.59%。非毛管孔隙度的存在对减少地表径流，增加土壤入渗有较好的效果。另外，0～20cm 土层土壤由于根系微生物活动及枯枝落叶的分解影响，表现出很好的水分储存及利用效能。毛管持水量与饱和持水量的比值是衡量土壤水分供应状况的重要指标，有林地表现为 20～40cm 土层均高于表土层，这有利于植物根系对水分的吸收；不同林地的毛管持水量/饱和持水量变动值在 0.806（祁连圆柏林）～0.886（青海云杉林），说明它们的供水性能差别较小。从持水能力的空间变化看，随着土层深度的增加，各森林饱和持水量出现减少趋势。

表 10-9 不同植被类型土壤贮水量

植被类型	土层深度/cm	非毛管孔隙度/%	饱和持水量/%	毛管持水量/饱和持水量	毛管蓄水量/mm	饱和蓄水量/mm	有效蓄水量/mm
青海云杉林	0～10	38.42	300.32	0.872	30.29	76.80	38.42
	10～20	20.58	150.56	0.863	47.41	74.84	20.58
	20～40	13.26	111.72	0.881	102.66	139.84	26.52
	40～60	12.53	110.19	0.886	105.50	137.98	25.06
祁连圆柏林	0～10	12.81	73.90	0.827	43.65	63.54	12.80
	10～20	12.81	65.91	0.806	39.78	58.01	12.81
	20～40	10.30	57.47	0.821	75.90	104.60	20.60
	40～60	11.20	49.66	0.839	86.42	122.60	22.40

续表

植被类型	土层深度/cm	非毛管孔隙度/%	饱和持水量/%	毛管持水量/饱和持水量	毛管蓄水量/mm	饱和蓄水量/mm	有效蓄水量/mm
湿性灌丛林	0～10	27.93	217.20	0.871	41.29	69.22	27.93
	10～20	16.99	125.80	0.867	44.79	57.24	16.99
	20～40	16.78	109.00	0.870	91.62	123.14	33.56
	40～60	14.13	83.56	0.857	70.50	124.06	28.26
干性灌丛林	0～10	12.00	67.67	0.819	47.30	61.30	12.00
	10～20	12.25	55.39	0.865	49.00	59.55	12.25
	20～40	10.05	57.78	0.827	87.00	108.10	20.10
	40～60	7.50	46.34	0.861	98.60	113.00	14.00
牧坡草地	0～10	7.75	57.73	0.843	42.35	50.71	9.05
	10～20	9.05	46.86	0.835	42.96	51.40	7.75
	20～40	6.48	50.87	0.873	95.66	108.62	12.96
	40～60	7.07	56.87	0.875	96.12	110.26	14.14

资料来源：孙昌平（2010）。

各林地土壤饱和蓄水量表现为青海云杉林（107.37mm）>湿性灌丛林（93.42mm）>祁连圆柏林（87.19mm）>干性灌丛林（85.49mm）>牧坡草地（80.25mm）；且随着土层深度的增加，土壤饱和蓄水量呈逐渐增大的趋势。从表10-9可以明显地看出，湿性灌丛林在饱和持水量、毛管蓄水量、饱和蓄水量及有效蓄水量等方面仅次于青海云杉林，说明在土壤水分有效性和涵养水源方面湿性灌丛林也具有与青海云杉林相似的作用。

土壤蓄水性能与土壤前期含水量密切相关，当土壤湿度较大时，土壤蓄水量减少，即使降水量很小，也会产生地表径流。因此，把饱和蓄水量与土壤含水量之差作为土壤含蓄降水量的指标。全剖面土壤含蓄降水量最大为青海云杉林，其次为湿性灌丛林、祁连圆柏林、干性灌丛林，牧坡草地最差。毛管蓄水量与土壤前期含水量之差反映供植物利用的潜在土壤有效水，称其为有效蓄水量。其大小与土壤非毛管孔隙度相一致。表明有林地对土壤的改良不但在减少地表径流、防止土壤侵蚀方面有较好的功能，而且能够维持供植物生长所必需的水分条件。

综合来讲，青海云杉林土壤层对水源涵养的功能是最为显著的，其次为湿性灌丛林，这主要是因为湿性灌丛枝叶茂密，树冠紧贴地表，截持降水量能力强，蒸腾量小；且低矮的冠幅又减弱了雨滴的击溅，避免了土壤孔隙被堵塞，提高了土壤孔隙度的质量；加之湿性灌丛林的根系也在改善着土壤的物理性状，提高了土壤的渗透率和渗流速度，减少了地表径流。

张剑挥（2010）对祁连山排露沟小流域青海云杉林下不同深度土层（0～10cm、10～

20cm、20～40cm、40～60cm）持水能力进行研究，并选择牧坡草地进行对照，发现青海云杉林下土壤与牧坡草地土壤平均最大持水量分别为 131.9% 和 27.15%，最小持水量分别为 79.95% 和 15.05%，毛管持水量分别为 105.1% 和 20.22%。

在土壤表层（0～10cm），青海云杉林下土壤最大持水量、最小持水量以及毛管持水量显著高于牧坡草地。随土壤深度增加，青海云杉林下土壤最大持水量、最小持水量以及毛管持水量逐渐减小，牧坡草地土壤无明显变化。在土壤深层（40～60cm），土壤最大持水量、最小持水量以及毛管持水量接近牧坡草地土壤。

10.10 小 结

本章分析了青海云杉林冠层截留、林分蒸腾、土壤蒸发和林下蒸散等水文过程对环境与林分结构变化的综合响应规律。

青海云杉林冠层截留量随次降水量增加而增大，并因受林冠截留量限制而逐渐趋向饱和；次降水的截留率则随降水量增加而降低，当次降水量<5mm 时，截留率一般>50%，当次降水量>30mm 时，截留率一般<10%；当年降水量为 300～600mm 时，截留率一般为 25%～35%。考虑冠层郁闭度或受冠层 LAI 决定的最大截留量影响的截留模型对次降水和年降水截留的模拟结果均较好。

青海云杉的树干茎流量占同期降水量的比例非常小，茎流率平均为 0.0182%，是目前研究报道中较低的树种之一，因此在研究青海云杉的水文功能时通常不考虑树干茎流的作用。

青海云杉林内苔藓枯落物层对降水的截留过程分为三个阶段，即截留阶段、渗透阶段和饱和阶段，与林冠层截留特征相似。枯落物层厚度、蓄积量、结构特征、前期含水量及降水特性是影响截留的主要因素。

在排露沟流域，青海云杉林的年均日蒸腾为 0.45mm/d，其中生长季（6～9 月）和非生长季（10 月至次年 5 月）平均为 0.70mm/d、0.31mm/d；极大值出现在 6～9 月（第 150～250 天），如 2002～2008 年和 2015 年分别出现在第 205 天（2.28mm/d）和第 207 天（2.13mm/d）。青海云杉林日蒸腾同时受潜在蒸散 PET、土壤可利用水分 REW、林冠叶面积指数 LAI 三个主要因子的影响，对 PET 增加的响应呈抛物线形式增大，对 REW 和 LAI 增加的响应呈逐渐趋向饱和的指数形式增大，即先快速增大随后增速渐缓，当 PET、REW 和 LAI 达到一定值后趋于平稳。综合考虑这三个因子的耦合模型能较好反映和预测林分日蒸腾的环境变化响应。

排露沟流域海拔 2750m 附近的阴坡青海云杉林的林下蒸散年均值为 0.71mm/d；在非生长季（10 月至次年 5 月）平均为 0.47mm/d，一般低于 0.5mm/d；在生长季（6～9 月）平均为 1.13mm/d，最大值一般出现在 7～8 月（第 180～240 天），如 2014 年的第 198 天（2.76mm/d）和 2015 年的第 210 天（2.25mm/d）。同林分蒸腾一样，林下蒸散也受 PET、REW 和 LAI 的影响，对 PET 和 REW 增加的响应呈逐渐趋向饱和的指数形式，对 LAI 增大的响应呈先迅速降低后渐趋平缓的指数形式的衰减。综合考虑这三个因子的耦合模型能较好反映和预测林下蒸散的环境变化响应。

青海云杉林下土壤入渗过程一般分为快速浸润期、渗漏期和稳渗期，且初始入渗速率和稳定入渗速率均明显高于流域（天老池小流域）内的其他植被类型。排露沟流域内青海云杉林下土壤饱和蓄水量高于其他植被类型，综合分析，青海云杉林下土壤层具有显著的水源涵养功能。

第 11 章 青海云杉林地产水量的流域内空间分布

虽然关于祁连山区青海云杉林水文影响的研究报道较多，但其内容多比较单一，集中在土壤水文物理性质、林冠层截持等独立的水文过程上，而对森林影响产水这个重要的研究方面却涉及很少。

流域内森林的蒸散是由冠层截留、林分蒸腾和林下蒸散三部分组成的。因此，利用第10 章确定的在林分尺度上适宜的冠层截留模型以及林木蒸腾和林下蒸散响应冠层 LAI、潜在蒸散 PET、土壤可利用水分 REW 的耦合模型，利用由大野口流域 30m 分辨率遥感数据提取的林分特征（经度、纬度、海拔、坡向、坡度等立地信息，以及郁闭度、LAI、密度、平均树高等生长特征）的空间分布数据、2008 年大野口气象数据（海拔 2700m，林地上方 30m 高度处）、黑河上游 PET 的时空分布数据、LAI 遥感数据、不同海拔和坡向的青海云杉林样地土壤含水量调查数据等，在计算 2008 年大野口流域青海云杉林3 个蒸散分量的基础上，基于长期水量平衡原理，即假设林地土壤含水量不变，产水量就是降水量和蒸散量的差值，计算林地产水量并分析其在流域内的空间分布。

11.1 青海云杉林冠层截留空间分布

模拟计算青海云杉林冠层截留时，需要用到降水量和郁闭度两个因素。这里采用排露沟流域（位于大野口流域内）海拔 2700m、坡向 10°的青海云杉林固定样地 2008 年 1 月 1 日 ~ 10 月 11 日的逐日降水数据，并根据第 3 章中降水量随海拔变化的关系式［式（3-8)］，计算不同海拔的逐日降水量。

从 2008 年 6 月 29 日采集的大野口流域 30m 空间分辨率遥感数据中，提取各样点的林分郁闭度信息。青海云杉是常绿慢生树种，且研究区多为青海云杉成熟林，因此林分郁闭度在一年内变化不大，假定 2008 年 6 月 29 日的郁闭度可代表其全年的情况。结合每个样点对应的 2008 年逐日降水量，应用青海云杉林次降水截留模型［式（10-11)］，即可计算得到不同样点的逐日降水截留量，依次相加得到 2008 年 1 月 1 日 ~10 月 11 日（儒略日第 1 ~284 天）的各样点 2008 年总截留量 I_a［式（11-1)］。

$$I_a = \sum_{i=1}^{284} \{1.3627 \times [1 - \exp(-P_i \times C)] + 0.1835 \times P_i \times C\} \tag{11-1}$$

式中，I_a为年总截留量（mm）；P_i为日降水量（mm）；C 为郁闭度。

图 11-1 和图 11-2 为大野口流域青海云杉林 2008 年（1 月 1 日 ~10 月 11 日）的冠层截留量和截留率的空间分布情况，冠层截留量为 71.6 ~188.0mm，平均值为 133.9mm，对

应最小值 71. 6mm 的样点位置为海拔 2769m 和坡向 13. 8°；对应最大值 188. 0mm 的样点位置为海拔 3143m 和坡向 10. 5°。冠层截留率为 17. 3%~44. 3%，平均值为 32. 0%，对应最小、最大截留率的样点位置分别为海拔 3289m 和坡向 29. 1°、海拔 2767m 和坡向 7. 3°。年冠层截留量随海拔升高而增大，但在海拔>3100m 后整体呈下降趋势；年冠层截留率则随海拔升高而降低，在海拔 2700 ~3100m 降低较慢，在海拔>3100m 后则迅速降低。年冠层截留量和年冠层截留率随坡向的变化趋势比较一致，最大值均出现在坡向为 10°的阴坡附近，在其两侧随坡向偏离程度增大而降低，且降低幅度相似。

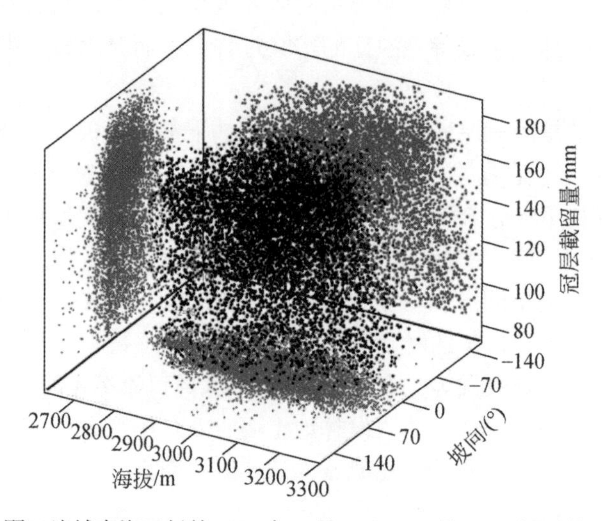

图 11-1　大野口流域青海云杉林 2008 年 1 月 1 日 ~10 月 11 日冠层截留量空间分布

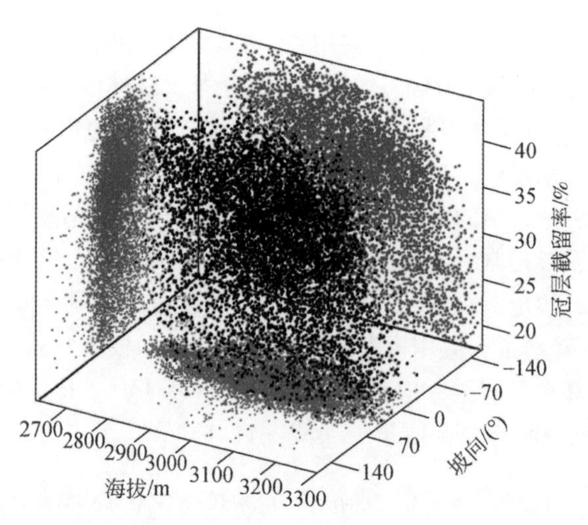

图 11-2　大野口流域青海云杉林 2008 年 1 月 1 日 ~10 月 11 日冠层截留率空间分布

11.2　青海云杉林分蒸腾和林下蒸散影响因子的时空变化

10.5 节和 10.7 节分别建立了青海云杉林分蒸腾和林下蒸散响应冠层 LAI、PET、REW 的耦合模型，因此需首先计算每个样点（不同海拔、坡向）对应的逐日 LAI、PET 和 REW，即 LAI、PET 和 REW 的时空变化。

11.2.1　冠层叶面积指数的时空变化

对各样点的 LAI，本章应用 2008 年大野口流域 8 天一次的 30m 分辨率 LAI 遥感数据产品，假设逐日 LAI 的变化趋势相同，内插得到大野口流域 2008 年的逐日 LAI 值［图 11-3（a）］。找到全年中的最大 LAI，并依次去除每日的 LAI，得到 2008 年的逐日相对 LAI［图 11-3（b）］。大野口流域 30m 分辨率遥感数据采集于 2008 年 6 月 29 日（儒略日等 180 天），从中提取每个样点的 LAI 值，从图 11-3（b）中找到第 180 天对应的相对 LAI 值，为 0.9527，则可将各样点的 LAI 遥感测定值除以 0.9527，得到各样点全年中的 LAI 最大值，然后用相应的 LAI 最大值乘以每天的相对 LAI 值，得到各样点 2008 年的逐日 LAI 值。

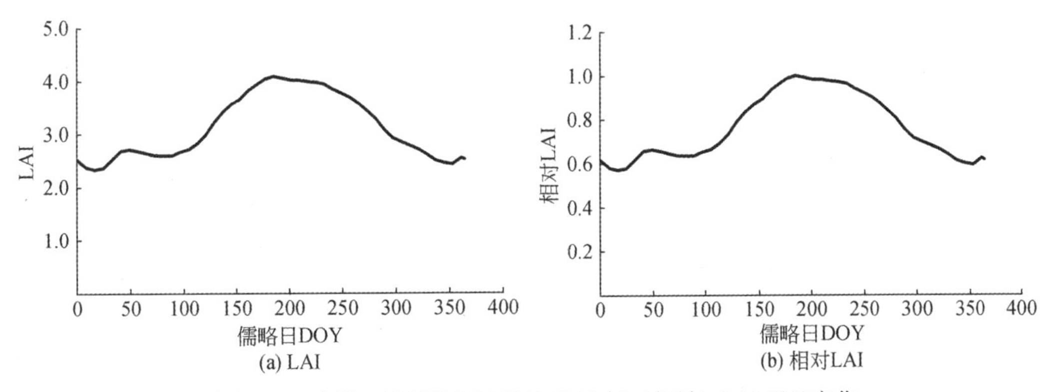

图 11-3　大野口流域青海云杉林 2008 年（相对）LAI 逐日变化

11.2.2　潜在蒸散的时空变化

为计算各样点的逐日 PET，本研究利用 1980～2014 年黑河上游 1km×1km 分辨率的逐日 PET 空间分布数据，该数据重点关注土壤水动力学和流通路径，并考虑水文特征变化与气象和植被类型的关系，因此能很好地展示黑河上游的水文过程（党坤良，1995；Yang et al.，2015）。由于时间限制，同时为了与 2008 年的气象数据相吻合，本研究只转换并计算了 2008 年 1 月 1 日～10 月 11 日的 PET 数据，研究了全年（1 月 1 日～10 月 11 日）和生长季（5～10 月）典型晴天时的 PET 空间分布。在表 11-1 列出了基于 2008 年气象站（海拔2700m，坡向10°）观测数据挑选出的生长季（5～10月）典型晴天日的信息。

表11-1 2008年生长季（5～10月）典型晴天日

月份	晴天日
5	2、3、4、5、11、12、19、20、30
6	3、4、16
7	1、5、6、7、9、15、19
8	6、10、17、18、22、30、31
9	4、5、10、12、18、28、29、30
10	2、5

从图11-4可以看出，基于黑河上游PET空间分布数据，年均日PET和典型晴天日的平均PET均随海拔升高而线性降低，年均日PET随海拔变化的统计关系见式（11-2）。但年均日PET和典型晴天日的平均PET随坡向均未呈现出明显变化规律，可能因在计算PET空间分布时同时考虑坡度和坡向对短波辐射、太阳入射角以及光照时间等因素的影响（Yang et al.，2015），所采用的计算方法在空间分辨率为1km×1km的水平上消除了坡向对PET的影响。

$$\text{PET}=-0.0006\times\text{Ele}+4.8412 \qquad R^2=0.8289 \tag{11-2}$$

式中，PET为年均潜在蒸散（mm/d）；Ele为海拔（m）。

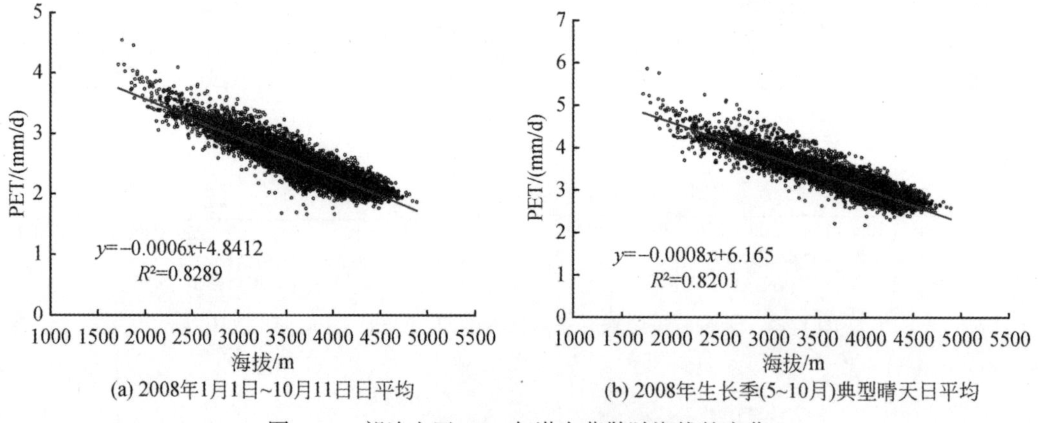

图11-4 祁连山区2008年潜在蒸散随海拔的变化

关于祁连山区PET随坡向变化的研究极少，仅见田成明等（2014）利用2007年8月13日、2009年7月17日和2010年8月5日的分辨率为28.5m的Landsat-5 TM数据，结合能量平衡模型，估算祁连山区的日蒸散。本研究利用其研究数据结果，计算得到了祁连山区不同坡向的相对潜在蒸散（图11-5）随坡向变化的关系：

$$\text{RPET}=8.5\times10^{-8}\times\text{Asp}^3+5.96\times10^{-6}\times\text{Asp}^2-0.0025\times\text{Asp}+0.94 \quad R^2=0.9577 \tag{11-3}$$

式中，RPET为相对潜在蒸散；Asp为坡向（°）。

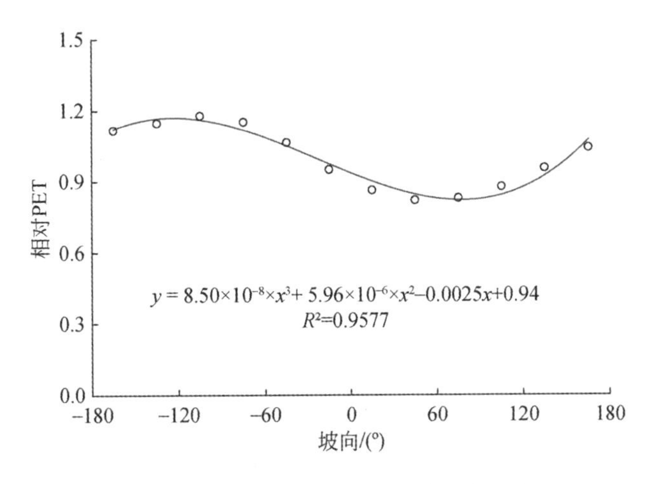

图 11-5　祁连山区相对 PET 随坡向的变化

PET 的时间变化根据排露沟青海云杉林样地在 2008 年的气象站（海拔 2700m、坡向 10°）观测数据，计算得到逐日 PET［图 11-6（a)］，发现 2008 年的最大 PET 为第 187 天的 5.83mm/d，用每天的 PET 除以该最大值，得到每天的相对 PET［图 11-6（b)］。

利用式（11-2）和式（11-3）计算得到海拔 2700m、坡向 10°处的 PET 为 2.950mm/d，与 2008 年基于实测气象数据计算的 PET 比较后，发现与第 239 天时的 PET（2.942mm/d）最接近，因此假定应用式（11-2）和式（11-3）计算得到的是各样点第 239 天时的 PET 值，将此值除以第 239 天对应的 PET 相对值（0.505），得到流域内每个样点 2008 年的 PET 最大值，用此 PET 最大值依次乘以每天的相对 PET，得到逐日 PET 值。

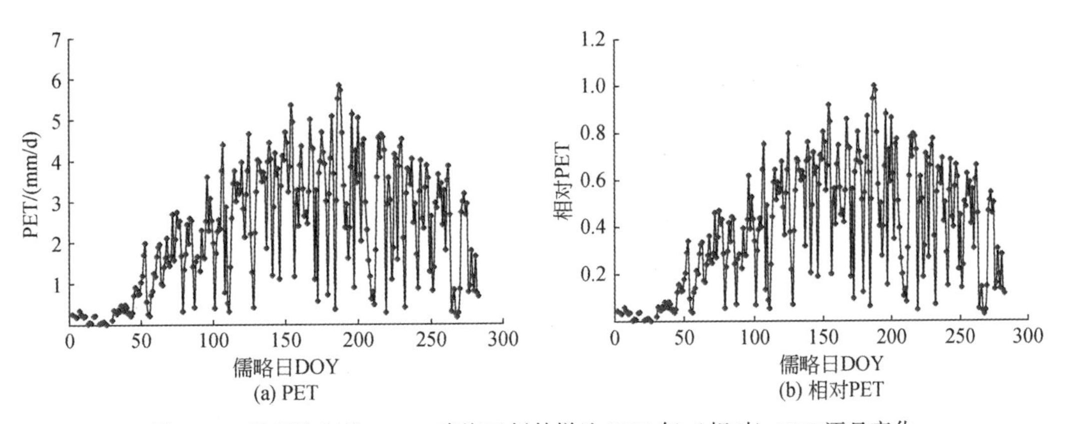

图 11-6　排露沟海拔 2700m 青海云杉林样地 2008 年（相对）PET 逐日变化

11.2.3　土壤可利用水分的时空变化

为估算各样点逐日 REW，利用排露沟流域青海云杉林样地气象站（海拔 2700m、坡向10°）观测的2008年不同土层土壤含水量数据，作为时间变化的依据，根据第3章的式（3-9）计算得到该样地主要根系层（0～80cm）的逐日REW［图11-7（a）］，发现最大REW为第138天的0.631，用每天的REW除以最大值0.631，得到每天的相对REW［图11-7（b）］。

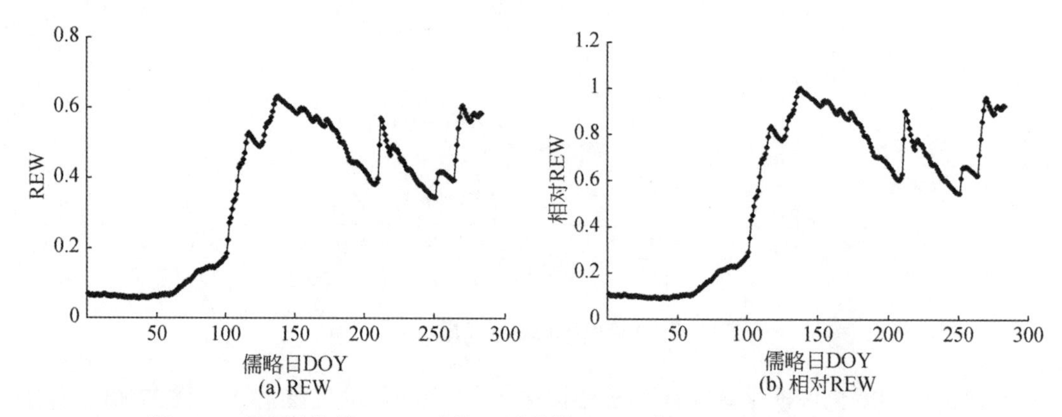

图11-7　排露沟海拔2700m青海云杉林样地2008年（相对）REW逐日变化

应用不同海拔和坡向的土壤含水量实测数据（排露沟流域海拔2700～3277m、坡向-100°～66°；天老池流域海拔2778～3251m、坡向-32°～105°）分析土壤含水量（0～80cm土层）随海拔和坡向的变化规律（图11-8）。

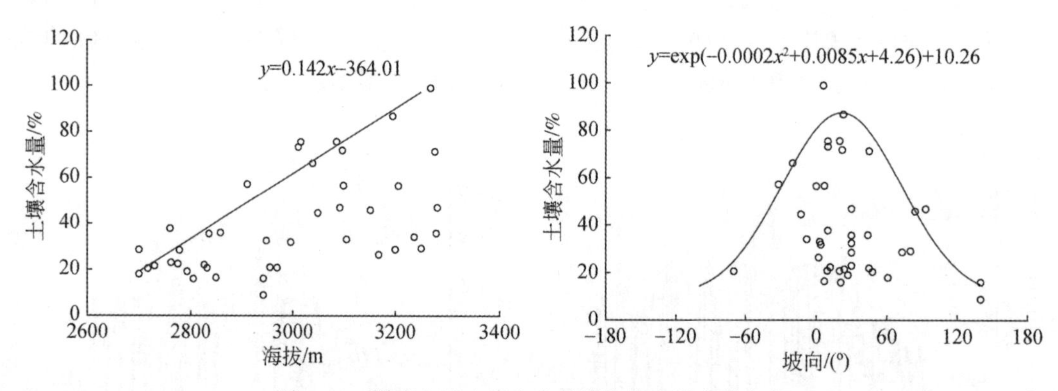

图11-8　祁连山区土壤含水量随海拔和坡向的变化

根据图11-8中土壤含水量随海拔升高而线性增加（$y=ax+b$）和随坡向呈近似“马鞍”形变化［$y=\exp(ax^2+bx+c)+d$］的规律，对单因素响应函数进行连乘，并应用实测数据拟合具体参数，得到祁连山区0～80cm土层土壤含水量随海拔和坡向的变化关系：

$$\mathrm{SW}=(0.00112\times \mathrm{Ele}-2.4)\times[\exp(-0.0105\times \mathrm{Asp}^2-0.545\times \mathrm{Asp}-3.162)+32.146]\quad R^2=0.587 \tag{11-4}$$

式中，SW为土壤含水量（%）；Ele为海拔（m）；Asp为坡向（°）。

将由式（11-4）计算的土壤含水量与实测值比较（图11-9），发现决定系数R^2为0.587，拟合值与实测值呈极显著相关（$P<0.01$）。对野外观测数据而言，这个拟合精度

还是不错的。因此认为式（11-4）可用于反映青海云杉林土壤含水量随海拔和坡向的空间变化。

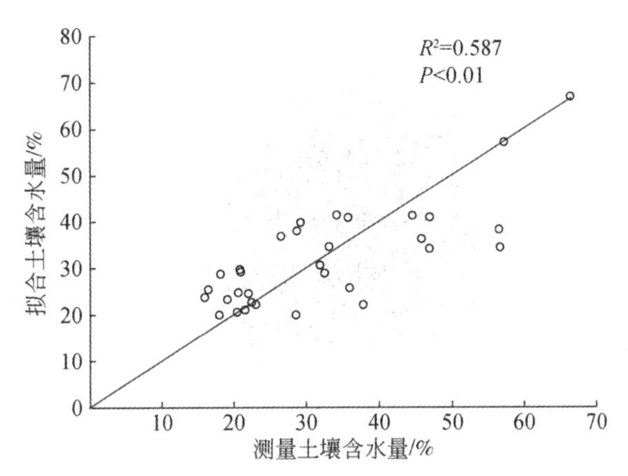

图 11-9　祁连山区土壤含水量响应海拔和坡向的模型拟合值与实测值比较

将利用式（11-4）计算得到的海拔 2700m、坡向 10°处的青海云杉林样地土壤含水量，依据第 10 章中的式（10-1）计算其对应的 REW 值为 0. 3638；与 2008 年的实测 REW 值相比较，发现与第 245 天时的 REW（0. 3625）最接近，因此假定应用式（11-4）计算得到的是各样点在第 245 天时的 REW 值，将其除以第 245 天对应的 REW 相对值（0. 5746），得到各样点在 2008 年的 REW 最大值，然后用这些 REW 最大值依次乘以每天的 REW 相对值，得到逐日的 REW 值。

基于前面方法估算的流域内各青海云杉林样点在 2008 年的逐日冠层 LAI、PET 和 REW 的数值，根据林分蒸腾和林下蒸散响应 LAI、PET 和 REW 的耦合模型［式（10-17）和式（10-21）］，计算各样点的逐日林木蒸腾和林下蒸散，累加求和即是 2008 年 1 月 1 日 ~ 10 月 11 日大野口流域各样点的林木蒸腾和林下蒸散。

11. 3　青海云杉林分蒸散的空间分布

基于大野口流域各样点 2008 年 1 月 1 日 ~10 月 11 日的冠层截留、林分蒸腾和林下蒸散的计算值，三者求和得到各样点的林分蒸散（图 11-10）。由于立地条件（海拔、坡向）不同，各样点的林分蒸散差异较大，变化在 234. 2 ~537. 5mm，平均值为 353. 0mm，最大、最小值对应的样点位置分别为海拔 3106m 和坡向 1. 5°、海拔 2869m 和坡向 44. 3°。在海拔或坡向相同时，青海云杉林分蒸散差异也较大，但从最外侧点可以看出其变化规律，林分蒸散随海拔和坡向的变化趋势相似，都呈现先增大后减小的规律，在海拔 2800 ~ 3100m 范围内具有较大值且变化平缓，在海拔>3100m 后则随海拔升高快速下降；林分蒸散随坡向的变化趋势较随海拔变化更加剧烈，在坡向−20° ~ 30°范围内具有较大值，当坡向超出这个范围后林分蒸散迅速降低；上述海拔和坡向范围也是青海云杉林在大野口流域集中分布的海拔和坡向范围。

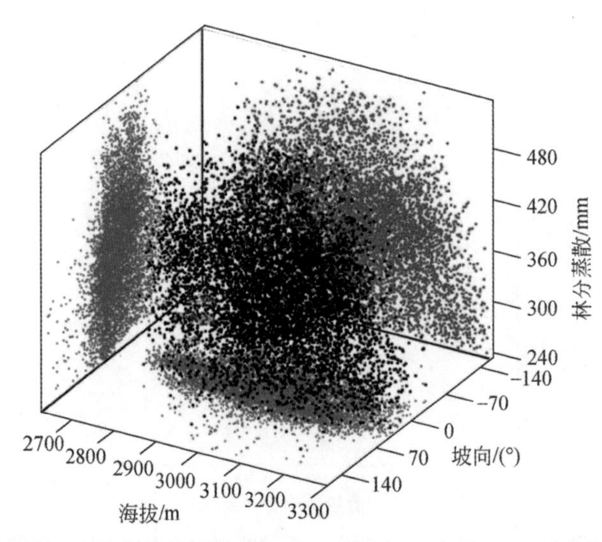

图 11-10　大野口流域青海云杉林 2008 年 1 月 1 日～10 月 11 日林分蒸散空间分布

11.4　青海云杉林地产水量空间分布

野外观测表明，青海云杉林的地表径流和浅层壤中流很小，而深层渗漏很难准确观测到，所以需基于林地长期水量平衡关系计算林地的产水量（He et al., 2012）：

$$P=\sum \mathrm{ET}+\sum R+\sum \Delta W+\sum D=\sum \mathrm{ET}+\sum \Delta W+\mathrm{WY} \quad (11\text{-}5)$$

式中，P 为年降水量（mm）；ET 为林分日蒸散（冠层截留+林分蒸腾+林下蒸散）（mm）；R 为径流（mm）；ΔW 为土壤水分的日变化（长期水量平衡假设 $\sum \Delta W=0$，即林地土壤含水量年尺度不变）（mm）；D 为渗漏（基流）（mm）；WY 为林地产水量（mm）。

在本研究中，将径流和渗漏之和（$\sum R+\sum D$）视为广义的林分产水量（WY）。基于 2008 年 6 月 29 日大野口流域 30m 空间分辨率遥感数据、排露沟流域 2008 年 1 月 1 日～10 月 11 日气象站（海拔 2700m 和坡向 10°）降水数据，利用第 10 章的模型计算流域内各样点的冠层截留、林分蒸腾和林下蒸散，其和即为林分蒸散，则降水量和林分蒸散的差值就是基于 2008 年 1 月 1 日～10 月 11 日的数据计算的各样点林地产水量。

为更清楚地展示大野口流域内青海云杉林产流的空间分布，将青海云杉林分布区划分为不同的海拔-坡向空间单元。考虑到青海云杉林分布的海拔范围为 2600～3300m，以海拔 100m 为间隔分为 7 个海拔段，即 2600～2700m、2700～2800m、2800～2900m、2900～3000m、3000～3100m、3100～3200m 和 3200～3300m；另以坡向 45°为间隔分出 8 个坡向段，即北坡（-22.5°～22.5°）、东北坡（22.5°～67.5°）、东坡（67.5°～112.5°）、东南坡（112.5°～157.5°）、南坡（157.5°～180°和-180°～-157.5°）、西南坡（-157.5°～-112.5°）、西坡（-112.5°～-67.5°）和西北坡（-67.5°～-22.5°）。在表 11-2 中列出了大野口流域不同海拔-坡向空间单元内青海云杉林地的产水分布情况。

表 11-2　大野口流域不同海拔-坡向空间单元内青海云杉林地的产水分布情况

坡向	指标	海拔/m							合计
		2600 ~ 2700	2700 ~ 2800	2800 ~ 2900	2900 ~ 3000	3000 ~ 3100	3100 ~ 3200	3200 ~ 3300	
北坡	面积/hm^2	1. 62	38. 52	56. 16	76. 95	70. 92	51. 12	13. 05	308. 34
	产水量/m^3	713. 3	8 036. 7	13 319. 3	31 652. 8	42 092. 8	50 957. 2	21 795. 1	168 567. 2
	产水深度/mm	44. 0	20. 9	23. 7	41. 1	59. 4	99. 7	167. 0	54. 7
东北坡	面积/hm^2		3. 78	28. 80	51. 39	55. 26	40. 14	10. 44	189. 81
	产水量/m^3		578. 2	11 230. 1	36 379. 9	54 114. 4	48 461. 0	16 903. 4	167 667. 0
	产水深度/mm		15. 3	39. 0	70. 8	97. 9	120. 7	161. 9	88. 3
东坡	面积/hm^2			1. 08	3. 33	2. 61	1. 44	0. 09	8. 55
	产水量/m^3			1 057. 0	3 409. 4	2 654. 5	1 990. 4	182. 5	9 293. 8
	产水深度/mm			97. 9	102. 4	101. 7	138. 2	202. 8	108. 7
东南坡	面积/hm^2				0. 72	0. 90	0. 18	0. 09	1. 89
	产水量/m^3				887. 5	877. 5	336. 1	193. 1	2 294. 2
	产水深度/mm				123. 3	97. 5	186. 7	214. 6	121. 4
南坡	面积/hm^2					0. 18			0. 18
	产水量/m^3					276. 4			276. 4
	产水深度/mm					153. 6			153. 6
西南坡	面积/hm^2				0. 27	0. 72	0. 09		1. 08
	产水量/m^3				408. 6	915. 0	174. 4		1 498. 0
	产水深度/mm				151. 3	127. 1	193. 8		138. 7
西坡	面积/hm^2	0. 18	0. 18	5. 49	7. 56	4. 14	0. 81	0. 09	18. 45
	产水量/m^3	83. 4	118. 1	3 415. 7	6 096. 5	3 533. 2	1 174. 7	177. 3	14 598. 9
	产水深度/mm	46. 3	65. 6	62. 2	80. 6	85. 3	145. 0	197. 0	79. 1
西北坡	面积/hm^2	0. 36	4. 50	23. 49	37. 08	37. 17	15. 39	2. 79	120. 78
	产水量/m^3	74. 8	1 716. 4	5 069. 2	16 061. 6	24 880. 2	15 122. 0	5 096. 8	68 021. 0
	产水深度/mm	20. 8	38. 1	21. 6	43. 3	66. 9	98. 3	182. 7	56. 3
合计	面积/hm^2	2. 16	46. 98	115. 02	177. 30	171. 90	109. 17	26. 55	649. 08
	产水量/m^3	871. 5	10 449. 3	34 091. 3	94 896. 2	129 344. 1	118 215. 8	44 348. 2	432 216. 4
	产水深度/mm	40. 4	22. 2	29. 6	53. 5	75. 2	108. 3	167. 0	66. 6

表 11-2 中各海拔-坡向空间单元内的面积是其青海云杉林面积之和（因遥感数据空间分辨率为 30m，各青海云杉林样点的面积均为 0. 09hm^2），产水量是指各海拔-坡向空间单元内所有青海云杉林样点的产水深度与样点面积（0. 09hm^2）的乘积之和，产水深度指各海拔-坡向空间单元内的林地平均产水深度（产水量/面积）。

当比较大野口流域不同坡向段的林地产水深度均值时，表现为越靠近阴坡时就越低的规律。最大产水深度依次发生在南坡（153.6mm）、西南坡（138.7mm）、东南坡（121.4mm），主要是因为这些坡向立地较干，不适于青海云杉林生长，树木的密度低、个体小、冠层LAI也低，林分耗水较少；且这些坡向的青海云杉林面积非常小（0.18hm^2、1.08hm^2、1.89hm^2），分布的海拔范围也较窄，其中南坡、西南坡仅在海拔3000～3100m、2900～3200m有分布，因此产水量及所占总量比例都很小，不是森林产水影响的重点关注区域。对于其他坡向，林地产水深度依次是东坡（108.7mm）、西坡（79.1mm）、东北坡（88.3mm）、西北坡（56.3mm）、北坡（54.7mm），这是因为靠近北坡时青海云杉林生长较好，耗水较多，产流较少。

当比较不同海拔段的产水深度均值时，表现为随海拔升高（2600～3300m）呈先减小后持续升高的变化趋势，最小产水深度（22.2mm）出现在海拔2700～2800m，这是因海拔2600～2700m属于青海云杉林自然分布区的下限范围，这里树木生长不良，耗水少，虽然降水量也低，但产流深度相对较高（40.4mm）；在2800～3300m海拔范围内，随着降水量不断提高和温度不断降低，树木生长情况在海拔达到2950m之前不断变好，虽然森林蒸散耗水增多，但难以抵消降水增加的影响，从而林地产水深缓慢提高；在2950～3300m海拔范围内，树木生长情况随低温限制增强而变差，同时降水量仍不断升高，导致林地产水深加速提高，在3200～3300m猛然提高到167.0mm。

当按林地产水量比较时，最重要的产水空间是阴坡、半阴坡的2900～3200m海拔范围，这里降水量较多、森林面积较大，两者共同作用促成了林地产水中心。例如，北坡的海拔3000～3100m、3100～3200m处，森林面积是70.92hm^2、51.12hm^2，平均产水深度是59.4mm、99.7mm，产水量是42 092.8m^3、50 957.2m^3；又如，东北坡的海拔3000～3100m、3100～3200m处，森林面积是55.26hm^2、40.14hm^2，平均产水深度是97.9mm、120.7mm，产水量是54 114.4m^3、48 461.0m^3；再如，西北坡的海拔2900～3000m、3000～3100m、3100～3200m处，森林面积是37.08hm^2、37.17hm^2、15.39hm^2，平均产水深度是43.3mm、66.9mm、98.3mm，产水量是16 061.6m^3、24 480.2m^3、15 122.0m^3。

流域内林分蒸散（包括冠层截留、林分蒸腾和林下蒸散）耗水既受到树种组成、林分结构等森林自身特征的影响，也受到立地环境条件（如土壤水分、大气蒸散需求、降水量等）的影响，尤其是在干旱半干旱山区。因为这些因素的空间异质性较大，流域内的森林蒸散耗水量与产水量的空间分布存在较大差异。

本研究利用大野口流域30m分辨率遥感影像及冠层截留模型，模拟计算了流域内的冠层截留空间分布。结果显示，冠层截留量为71.6～188.0mm，平均值133.9mm；冠层截留率为17.3%～44.3%，平均值32.0%。这些结果低于彭焕华（2010）利用排露沟流域（位于大野口流域内）高分辨率遥感影像及2008年林冠截留观测数据模拟的排露沟流域林冠截留结果（截留量为97.9～236.6mm，平均值161.8mm；截留率为27.92%～58.00%，平均值41.70%），这可能是由于彭焕华（2010）在模型中将冠层叶面积指数和降水量作为主要影响因素，而本研究应用的截留模型把郁闭度和降水量作为主要影响因素。

大野口流域内青海云杉林的年冠层截留量随海拔升高而增大，在海拔3100m附近达到最大值，而年截留率则随海拔升高而降低，这是因年降水量随海拔升高而增加，年截留量在低海拔处偏低；高海拔处的年截留率较低，一方面是因为冠层截留受冠层截留量限制，较高海拔处的林冠比较稀疏，LAI 和郁闭度均较小，使高海拔处的森林最大冠层截留量较小；另一方面冠层截留率随次降水量增大而降低，并在达到冠层截留量的极限值后仅依靠雨中蒸发导致的附加截留而使冠层截留量缓慢增加，高海拔处的降水量高，必然导致林冠截留率低于低海拔处。

年林冠截留量和年林冠截留率随坡向的变化趋势比较一致，最大值均出现在坡向为北偏东 10°的阴坡附近，在其两侧随着坡向偏离程度增大而降低，且降低幅度相似。这种坡向变化的原因可能与阴坡比较适宜青海云杉林生长有关，而在半阴坡和半阳坡（及阳坡）由于太阳辐射强、温度高、土层薄等局地气候与土壤特征的限制导致青海云杉林的可用水分较少和长势较差。马国飞和满苏尔·沙比提（2017）对位于我国西北干旱区新疆阿克苏地区的雪岭云杉林的观测发现，冠层截留量表现出中海拔（2496m）>较高海拔（2532m）>高海拔（2746m）>低海拔（2104m），与本研究的变化趋势相似。而彭焕华（2010）在排露沟流域的研究显示，青海云杉林冠层截留量随海拔升高而增加，截留率随海拔升高先增加后减小，可能与其冠层截留模型中应用的 LAI 较本研究模型中应用的郁闭度更易受海拔和坡向影响有关。

本研究计算得到的大野口流域内林分蒸散为 234. 2～537. 5mm，平均值为 353. 0mm，与王金叶（2006）基于排露沟流域多年观测数据推导建立的经验模型计算的结果较接近；稍高于葛双兰和牛云（2004）基于多年观测和水量平衡方程计算的排露沟流域林分蒸散值（300. 4mm）。青海云杉林分蒸散随海拔升高先增大后减小，随坡向偏离阴坡的程度增大而减小，在海拔 2800～3100m、坡向-20°～30°范围内具有较大值，这一海拔和坡向范围与第 3 章中研究得到的青海云杉林在大野口流域的集中分布区相吻合。陈昌毓（1994）基于 W. 柯本的经验公式，采用气候学方法推导建立了祁连山北坡青海云杉林年蒸散耗水量随海拔升高而降低的经验公式。王金叶（2006）通过统计分析排露沟流域多年实测的林地表面蒸发资料，建立了青海云杉林分蒸散随海拔变化的模型，表明林分蒸散在海拔 2600m 以上随海拔升高而降低。

在依据第 10 章建立的各蒸散分量响应多因素的耦合模型估计了大野口流域内不同（海拔和坡向）样点的林分蒸散以后，应用长期水量平衡方程，计算了青海云杉林地在 2018 年 1～10 月的产水量。结果表明，林地产水量总体上随海拔升高而增加，负值多出现在低海拔处，但在同一海拔处的变化较大，这可能与低海拔处的降水量较少、温度较高、潜在蒸散较大有关，且在第 3 章关于青海云杉林的大野口流域内空间分布研究中发现，低海拔处青海云杉林主要分布在下坡（海拔<2800m）和中下坡（海拔 2800～2900m），这也说明此处的降水量不能满足青海云杉林生长的耗水需求，还需要利用上坡汇入径流等外来水源补给。在高海拔处，由于降水量大、温度较低、潜在蒸散低，加之在海拔>3000m 后的青海云杉林的树高、胸径和材积等生长指标均随海拔升高而降低，即林分生长状况变差，林冠层 LAI 降低，从而林分蒸腾和截留量减少，使高海拔处林地产水量增多。

产水量的较大值多出现在阴坡，但阴坡林地产水量同时也存在负值，不过这些负值（<-60mm）林地有 56. 19% 位于海拔低于 2900m 处。在第 3 章中关于青海云杉林的大野口

流域内空间分布研究结果显示，当海拔低于2900m时，青海云杉林分布的坡向范围较窄，集中在-60°~60°的坡向范围内，这是由于受到水分限制，低海拔处阴坡林地的产水较多出现负值。随着海拔升高和降水量增多，阴坡由于接收到太阳辐射少、潜在蒸散小，产水量的较大值也出现在阴坡。在青海云杉林的树高、胸径和蓄积量生长研究中发现，其在阴坡（-45°~45°）生长最好，从而具有较大LAI，导致林下蒸散降低，虽然也会一定程度地增加冠层截留和林分蒸腾，但受冠层截留容量和非线性增加规律限制，增加幅度有限。He等（2012）报道排露沟流域海拔2700m阴坡的产流系数为3.5%，本研究中海拔2700m北坡、东北坡的产流系数分别为5.7%、4.2%，稍高于He等（2012）的研究结果，可能与其选择典型样地有关，本研究是对大野口流域的所有青海云杉林进行研究。

对大野口流域内林地产水深度沿海拔和坡向的空间分布的分析发现，总体上表现出林地产流深度随海拔升高和坡向偏阳坡程度升高而增加的趋势，这是受降水随海拔增加而升高、温度随海拔升高而降低、太阳辐射随坡面遮阴强度增加而降低、青海云杉林受山地气候影响在越靠近北坡和中海拔时生长越好并耗水越多等多个因素综合影响的结果。董晓红（2007）应用TOPOG模型对排露沟小流域2002年5~9月不同海拔和坡向的青海云杉林潜在产流量的计算结果也表明，不同坡向的青海云杉林潜在产流量均随海拔（2800~3200m）升高而增大，同时王金叶（2006）应用经验公式估算排露沟流域阴坡青海云杉林在1994~2003年的径流潜力时也表明，在海拔2600~3300m范围内，潜在径流量随海拔升高而增大。

11.5 小　结

应用第10章确定的青海云杉林冠层截留模型，以及林分蒸腾、林下蒸散响应冠层LAI、PET和REW的耦合模型，结合各相关水文要素（LAI、PET、REW）时空变化特征，计算了大野口流域青海云杉林在典型年份（2008年1~10月）的林分蒸散、林地产水深度及其空间分布。

大野口流域青海云杉林的年冠层截留量随海拔升高而增大，年冠层截留率则随海拔升高而降低；年冠层截留量和截留率随坡向的变化趋势较一致，随着坡向偏离阴坡程度增大而降低。青海云杉林分蒸散的空间差异较大，在234.2~537.5mm变化，整体随海拔升高而先增大后减小，随坡向偏离阴坡程度增加而减小，最大值出现在海拔3100m和坡向10°附近。在海拔和坡向相同的条件下，青海云杉林的产水深度也差异较大，这是多种作用的综合结果，但总体上是随海拔增加而升高，随偏向阴坡的程度增加而升高，随森林生长状况变好而降低。

参考文献

阿艺林 . 2008. 黑河上游生态环境问题及其对策 . 水利科技与经济，14（12）：993-994.

白福，李文鹏，黎志恒 . 2008. 黑河流域植被退化的主要原因分析 . 干旱区研究，25（2）：219-224.

白洁，葛全胜，戴君虎，等 . 2010. 西安木本植物物候与气候要素的关系 . 植物生态学报，34（11）：1274-1282.

白学良，赵连梅，孙维，等 . 1998. 贺兰山苔藓植物物种多样性、生物量及生态学作用的研究 . 内蒙古大学学报（自然科学版），（1）：118-124.

曹恭祥 . 2010. 宁夏六盘山华北落叶松人工林与华山松天然次生林蒸散特征对比研究 . 呼和浩特：内蒙古农业大学硕士学位论文 .

常学向，车克钧 . 1996. 祁连山林区青海云杉林群落生物量的初步研究 . 西北林学院学报，（1）：19-23.

常学向，王金叶，张学龙，等 . 2001. 祁连山森林水源涵养效益初析 . 西北林学院学报，16（增）：51-54.

常学向，赵爱芬，王金叶，等 . 2002. 祁连山林区大气降水特征与森林对降水的截留作用 . 高原气象，21（3）：274-280.

常兆丰，韩福贵，仲生年 . 2009. 甘肃民勤荒漠区 18 种乔木物候与气温变化的关系 . 植物生态学报，33（2）：311-319.

常兆丰，韩福贵，仲生年 . 2010. 民勤荒漠区 16 种植物物候持续日数及其积温变化 . 生态学杂志，29（2）：193-200.

车克钧，杨全生 . 2000. 祁连山国家级自然保护区的有效管理与持续发展 . 甘肃林业科技，25（3）：18-22.

陈昌毓 . 1994. 祁连山北坡水热条件对林木分布的影响 . 中国农业气象，15（1）：30-33.

陈佳，史志华，李璐，等 . 2009. 小流域土层厚度对土壤水分时空格局的影响 . 应用生态学报，20（7）：1565-1570.

陈丽华，杨新兵，鲁绍伟，等 . 2008. 华北土石山区油松人工林耗水分配规律 . 北京林业大学学报，（s2）：182-187.

陈仁升，康尔泗，张智慧，等 . 2005. 黑河流域树木液流秋末冬初的峰值现象 . 生态学报，25（5）：1221-1228.

陈婷，郗敏，孔范龙，等 . 2016. 枯落物分解及其影响因素 . 生态学杂志，35（7）：1927-1935.

陈廷贵，张金屯 . 1999. 十五个物种多样性指数的比较研究 . 河南科学，（s1）：55-57.

陈耀辉，赵志刚，李保彬，等 . 2017. 华南丘陵区坡向和坡位对西南桦和灰木莲生长的影响 . 中南林业科技大学学报，37（1）：33-37.

陈玉琪，曲永宁，刘光儒，等 . 1981. 祁连山西部云杉定量间伐研究初报 . 甘肃林业科技，（4）：20-27.

成晨 . 2009. 重庆缙云山水源涵养林结构及功能研究 . 北京：北京林业大学博士学位论文 .

程根伟，余新晓，赵玉涛 . 2004. 山地森林生态系统水文循环与数学模拟 . 北京：科学出版社 .

程国栋，肖洪浪，徐中民，等 . 2006. 中国西北内陆河水问题及其应对策略—以黑河流域为例 . 冰川冻土，28（3）：406-413.

程国栋，肖洪浪，傅伯杰，等 . 2014. 黑河流域生态-水文过程集成研究进展 . 地球科学进展，29（4）：431-437.

程良爽 . 2010. 岷江上游山地森林/干旱河谷交错带不同植被水源涵养效益 . 成都：四川农业大学硕士学位论文 .

楚秀丽，刘青华，范辉华，等 . 2014. 不同生境、造林模式闽楠人工林生长及林分分化 . 林业科学研究，27（4）：445-453.
崔鸿侠 . 2006. 三峡库区朱砂土小流域主要森林类型水文生态效应研究 . 武汉：华中农业大学硕士学位论文 .
党宏忠 . 2004. 祁连山水源涵养林水文特征研究 . 哈尔滨：东北林业大学硕士学位论文 .
党宏忠，周泽福，赵雨森 . 2005. 青海云杉林冠截留特征研究 . 水土保持学报，19（4）：60-64.
党坤良 . 1995. 秦岭火地塘林区不同林地土壤水分动态特征的研究 . 西北林学院学报，（1）：1-8.
邓少福 . 2013. 祁连山气候变化对植被的影响研究（2000-2011）. 兰州：兰州大学博士学位论文 .
邓秀秀 . 2016. 六盘山华北落叶松林分结构特征和径向生长的坡面变化及尺度效应 . 长沙：中南林业科技大学 .
董晓红 . 2007. 祁连山排露沟小流域森林植被水文影响的模拟研究 . 北京：中国林业科学研究院硕士学位论文 .
杜强 . 2010. 泰山罗汉崖林场森林近自然结构与水土保持功能 . 泰安：山东农业大学硕士学位论文 .
杜全贵 . 2009. 川西云杉在高海拔地区不同立地条件下生长情况的调查 . 青海农林科技，（3）：21-21.
段劼，马履一，张萍，等 . 2010. 不同立地侧柏林下植被与水源涵养能力的关系 . 湖北农业科学，49（2）：330-333.
范广洲，贾志军 . 2010. 植物物候研究进展 . 干旱气象，28（3）：250-255.
范文义，张海玉，于颖，等 . 2011. 三种森林生物量估测模型的比较分析 . 植物生态学报，35（4）：402-410.
高婵婵 . 2016. 黑河上游天老池流域乔木林降雨截流特征的研究 . 兰州：兰州大学硕士学位论文 .
高婵婵，赵传燕，王超，等 . 2016. 黑河上游天老池流域不同植被下土壤理化性质和入渗特征 . 水土保持学报，30（1）：117-121.
高琳琳 . 2015. 祁连山地区树轮气候与生态学研究 . 兰州：兰州大学博士学位论文 .
高云飞 . 2016. 黑河上游天老池流域亚高山草地蒸散发研究 . 兰州：兰州大学硕士学位论文 .
葛双兰，牛云 . 2004. 祁连山青海云杉林水量平衡的研究 . 防护林科技，（6）：29-31.
耿雷华，黄永基，郦建强，等 . 2002. 西北内陆河流域水资源特点初析 . 水科学进展，13（4）：496-501.
龚家栋，程国栋，张小由，等 . 2002. 黑河下游额济纳地区的环境演变 . 地球科学进展，17（4）：491-496.
郭水良，曹同 . 2000. 长白山地区森林生态系统树附生苔藓植物群落分布格局研究 . 植物生态学报，24（4）：442-450.
郭伟，文维全，黄玉梅，等 . 2009. 川西亚高山针阔混交林与针叶纯林苔藓凋落物层持水性能研究 . 水土保持学报，23（6）：240-243.
韩大校，金光泽 . 2017. 地形和竞争对典型阔叶红松林不同生长阶段树木胸径生长的影响 . 北京林业大学学报，39（1）：9-19.
郝帅，张毓涛，刘端，等 . 2009. 不同郁闭度天山云杉林林冠截留量及穿透雨量特征研究 . 干旱区地理，32（6）：917-923.
何列艳 . 2011. 长白山过伐林区杨桦次生林与落叶松人工林林下灌草多样性和生物量研究 . 北京：北京林业大学硕士学位论文 .
何庆宾，顾宇书，沿丽红，等 . 2010. 长白落叶松人工林地森林土壤水分规律的探讨 . 内蒙古林业调查设计，33（1）：60-62.
胡建朋 . 2012. 鲁中南石灰岩退化山地不同造林模型蓄水保土效益研究 . 泰安：山东农业大学硕士学位

论文.
胡健，吕一河，张琨，等 . 2016. 祁连山排露沟流域典型植被类型的水源涵养功能差异 . 生态学报，36（11）：3338-3349.
胡静霞，杨新兵，朱辰光，等 . 2017. 冀西北地区 4 种纯林枯落物及土壤水文效应 . 水土保持研究，24（4）：304-310.
黄奕龙，傅伯杰，陈利顶 . 2003. 生态水文过程研究进展 . 生态学报，23（3）：580-587.
黄永梅，陈慧颖，张景慧，等 . 2018. 植物属性地理的研究进展与展望 . 地理科学进展，37（1）：93-101.
惠刚盈 . 1999. 角尺度——一个描述林木个体分布格局的结构参数 . 林业科学，35（1）：37-42.
惠刚盈，Gadow K V，胡艳波，等 . 2004. 林木分布格局类型的角尺度均值分析方法 . 生态学报，24（6）：1225-1229.
惠刚盈，Gadow K V，胡艳波，等 . 2007. 结构化森林经营 . 北京：中国林业出版社 .
季蕾 . 2016. 金沟岭林场三种林型不同郁闭度林下灌草生物量和多样性 . 北京：北京林业大学硕士学位论文.
姜红梅，李明治，王亲等 . 2011. 祁连山东段不同植被下土壤养分状况研究 . 水土保持研究，18（5）：166-170.
焦醒，刘广全 . 2009. 陕西黄土高原油松生长状况及其影响因子分析 . 西北植物学报，29（5）：1026-1032.
金博文，王金叶，常宗强，等 . 2001. 祁连山青海云杉林冠层水文功能研究 . 西北林学院学报，16（z1）：39-42.
敬文茂，刘贤德，赵维俊，等 . 2011. 祁连山典型林分生物量与净生产力研究 . 甘肃农大学报，46（6）：81-85.
亢新刚 . 2001. 森林资源经营管理 . 北京：中国林业出版社 .
李兵兵 . 2012. 塞罕坝落叶松人工林与白桦次生林林分生长规律及其与地形因子关系研究 . 保定：河北农业大学硕士学位论文 .
李军，李云飞，李桂森，等 . 2016. 立地因子对冀北山区华北落叶松生长的影响 . 河北林果研究，31（2）：122-127.
李明军，杜明凤，喻理飞 . 2015. 海拔及土壤环境对贵州中龄期杉木蓄积量的影响 . 贵州农业科学，43（9）：207-211.
李帅英 . 2002. 大窝铺油松林山杨林林分密度与林下植物多样性研究 . 保定：河北农业大学硕士学位论文 .
李相虎，张奇，邵敏 . 2012. 鄱阳湖流域叶面积指数时空变化特征及其与气候因子的关系 . 长江流域资源与环境，21（3）：296-301.
李效雄 . 2013. 祁连山西水林区青海云杉林生态系统结构与功能研究 . 兰州：甘肃农业大学博士学位论文 .
李效雄，刘贤德，赵维俊 . 2013. 祁连山青海云杉林动态监测样地群落特征 . 中国沙漠，33（1）：94-100.
李毅，孙雪新，康向阳 . 1994. 甘肃胡杨林分结构的研究 . 干旱区资源与环境，（3）：88-95.
李振华 . 2014. 六盘山叠叠沟典型植被蒸散及水文要素的坡面尺度效应 . 北京：中国林业科学研究院博士学位论文 .
李志飞，赵雨森，辛颖，等 . 2010. 阿什河上游小流域不同森林类型土壤水分时空分布 . 中国水土保持科学，8（4）：86-89.
刘建泉，李进军，郝虎，等.2017. 祁连山青海云杉林生物量与碳储量及其影响因素分析. 现代农业科技，(12)：140-143.
刘旻霞.2004. 青海云杉林林冠截留与大气降水的关系. 甘肃农业大学学报，39（3）：341-344.
刘旻霞，车克钧.2004. 祁连山青海云杉林枯落物层水文效应分析. 甘肃农大学报，39（4）：434-438.
刘谦和，车克钧.1995. 祁连山北坡立地因子对青海云杉树高生长的相关分析. 甘肃林业科技，(2)：7-12.
刘贤德，李效雄，张学龙，等.2009. 干旱半干旱区山地森林类型的土壤水文特征. 干旱区地理，32（5）：691-697.
刘贤德，杨全生.2006. 祁连山生物多样性研究. 北京：中国科学技术出版社.
刘向东，吴钦孝，苏宁虎.1989. 六盘山林区森林树冠截留，枯枝落叶层和土壤水文性质的研究. 林业科学，25（3）：220-227.
刘向东，吴钦孝，赵鸿雁.1991. 黄土高原油松人工林枯枝落叶层水文生态功能研究. 水土保持学报，5（4）：87-91.
刘兴聪.1983. 东祁连山西段云杉生长规律的调查研究. 甘肃农大学报，(3)：60-69.
刘兴聪.1992a. 青海云杉. 兰州：兰州大学出版社.
刘兴聪.1992b. 祁连山哈溪林场青海云杉林生物量的测定. 甘肃林业科技，(1)：7-10.
刘兴明.2012. 祁连山青海云杉林潜在分布及其生物量碳空间特征研究. 兰州：甘肃农业大学博士学位论文.
刘兴明，林松山，张仁陟.2010. 祁连山东部地区苔藓青海云杉林降水截留研究. 干旱区地理（汉文版），33（3）：370-376.
刘泽彬，王彦辉，刘宇，等.2017. 宁夏六盘山半湿润区华北落叶松林冠层叶面积指数的时空变化及坡面尺度效应. 植物生态学报，41（7）：749-760.
刘铮，赵传燕，白英，等.2013. 祁连山区小流域青海云杉材积生长差异性. 兰州大学学报（自然科学版），(6)：747-751.
刘志理，戚玉娇，金光泽.2013. 小兴安岭谷地云冷杉林叶面积指数的季节动态及空间格局. 林业科学，49（8）：58-64.
柳逸月.2013. 黑河上游典型小流域植被降雨截留特征研究. 兰州：兰州大学硕士学位论文.
卢振启，黄秋娴，杨新兵.2014. 河北雾灵山不同海拔油松人工林枯落物及土壤水文效应研究. 水土保持学报，28（1）：112-116.
吕瑜良，刘世荣，孙鹏森，等.2007. 川西亚高山暗针叶林叶面积指数的季节动态与空间变异特征. 林业科学，(8)：1-7.
马国飞，满苏尔·沙比提.2017. 托木尔峰自然保护区台兰河上游森林植被水源涵养功能. 水土保持学报，31（3）：147-153.
马剑，颉芳芳，赵维俊.2015. 祁连山不同海拔梯度青海云杉树高和生物量变化规律的研究. 防护林科技，(1)：4-6.
马俊，党坤良，王连贺，等.2016. 秦岭火地塘林区红桦林生物量和蓄积量变化研究. 西北林学院学报，31（3）：204-210.
马雪华.1993. 森林水文学. 北京：中国林业出版社.
马正锐，程积民，班松涛，等.2012. 宁夏森林枯落物储量与持水性能分析. 水土保持学报，26（4）：199-203.

苗毓鑫 . 2017. 祁连山青海云杉林天然更新特点研究 . 兰州：甘肃农业大学硕士学位论文 .
孟宪宇 . 2006. 测树学（第 3 版）. 北京：中国林业出版社 .
莫非，赵鸿，王建永，等 . 2011. 全球变化下植物物候研究的关键问题 . 生态学报，31（9）：2593-2601.
莫康乐，张志强，陈立欣，等 . 2013. 永定河沿河沙地杨树人工林林下土壤蒸发研究 . 四川农业大学学报，31（1）：32-36.
牛赟，刘贤德，王立，等 . 2014. 祁连山大野口流域青海云杉林分结构及其土壤水热特征分析 . 生态环境学报，（3）：385-391.
潘紫重，应天玉 . 2008. 林分垂直结构与静态持水能力的关系 . 东北林业大学学报，36（4）：14-16.
裴顺祥，郭泉水，辛学兵，等 . 2011. 我国东北 4 种常见阔叶乔木物候对气候变化的响应 . 林业科学，47（11）：181-187.
裴顺祥，郭泉水，贾渝彬，等 . 2015. 保定市 8 种乔灌木开花始期对气候变化响应的积分回归分析 . 北京林业大学学报，37（7）：11-18.
彭焕华 . 2010. 祁连山北坡青海云杉林冠截留过程研究 . 兰州：兰州大学硕士学位论文 .
彭焕华 . 2013. 黑河上游典型小流域森林-草地生态系统水文过程研究 . 兰州：兰州大学博士学位论文 .
彭焕华，赵传燕，沈卫华，等 . 2010. 祁连山北坡青海云杉林冠对降雨截留空间模拟——以排露沟流域为例 . 干旱区地理（汉文版），33（4）：600-606.
彭焕华，赵传燕，许仲林，等 . 2011. 祁连山青海云杉林冠层持水能力 . 应用生态学报，22（9）：2233-2239.
彭守璋，赵传燕，郑祥霖，等 . 2011a. 祁连山青海云杉林生物量和碳储量空间分布特征 . 应用生态学报，22（7）：1689-1694.
彭守璋，赵传燕，许仲林，等 . 2011b. 黑河上游祁连山区青海云杉生长状况及其潜在分布区的模拟 . 植物生态学报，35（6）：605-614.
齐善忠，王涛，罗芳，等 . 2004. 黑河流域环境退化特征分析及防治研究 . 地理科学进展，23（1）：30-37.
佘跃辉 . 1995. 干旱半干旱地区山地森林生态功能特征与经营对策分析——以祁连山水源林为例 . 甘肃林业科技，20（2）：31-36.
史元春，赵成章，宋清华，等 . 2015. 兰州北山侧柏株高与冠幅、胸径异速生长关系的坡向差异性 . 生态学杂志，34（7）：1879-1885.
宋克超，康尔泗，金博文，等 . 2004. 两种小型蒸渗仪在黑河流域山区植被带的应用研究 . 冰川冻土，（5）：617-623.
宋小帅，康峰峰，韩海荣，等 . 2014. 太岳山不同郁闭度油松人工林枯落物及土壤水文效应 . 水土保持通报，34（3）：102-108.
苏宏新，白帆，李广起 . 2012. 3 类典型温带山地森林的叶面积指数的季节动态：多种监测方法比较 . 植物生态学报，36（3）：231-242.
苏建平，康博文 . 2004. 我国树木蒸腾耗水研究进展 . 水土保持研究，11（2）：177-179.
孙昌平 . 2010. 祁连山中部青海云杉林水源涵养功能研究 . 兰州：甘肃农业大学硕士学位论文 .
孙浩，杨民益，余杨春，等 . 2014. 宁夏六盘山几种典型水源涵养林林分结构与水文功能的关系 . 中国水土保持科学，12（1）：10-18.
孙洪刚，姜景民，万志兵 . 2017. 海拔和坡向对北亚热带檫木天然次生林生长、空间结构和树种组成的影响 . 东北林业大学学报，45（4）：8-13.
孙美平，刘时银，姚晓军，等 . 2015. 近 50 年来祁连山冰川变化——基于中国第一、二次冰川编目数据 .

地理学报，70（9）：1402-1414.
孙时轩 . 1992. 造林学 . 北京：中国林业出版社 .
孙长斌，马国强 . 1996. 乐都地区青海云杉立木二元材积表的编制 . 青海农林科技，(3)：41-45.
谭俊磊，马明国，车涛，等 . 2009. 基于不同郁闭度的青海云杉冠层截留特征研究 . 地球科学进展，24（7）：825-833.
谭长强，彭玉华，申文辉，等 . 2015. 珠江中上游都安地区不同森林类型林下水源涵养能力比较 . 广西林业科学，44（4）：346-351.
田成明，陈志，高小红 . 2014. 基于 Landsat 5 TM 的祁连山区蒸散发遥感估算——以青海祁连县为例 . 青海师范大学学报（自然科学版），(2)：49-56.
田风霞 . 2011. 祁连山区青海云杉林生态水文过程研究 . 兰州：兰州大学博士学位论文 .
田风霞，赵传燕，冯兆东 . 2011. 祁连山区青海云杉林蒸腾耗水估算 . 生态学报，31（9）：2383-2391.
田风霞，赵传燕，冯兆东，等 . 2012. 祁连山青海云杉林冠生态水文效应及其影响因素 . 生态学报，32（4）：1066-1076.
田义超，梁铭忠 . 2016. 北部湾沿海地区植被覆盖对气温和降水的旬响应特征 . 自然资源学报，31（3）：488-502.
童鸿强，王玉杰，王彦辉，等 . 2011. 六盘山叠叠沟华北落叶松人工林叶面积指数的时空变化特征 . 林业科学研究，24（01）：13-20.
万艳芳 . 2017. 祁连山青海云杉林蒸腾特征及影响因素分析 . 兰州：甘肃农业大学硕士学位论文 .
万艳芳，刘贤德，王顺利，等 . 2016. 祁连山青海云杉林冠降雨再分配特征及影响因素 . 水土保持学报，30（5）：224-229.
万艳芳，于澎涛，刘贤德，等 . 2017. 祁连山青海云杉树干液流密度的优势度差异 . 生态学报，37（9）：3106-3114.
王超 . 2013. 黑河上游天老池流域植被变化对降雨径流过程影响研究 . 兰州：兰州大学博士学位论文 .
王凤友 . 1989. 森林凋落物量综述研究 . 生态学进展，6（2）：95-102.
王辉，张汝杰，崔立奇，等 . 2015. 海拔对油松天然更新和胸径生长的影响 . 河北林果研究，（1）：45-50.
王金叶 . 2006. 祁连山水源涵养林生态系统水分传输过程与机理研究 . 长沙：中南林业科技大学博士学位论文 .
王金叶，车克钧 . 2000. 祁连山青海云杉林碳平衡研究 . 西北林学院学报，15（1）：9-14.
王金叶，车克钧，傅辉恩，等 . 1998. 祁连山水源涵养林生物量的研究 . 福建林学院学报，18（4）：319-323.
王金叶，王艺林，金博文，等 . 2001. 干旱半干旱区山地森林的水分调节功能 . 林业科学，37（5）：120-125.
王瑾，温娅丽，刘思瑞，等 . 2014a. 祁连山大野口流域青海云杉林苔藓枯落物及其土壤水热特征分析 . 甘肃农业大学学报，49（6）：107-113.
王瑾，牛赟，敬文茂，等 . 2014b. 祁连山林草复合流域气象因子、土壤特性及其蒸发对比研究 . 中南林业科技大学学报，(10)：90-94.
王进鑫，黄宝龙，王明春，等 . 2005. 不同供水条件下侧柏和刺槐幼树的蒸腾耗水与土壤水分应力订正 . 应用生态学报，16（3）：419-425.
王连贺 . 2016. 秦岭南坡两种典型林分结构特征研究 . 杨凌：西北农林科技大学硕士学位论文 .
王连喜，陈怀亮，李琪，等 . 2010. 植物物候与气候研究进展 . 生态学报，30（2）：447-454.

王梅，达光文，王英成，等 . 2013. 祁连山青海云杉天然林林分径级结构空间分布格局分析 . 林业资源管理，(6)：127-132.
王让会，张慧芝，黄青 . 2005. 山地–绿洲–荒漠系统耦合关系研究的新进展 . 中国科学基金，19（6）：339-342.
王顺利，王金叶，张学龙，等 . 2006. 祁连山青海云杉林苔藓枯落物分布与水文特性 . 水土保持研究，13（5）：156-159.
王顺利，刘贤德，金铭，等 . 2017. 青海云杉林下苔藓层对土壤蒸发的影响 . 干旱区资源与环境，31（4）：131-135.
王威 . 2009. 北京山区水源涵养林结构与功能耦合关系研究 . 北京：北京林业大学博士学位论文 .
王学福，郭生祥 . 2014. 祁连山青海云杉个体生长过程分析 . 林业实用技术，(7)：10-13.
王彦辉 . 1987. 刺槐对降雨的截持作用 . 生态学报，7（1）：43-49.
王彦辉 . 2001. 几个树种的林冠降雨特征 . 林业科学，37（4）：2-9.
王彦辉，于澎涛 . 1998. 林冠截留降雨模型转化和参数规律的初步研究 . 北京林业大学学报，20（6）：25-30.
王彦辉，熊伟，于澎涛，等 . 2006. 干旱缺水地区森林植被蒸散耗水研究 . 中国水土保持科学，4（4）：19-25.
王艳兵 . 2016. 六盘山叠叠沟主要植被类型的水文过程及其坡面变化 . 北京：中国林业科学研究院博士学位论文 .
王永前，施建成，蒋玲梅，等 . 2008. 利用遥感数据分析青藏高原水热条件对叶面积指数的影响 . 国土资源遥感，(4)：81-86.
王云霓 . 2015. 六盘山南坡典型森林的水文影响及其坡面尺度效应 . 北京：中国林业科学研究院博士学位论文 .
王占林，蔡文成 . 1992. 东峡林区青海云杉林地位级初步划分 . 青海农林科技，(4)：22-27.
温远光，刘世荣 . 1995. 我国主要森林生态系统类型降水截留规律的数量分析 . 林业科学，31（4）：289-298.
吴春荣，邢彩萍 . 2015. 祁连山三种主要乔木林细根生物量比较 . 水土保持研究，22（5）：325-330.
吴芳 . 2011. 黄土丘陵半干旱区刺槐、侧柏人工林耗水规律及影响因素研究 . 杨凌：西北农林科技大学硕士学位论文 .
吴琴，胡启武，郑林，等 . 2010. 青海云杉叶寿命与比叶重随海拔变化特征 . 西北植物学报，30（8）：1689-1694.
吴载璋，陈绍栓 . 2004. 光照条件对楠木人工林生长的影响 . 福建林学院学报，24（4）：371-373.
熊斌梅，汪正祥，李中强，等 . 2016. 七姊妹山自然保护区黄杉年龄胸径树高的相关性研究 . 林业资源管理，(4)：41-46.
熊伟，王彦辉，于澎涛，等 . 2005. 六盘山辽东栎、少脉椴天然次生林夏季蒸散研究 . 应用生态学报，16（9）：1628-1632.
徐丽宏，时忠杰，王彦辉，等 . 2010. 六盘山主要植被类型冠层截留特征 . 应用生态学报，21（10）：2487-2493.
许仲林 . 2011. 祁连山青海云杉林地上生物量潜在碳储量估算 . 兰州：兰州大学博士学位论文 .
许仲林，赵传燕，冯兆东 . 2011. 祁连山青海云杉林物种分布模型与变量相异指数 . 兰州大学学报（自然科学版），47（4）：55-63.
杨国靖，肖笃宁 . 2004. 中祁连山浅山区山地森林景观空间格局分析 . 应用生态学报，15（2）：269-272.

杨凯 . 2001. 红皮云杉工业用材林培育技术体系的研究 . 哈尔滨：东北林业大学博士学位论文 .
杨昆，管东生 . 2006. 林下植被的生物量分布特征及其作用 . 生态学杂志，25（10）：1252-1256.
杨昆，管东生 . 2007. 森林林下植被生物量收获的样方选择和模型 . 生态学报，27（2）：705-714.
杨秋香，牛云 . 2003. 青海云杉连年生长模型的分析 . 河西学院学报，（5）：83-86.
杨逍虎，敬文茂，赵维俊，等 . 2017. 祁连山排露沟流域青海云杉林生物量和净生产力研究 . 防护林科技，（8）：1-3.
杨晓勤，李良 . 2013. 不同林龄华北落叶松人工林土壤蒸发特征及地表径流研究 . 山东林业科技，43（1）：48-50.
杨文娟 . 2018. 祁连山青海云杉林空间分布和结构特征及蒸散研究 . 北京：中国林业科学研究院博士学位论文 .
姚爱静，朱清科，张宇清，等 . 2005. 林分结构研究现状与展望 . 林业调查规划，30（2）：70-76.
叶吉，郝占庆，戴冠华 . 2004. 长白山暗针叶林苔藓植物生物量的研究 . 应用生态学报，15（5）：737-740.
仪垂祥，刘开瑜 . 1996. 植被截留降水量公式的建立 . 水土保持学报，（2）：47-49.
尹宪志，张强，徐启运，等 . 2009. 近 50 年来祁连山区气候变化特征研究 . 高原气象，28（1）：85-90.
俞益民，赵登海，梅曙光，等 . 1999. 贺兰山地区青海云杉生长与环境的关系 . 西北林学院学报，14（1）：16-21.
喻阳华 . 2015. 赤水河上游森林水源涵养功能群及其结构配置与调整对策 . 贵阳：贵州大学博士学位论文 .
袁虹，冯宏元，汪有奎，等 . 2016. 祁连山自然保护区主要保护对象及类型调查分析 . 中南林业科技大学学报，36（1）：6-11.
袁亚鹏 . 2015. 祁连山中部不同海拔青海云杉径向生长对气候的响应 . 兰州：兰州大学硕士学位论文 .
张光灿，赵玫 . 1999. 泰山几种林分枯落物和土壤水文效应研究 . 林业科技通讯，（6）：28-29.
张虎，马力 . 2000. 祁连山青海云极林降水及其再分配 . 甘肃林业科技，25（4）：27-30.
张绘芳，朱雅丽，地力夏提，等 . 2017. 阿尔泰山林区云杉和落叶松生物量分配格局研究 . 南京林业大学学报（自然科学版），41（1）：203-208.
张佳华，符淙斌，延晓冬，等 . 2002. 全球植被叶面积指数对温度和降水的响应研究 . 地球物理学报，（5）：631-637，754-755.
张建华，杨新兵，鲁绍伟，等 . 2014. 河北雾灵山不同林分灌草多样性及影响因素研究 . 河北农业大学学报，37（1）：27-32.
张剑挥 . 2010. 祁连山青海云杉林生态系统水源涵养功能研究 . 兰州：甘肃农业大学硕士学位论文 .
张杰，李敏，敖子强，等 . 2018. 基于 CNKI 的植物功能性状研究进展文献计量分析 . 江西科学，36（2）：314-318.
张雷 . 2015. 祁连山青海云杉林结构和树木生长随海拔的变化 . 北京：中国林业科学研究院硕士学位论文 .
张立杰，蒋志荣 . 2006. 青海云杉种群分布格局沿海拔梯度分形特征的变化 . 西北林学院学报，21（2）：64-66.
张天斌，牛赟，敬文茂 . 2016. 祁连山东段哈溪林区不同海拔青海云杉林土壤水分和容重变化研究 . 林业科技通讯，（6）：3-7.
张维，焦子伟，尚天翠，等 . 2015. 新疆西天山峡谷海拔梯度上野核桃种群统计与谱分析 . 应用生态学报，26（4）：1091-1098.

张小由，康尔泗，司建华，等.2006. 胡杨蒸腾耗水的单木测定与林分转换研究. 林业科学，42（7）：28-32.
张学龙，罗龙发，敬文茂，等.2007. 祁连山青海云杉林截留对降水的分配效应. 山地学报，25（6）：678-683.
张耀宗.2009. 近50年来祁连山地区的气候变化. 兰州：西北师范大学硕士学位论文.
张勇，秦嘉海，赵芸晨，等.2013. 黑河上游冰沟流域不同林地土壤理化性质及有机碳和养分的剖面变化规律. 水土保持学报，27（2）：126-130.
张志强，余新晓，赵玉涛，等.2003. 森林对水文过程影响研究进展. 应用生态学报，14（1）：113-116.
章皖秋，李先华，罗庆州，等.2003. 基于RS，GIS的天目山自然保护区植被空间分布规律研究. 生态学杂志，22（6）：21-27.
赵传燕，沈卫华，彭焕华.2009. 祁连山区青海云杉林冠层叶面积指数的反演方法. 植物生态学报，33（5）：860-869.
赵鸿雁，吴钦孝，刘向东.1994. 山杨枯枝落叶的水文水保作用研究. 林业科学，30（2）：176-180.
赵丽，王建国，车明中，等.2014. 内蒙古扎兰屯市典型森林枯落物、土壤水源涵养功能研究. 干旱区资源与环境，28（5）：91-96.
赵维俊.2008. 祁连山水源涵养林水文特征研究. 兰州：甘肃农业大学博士学位论文.
赵维俊，敬文茂，刘贤德，等.2011. 祁连圆柏生长特性研究. 安徽农业科学，39（10）：5847-5848.
赵维俊，刘贤德，金铭，等.2012. 祁连山青海云杉林群落结构特征分析. 干旱区研究，29（4）：615-620.
赵珍，贾文雄，张禹舜，等.2015. 祁连山区植被物候遥感监测与变化趋势. 中国沙漠，35（5）：1388-1395.
郑海水，黎明，汪炳根，等.2003. 西南桦造林密度与林木生长的关系. 林业科学研究，16（1）：81-86.
曾德慧，裴铁璠，范志平，等.1996. 樟子松林冠截留模拟实验研究. 应用生态学报，7（2）：134-138.
周彬.2013. 太岳山油松林人工林水文特征研究. 北京：北京林业大学硕士学位论文.
周广胜，王玉辉.1999. 全球变化与气候-植被分类研究和展望. 科学通报，44（24）：2587-2593.
周晓峰，赵惠勋，孙慧珍.2001. 正确评价森林水文效应. 自然资源学报，16（5）：420-426.
周志立，张丽玮，陈倩，等.2015. 木兰围场3种典型林分枯落物及土壤持水能力. 水土保持学报，29（1）：207-213.
《甘肃祁连山国家级自然保护区志》编纂委员会.2009. 甘肃祁连山国家级自然保护区志. 兰州：甘肃科学技术出版社.
Aring，Ström M，Dynesius M，et al. 2007. Slope aspect modifies community responses to clear-cutting in boreal forests. Ecology，88（3）：749-758.
Aston A R. 1979. Rainfall interception by eight small trees. Journal of Hydrology，42（3-4）：383-396.
Behera S K，Srivastava P，Pathre U V，et al. 2009. An indirect method of estimating leaf area index in Jatropha curcas L. using LAI-2000 Plant Canopy Analyzer. Agricultural and Forest Meteorology，150（2）：307-311.
Bequet R，Campioli M，Kint V，et al. 2012. Spatial Variability of Leaf Area Index in Homogeneous Forests Relates to Local Variation in Tree Characteristics. Forest Science，58（6）：633-640.
Bogaert J，Zhou L，Tucker C，et al. 2002. Evidence for a persistent and extensive greening trend in Eurasia inferred from satellite vegetation index data. Journal of Geophysical Research：Atmospheres，107（D11）：ACL 4-1-ACL 4-14.
Bonell M. 1993. Progress in the understanding of runoff generation dynamics in forests. Journal of Hydrology，150

(2-4): 217-275.

Bréda N, Granier A. 1996. Intra and interannual variations of transpiration, leaf area index and radial growth of sessile oak stand (Quercus petraea). Annales Des Sciences Forestières, 53 (2): 521-536.

Brusca R C, Wiens J F, Meyer W M, et al. 2013. Dramatic response to climate change in the Southwest: Robert Whittaker's 1963 Arizona Mountain plant transect revisited. Ecology and evolution, 3 (10): 3307-3319.

Brzeziecki B, Kienast F, Wildi O. 1995. Modelling potential impacts of climate change on the spatial distribution of zonal forest communities in Switzerland. Journal of Vegetation Science, 6 (2): 257-268.

Bucci S J, Scholz F G, Goldstein G, et al. 2008. Controls on stand transpiration and soil water utilization along a tree density gradient in a Neotropical savanna. Agricultural and Forest Meteorology, 148 (6): 839-849.

Chang X, Zhao W, He Z. 2014a. Radial pattern of sap flow and response to microclimate and soil moisture in Qinghai spruce (*Picea crassifolia*) in the upper Heihe River Basin of arid northwestern China. Agricultural and Forest Meteorology, 187: 14-21.

Chang X, Zhao W, Liu H, et al. 2014b. Qinghai spruce (*Picea crassifolia*) forest transpiration and canopy conductance in the upper Heihe River Basin of arid northwestern China. Agricultural and Forest Meteorology, 198: 209-220.

IPCC 2013. Climate Change 2013: The Physical Science Basis. Contribution of working group I to the fifth assessment report of the intergovernmental panel on climate change. New York: Cambridge University Press.

Chapman D G. 1961. Statistical Problems In Dynamics of Exploited Fisheries Populations. Proc. 4th Berkeley Symp. on Mathematics, Statistics and Probability, University of California Press Berkeley.

Chen J M. 1996. Optically- based methods for measuring seasonal variation of leaf area index in boreal conifer stands. Agricultural and Forest Meteorology, 80 (2): 135-163.

Chmielewski F M, Rötzer T. 2001. Response of tree phenology to climate change across Europe. Agricultural and Forest Meteorology, 108 (2): 101-112.

Chmura D J, Anderson P D, Howe G T, et al. 2011. Forest responses to climate change in the northwestern United States: ecophysiological foundations for adaptive management. Forest Ecology and Management, 261 (7): 1121-1142.

Cui Y, Zhao P, Yan B, et al. 2017. Developing the Remote Sensing- Gash Analytical Model for Estimating Vegetation Rainfall Interception at Very High Resolution: A Case Study in the Heihe River Basin. Remote Sensing, 9 (7): 661-672.

Dai A, Lamb P J, Trenberth K E, et al. 2004. The recent Sahel drought is real. International Journal of Climatology, 24 (11): 1323-1331.

Day F P, Monk C D. 1974. Vegetation patterns on a southern Appalachian watershed. Ecology, 55 (5): 1064-1074.

Dixon R K, Brown S, Houghton R E A, et al. 1994. Carbon pools and flux of global forest ecosystems. Science (Washington), 263 (5144): 185-189.

Dovčiak M, Reich P B, Frelich L E. 2003. Seed rain, safe sites, competing vegetation, and soil resources spatially structure white pine regeneration and recruitment. Canadian Journal of Forest Research, 33 (10): 1892-1904.

Drew T J, Flewelling J W. 1979. Stand density management: an alternative approach and its application to Douglas-fir plantations. Forest Science, 25 (3): 518-532.

Du J, He Z B, Yang Z L, et al. 2014. Detecting the effects of climate change on canopy phenology in coniferous forests in semi-arid mountain regions of China. International Journal of Remote Sensing, 35 (17): 6490-6507.

Eeley H A, Lawes M J, Piper S E. 1999. The influence of climate change on the distribution of indigenous forest in KwaZulu-Natal, South Africa. Journal of Biogeography, 26 (3): 595-617.

Erschbamer B, Kneringer E, Schlag R N. 2001. Seed rain, soil seed bank, seedling recruitment, and survival of seedlings on a glacier foreland in the Central Alps. Flora, 196 (4): 304-312.

Fang J, Chen A, Peng C, et al. 2001. Changes in forest biomass carbon storage in China between 1949 and 1998. Science, 292 (5525): 2320-2322.

Ferguson G, George S S. 2003. Historical and estimated ground water levels near Winnipeg, Canada, and their sensitivity to climatic variability. Journal of the American Water Resources Association, 39 (5): 1249-1259.

Forrester D I, Collopy J J, Morris J D, et al. 2010. Transpiration along an age series of Eucalyptus globulus plantations in southeastern Australia. Forest Ecology and Management, 259 (9): 1754-1760.

Forrester D I, Collopy J J, Beadle C L, et al. 2012. Effect of thinning, pruning and nitrogen fertiliser application on transpiration, photosynthesis and water-use efficiency in a young Eucalyptus nitens plantation. Forest Ecology and Management, 266 (288): 286-300.

Gash J, Wright I, Lloyd C R. 1980. Comparative estimates of interception loss from three coniferous forests in Great Britain. Journal of Hydrology, 48 (1-2): 89-105.

Gieruszyński T. 1936. Wpływ wystawy na wzrost i zasobność drzewostanów świerkowych w Karpatach Wschodnich [Effect of slope exposure on the growth and yield of Norway spruce stands in the West Carpathians]: Polskie Towarzystwo Leśne.

Gottfried M, Pauli H, Grabherr G. 1998. Prediction of vegetation patterns at the limits of plant life: a new view of the alpine-nival ecotone. Arctic and Alpine Research, 30 (3): 207-221.

Gottfried M, Pauli H, Reiter K, et al. 1999. A fine-scaled predictive model for changes in species distribution patterns of high mountain plants induced by climate warming. Diversity and Distributions, 5 (6): 241-251.

Granier A, Bréda N. 1996. Modelling canopy conductance and stand transpiration of an oak forest from sap flow measurements. Annales Des Sciences Forestières, 53 (2-3): 537-546.

Granier A, Bréda N, Biron P, et al. 1999. A lumped water balance model to evaluate duration and intensity of drought constraints in forest stands. Ecological Modelling, 116 (2): 269-283.

Granier A, Loustau D, Bréda N. 2000. A generic model of forest canopy conductance dependent on climate, soil water availability and leaf area index. Annals of Forest Science, 57 (8): 755-765.

Grubb P, Whitmore T. 1966. A comparison of montane and lowland rain forest in Ecuador: II. The climate and its effects on the distribution and physiognomy of the forests. The Journal of Ecology, 54 (2): 303-333.

Guisan A, Theurillat J P. 2000. Equilibrium modeling of alpine plant distribution: how far can we go? Phytocoenologia, 30 (3/4): 353-384.

Hamann A, Wang T. 2006. Potential effects of climate change on ecosystem and tree species distribution in British Columbia. Ecology, 87 (11): 2773-2786.

Hampe A, Petit R J. 2005. Conserving biodiversity under climate change: the rear edge matters. Ecology letters, 8 (5): 461-467.

He Z, Zhao W, Liu H, et al. 2012. Effect of forest on annual water yield in the mountains of an arid inland river basin: a case study in the Pailugou catchment on northwestern China's Qilian Mountains. Hydrological Processes, 26 (4): 613-621.

He Z, Zhao W, Zhang L, et al. 2013. Response of tree recruitment to climatic variability in the alpine treeline ecotone of the Qilian Mountains, northwestern China. Forest Science, 59 (1): 118-126.

Hewlett J D, Hibbert A R. 1963. Moisture and energy conditions within a sloping soil mass during drainage. Journal of Geophysical Research, 68 (4): 1081-1087.

Huang S, Titus S J. 1994. An age- independent individual tree height prediction model for boreal spruce- aspen stands in Alberta. Canadian Journal of Forest Research, 24 (7): 1295-1301.

Huang Y, Gerber S, Huang T, et al. 2016. Evaluating the drought response of CMIP5 models using global gross primary productivity, leaf area, precipitation, and soil moisture data. Global Biogeochemical Cycles, 30 (12): 1-20.

Hughes L. 2000. Biological consequences of global warming: is the signal already apparent? Trends inEcology and Evolution, 15 (2): 56-61.

Hummel S. 2000. Height, diameter and crown dimensions of Cordiaalliodora associated with tree density. Forest Ecology & Management, 127 (1-3): 31-40.

Jacoby G C, Arrigo R D, Davaajamts T. 1996. Mongolian tree rings and 20th- century warming. Science, 273 (5276): 771-773.

Jim C Y. 2005. Outstanding remnants of nature in compact cities: Patterns and preservation of heritage trees in Guangzhou City (China) . Geoforum, 36 (3): 371-385.

Kelley C P, Mohtadi S, Cane M A, et al. 2015. Climate change in the Fertile Crescent and implications of the recent Syrian drought. Proceedings of the National Academy of Sciences, 112 (11): 3241-3246.

Kelly A E, Goulden M L. 2008. Rapid shifts in plant distribution with recent climate change. Proceedings of the National Academy of Sciences, 105 (33): 11823-11826.

Kharuk V I, Ranson K J, Im S T, et al. 2010. Spatial distribution and temporal dynamics of high - elevation forest stands in southern Siberia. Global Ecology and Biogeography, 19 (6): 822-830.

Klasner F L, Fagre D B. 2002. A half century of change in alpine treeline patterns at Glacier National Park, Montana, USA. Arctic Antarctic and Alpine Research, 34: 49-56.

Klinka K, Chen H, Wang Q, et al. 1996. Height growth- elevation relationships in subalpine forests of interior British Columbia. The Forestry Chronicle, 72 (2): 193-198.

Kurz W A, Dymond C, Stinson G, et al. 2008. Mountain pine beetle and forest carbon feedback to climate change. Nature, 452 (7190): 987-990.

Löve D. 1970. Subarctic and subalpine: Where and what? Arctic and Alpine Research, 2 (1): 63-73.

Lagergren F, Lindroth A. 2002. Transpiration response to soil moisture in pine and spruce trees in Sweden. Agricultural and Forest Meteorology, 112 (2): 67-85.

Lawrence D M, Thornton P E, Oleson K W, et al. 2007. The Partitioning of Evapotranspiration into Transpiration, Soil Evaporation, and Canopy Evaporation in a GCM: Impacts on Land Atmosphere Interaction. Journal of Hydrometeorology, 8 (4): 862-880.

Lindgren D, Ying C C, Elfving B, et al. 1994. Site index variation with latitude and altitude in IUFRO Pinus contorta provenance experiments in western Canada and northern Sweden. Scandinavian Journal of Forest Research, 9 (1-4): 270-274.

Liu Y, Sun J, Song H, et al. 2010. Tree-ring hydrologic reconstructions for the Heihe River watershed, western China since AD 1430. Water Research, 44 (9): 2781-2792.

Lloyd A H, Fastie C L. 2003. Recent changes in treeline forest distribution and structure in interior Alaska. Ecoscience, 10 (2): 176-185.

Lloyd A H, Rupp T S, Fastie C L, et al. 2002. Patterns and dynamics of treeline advance on the Seward Peninsula, Alaska. Journal of Geophysical Research: Atmospheres, 107 (D2): ALT 2-1-ALT 2-15.

Malhi Y, Roberts J T, Betts R A, et al. 2008. Climate change, deforestation, and the fate of the Amazon. science, 319 (5860): 169-172.

Mcjannet D, Fitch P, Disher M, et al. 2007. Measurements of transpiration in four tropical rainforest types of north Queensland, Australia. Hydrological Processes, 21 (26): 3549-3564.

McKenney D W, Pedlar J H, Lawrence K, et al. 2007. Potential impacts of climate change on the distribution of North American trees. BioScience, 57 (11): 939-948.

Meerveld T- V H, McDonnell J. 2006. On the interrelations between topography, soil depth, soil moisture, transpiration rates and species distribution at the hillslope scale. Advances in Water Resources, 29 (2): 293-310.

Mehtätalo L. 2004. A longitudinal height-diameter model for Norway spruce in Finland. Canadian Journal of Forest Research, 34 (1): 131-140.

Mowbray T B, Oosting H J. 1968. Vegetation gradients in relation to environment and phenology in a southern Blue Ridge gorge. Ecological Monographs, 38 (4): 309-344.

Narisma G T, Foley J A, Licker R, et al. 2007. Abrupt changes in rainfall during the twentieth century. Geophysical Research Letters, 34 (6): 710-714.

Nasahara K N, Muraoka H, Nagai S, et al. 2008. Vertical integration of leaf area index in a Japanese deciduous broad-leaved forest. Agricultural and Forest Meteorology, 148 (6): 1-44.

Nigh G D. 1997. ASitka spruce height-age model with improved extrapolation properties. The Forestry Chronicle, 73 (3): 363-369.

Olivero A M, Hix D M. 1998. Influence of aspect and stand age on ground flora of southeastern Ohio forest ecosystems. Plant Ecology, 139 (2): 177-187.

Parmesan C, Yohe G. 2003. A globally coherent fingerprint of climate change impacts across natural systems. Nature, 421 (6918): 37-42.

Pennington D D, Collins S L. 2007. Response of an aridland ecosystem to interannual climate variability and prolonged drought. Landscape Ecology, 22 (6): 897-910.

Phelps J, Webb E L, Agrawal A. 2010. Does REDD+ threaten to recentralize forest governance? Science, 328 (5976): 312-313.

Ratkowsky D A, Reedy T J. 1986. Choosing near- linear parameters in the four- parameter logistic model for radioligand and related assays. Biometrics: 575-582.

Ratkwosky D A. 1990. Handbook of nonlinear regression models. Journal of the Royal Statistical Society: Series C (Applied Statistics), 40 (1), 186-187.

Ribot J C, Agrawal A, Larson A M. 2006. Recentralizing while decentralizing: how national governments reappropriate forest resources. World development, 34 (11): 1864-1886.

Richards F. 1959. A flexible growth function for empirical use. Journal of experimental Botany, 10 (2): 290-301.

Rodriguez- Garcia E, Bravo F. 2013. Plasticity in Pinus pinaster populations of diverse origins: Comparative seedling responses to light and Nitrogen availability. Forest Ecology & Management, 307 (6): 196-205.

Rodriguez- Iturbe I. 2000. Ecohydrology: A hydrologic perspective of climate- soil- vegetation dynamies. Water Resources Research, 36 (1): 3-9.

Rutter A, Kershaw K, Robins P, et al. 1971. A predictive model of rainfall interception in forests, I. Derivation of the model from observations in a plantation of Corsican pine. Agricultural Meteorology, 9: 367-384.

Ryan M G, Yoder B J. 1997. Hydraulic limits to tree height and tree growth. Bioscience, 47 (4): 235-242.

Sánchez C A L, Varela J G, Dorado F C, et al. 2003. A height-diameter model for Pinus radiata D. Don in Galicia (Northwest Spain). Annals of Forest Science, 60 (3): 237-245.

Sadras V O, Milroy S P. 1996. Soil-water thresholds for the responses of leaf expansion and gas exchange: A review. Field Crops Research, 47 (2-3): 253-266.

Schnute J. 1981. A versatile growth model with statistically stable parameters. Canadian Journal of Fisheries and Aquatic Sciences, 38 (9): 1128-1140.

Seghieri J, Vescovo A, Padel K, et al. 2009. Relationships between climate, soil moisture and phenology of the woody cover in two sites located along the West African latitudinal gradient. Journal of Hydrology, 375 (1-2): 78-89.

Seynave I, Gégout J-C, Hervé J-C, et al. 2005. Picea abies site index prediction by environmental factors and understorey vegetation: a two-scale approach based on survey databases. Canadian Journal of Forest Research, 35 (7): 1669-1678.

Sharma M, Zhang S Y. 2004. Height - diameter models using stand characteristics for Pinus banksiana and Picea mariana. Scandinavian Journal of Forest Research, 19 (5): 442-451.

Shi Y, Shen Y, Kang E, et al. 2007. Recent and future climate change in northwest China. Climatic change, 80 (3): 379-393.

Sprackling J A. 1973. Soil-topographic site index for Engelmann spruce on granitic soils in northern Colorado and southern Wyoming: Forest Service, US Dept. of Agriculture, Rocky Mountain Forest and Range Experiment Station.

Swain D L, Tsiang M, Haugen M, et al. 2014. The extraordinary California drought of 2013/2014: Character, context, and the role of climate change. Bulletin of the American Meteorological Society, 95 (9): S3-S7.

Theurillat J P, Guisan A. 2001. Potential impact of climate change on vegetation in the European Alps: a review. Climatic change, 50 (1-2): 77-109.

Thor E, DeSelm H, Martin W. 1969. Natural reproduction on upland sites in the Cumberland Mountains of Tennessee. J. Tenn. Acad. Sci, 44: 96-100.

Tian L. 1996. Vegetation in the eastern flank of Helan Mountains. Hohhot, China: Inner Mongolia University Press.

Turesson G. 1914. Slope exposure as a factor in the distribution of Pseudotsuga taxifolia in arid parts of Washington. Bulletin of the Torrey Botanical Club, 41 (6): 337-345.

Valmore L. 1974. Frequency-dependent relationships between tree-ring series along an ecological gradient and some dendroclimatic implications. Tree-Ring Bulletin, 34: 1-20.

Vargas-Hernandez J, Adams W. 1991. Genetic variation of wood density components in young coastal Douglas-fir: implications for tree breeding. Canadian Journal of Forest Research, 21 (12): 1801-1807.

Viville D, Biron P, Granier A, et al. 1993. Interception in a mountainous declining spruce stand in the Strengbach catchment (Vosges, France). Journal of Hydrology, 144 (1-4): 273-282.

Wang, Y H, Mike, et al. 2012. Changing Forestry Policy by Integrating Water Aspects into Forest/Vegetation Restoration in Dryland Areas in China. Bulletin of the Chinese Academy of Sciences, 26 (1): 59-67.

Wang S, Fu B, He C, et al. 2011. A comparative analysis of forest cover and catchment water yield relationships in northern China. Forest Ecology and Management, 262 (7): 1189-1198.

Wang T, Campbell E M, O' Neill G A, et al. 2012. Projecting future distributions of ecosystem climate niches: uncertainties and management applications. Forest Ecology and Management, 279: 128-140.

Watson R T, Zinyowera M C, Moss R H. 1998. The regional impacts of climate change: an assessment of vulnerability: Cambridge University Press.

Williams J W, Shuman B N, Webb T, et al. 2004. Late - quaternary vegetation dynamics in North America: Scaling from taxa to biomes. Ecological Monographs, 74 (2): 309-334.

Woodward F I, Williams B. 1987. Climate and plant distribution at global and local scales. Theory and models in vegetation science, Springer: 189-197.

Wullschleger S D, Hanson P J. 2006. Sensitivity of canopy transpiration to altered precipitation in an upland oak forest: evidence from a long-term field manipulation study. Global Change Biology, 12 (1): 97-109.

Xu F, Guo W, Wang R, et al. 2009. Leaf movement and photosynthetic plasticity of black locust (Robinia pseudoacacia) alleviate stress under different light and water conditions. Acta Physiologiae Plantarum, 31 (3): 553-563.

Xu Z, Zhao C, Feng Z, et al. 2009. The impact of climate change on potential distribution of species in semi-arid region: a case study of Qinghai spruce (*Picea crassifolia*) in Qilian Mountain, Gansu Province, China. Geoscience and Remote Sensing Symposium, 3: III-412-III-415.

Yang D W, Bing G, Yang J, et al. 2015. A distributed scheme developed for eco-hydrological modeling in the upper Heihe River. Science China Earth Sciences, 58 (1): 36-45.

Yang R C, Kozak A, Smith J H G. 1978. The potential of Weibull- type functions as flexible growth curves. Canadian Journal of Forest Research, 8 (4): 424-431.

Yang W, Wang Y, Wang S, et al. 2017. Spatial distribution of Qinghai spruce forests and the thresholds of influencing factors in a small catchment, Qilian Mountains, northwest China. Scientific Reports, 7: 1-12.

Yang W, Wang Y, Webb A A, et al. 2018. Influence of climatic and geographic factors on the spatial distribution of Qinghai spruce forests in the dryland Qilian Mountains of Northwest China. Science of The Total Environment, 612: 1007-1017.

Yu L, Li K, Tao B, et al. 2011. Simulating and assessing the adaptability of geographic distribution of vegetation to climate change in China. Progress in Geography, 29 (11): 1326-1332.

Yuan-Zhi W U, Huang M B, Warrington D N. 2015. Black Locust Transpiration Responses to Soil Water Availability as Affected by Meteorological Factors and Soil Texture. Pedosphere, 25 (1): 57-71.

Zeide B. 1989. Accuracy of equations describing diameter growth. Canadian Journal of Forest Research, 19 (10): 1283-1286.

Zhang B P, Chen X D, Lu Z. 2003. On the Development Model for Mountain Forests in Arid Land-A Case Study of the Oytag Valley of the Kunlun Mountains. SCIENTIA GEOGRAPHICA SINICA, 23 (1): 19-24.

Zhang S, Morgenstern E. 1995. Genetic variation and inheritance of wood density in black spruce (Picea mariana) and its relationship with growth: implications for tree breeding. Wood Science and Technology, 30 (1): 63-75.

Zhao C, Nan Z, Cheng G, et al. 2006. GIS-assisted modelling of the spatial distribution of Qinghai spruce (*Picea crassifolia*) in the Qilian Mountains, northwestern China based on biophysical parameters. Ecological Modelling, 191 (3): 487-500.

Zhao X, Tan K, Zhao S, et al. 2011. Changing climate affects vegetation growth in the arid region of the northwestern China. Journal of Arid Environments, 75 (10): 946-952.

Zhou L, Tucker C J, Kaufmann R K, et al. 2001. Variations in northern vegetation activity inferred from satellite data of vegetation index during 1981 to 1999. Journal of Geophysical Research: Atmospheres, 106 (D17): 20069-20083.

Zhou X, Li X. 2012. Variations in spruce (Picea sp.) distribution in the Chinese Loess Plateau and surrounding areas during the Holocene. The Holocene, 22 (6): 687-696.

附录 A　黑河计划数据管理中心下载主要数据条目

序号	数据联系人	数据名称	提供单位	数据上传时间	DOI
1	敬文茂	黑河综合遥感联合试验:排露沟流域和大野口流域加密观测区固定样地测树调查数据集(2003 年)	甘肃省祁连山水源涵养林研究院	2008	doi:10. 3972/water973. 0245. db
2	敬文茂	黑河综合遥感联合试验:排露沟流域和大野口流域加密观测区固定样地测树调查数据集(2007 年)	中国科学院寒区旱区环境与工程研究所、甘肃省祁连山水源涵养林研究院	2008	doi:10. 3972/water973. 0244. db
3	陈尔学,宋金玲,金铭,曹春香	黑河综合遥感联合试验:排露沟流域和大野口流域加密观测区固定森林样地调查数据集	中国林业科学院资源信息研究所、北京师范大学;中国科学院遥感应用研究所、甘肃省祁连山水源涵养林研究院	2008	doi:10. 3972/water973. 0194. db
4	敬文茂	黑河综合遥感联合试验:排露沟流域加密观测区降雨截留观测数据	甘肃省祁连山水源涵养林研究院	2008	doi:10. 3972/water973. 0246. db
5	陈尔学,过志峰,金铭	黑河综合遥感联合试验:大野口流域加密观测区临时样地调查数据集	中国林业科学院资源信息研究所、中国科学院遥感应用研究所、甘肃省祁连山水源涵养林研究院	2008	doi:10. 3972/water973. 0054. db
6	陈尔学,过志峰,刘清旺	黑河综合遥感联合试验:大野口关滩森林站森林样带调查数据集	中国林业科学院资源信息研究所	2008	doi:10. 3972/water973. 0053. db
7	车涛,白云洁,李建成,谭俊磊	黑河综合遥感联合试验:大野口关滩森林站超级样地小型蒸渗仪蒸散发数据集	中国科学院寒区旱区环境与工程研究所	2008	doi:10. 3972/water973. 0046. db
8	陈尔学	黑河综合遥感联合试验:大野口关滩森林站超级样地土壤水分观测数据	中国林业科学院资源信息研究所	2008	doi:10. 3972/water973. 0048. db

续表

序号	数据联系人	数据名称	提供单位	数据上传时间	DOI
9	车涛,白云洁,李建成,谭俊磊	黑河综合遥感联合试验:大野口关滩森林站超级样地降雨截留观测数据	中国科学院寒区旱区环境与工程研究所	2008	doi:10. 3972/water973. 0052. db
10	陈尔学,过志峰	黑河综合遥感联合试验:大野口关滩森林站超级样地测树调查数据集	中国林业科学院资源信息研究所、中国科学院遥感应用研究所	2008	doi:10. 3972/water973. 0047. db
11	赵传燕,马文瑛	祁连山天老池流域草地截留数据	黑河计划数据管理中心	2013	doi:10. 3972/heihe. 101. 2013. db
12	赵传燕,马文瑛	祁连山天老池流域 2012 年灌木截留及蒸腾数据	黑河计划数据管理中心	2013	doi:10. 3972/heihe. 096. 2013. db
13	赵传燕,马文瑛	祁连山天老池流域青海云杉林冠截留数据	黑河计划数据管理中心	2013	doi:10. 3972/heihe. 098. 2013. db
14	刘贤德	祁连山大野口流域 2014 年典型灌丛叶面积指数	黑河计划数据管理中心	2014	
15	何志斌,杜军,杨军军,陈龙飞,朱喜	排露沟流域 2012-2013 年冠层截留数据	黑河计划数据管理中心	2013	doi:10. 3972/heihe. 233. 2013. db
16	赵传燕,马文瑛,彭守璋,李文娟,高婵婵	黑河祁连山天老池流域 2013 年青海云杉林冠截留数据集	黑河计划数据管理中心	2014	doi:10. 3972/heihe. 016. 2014. db
17	宋耀选,刘章文	黑河上游灌丛降水截留降水特征数据集	黑河计划数据管理中心	2014	doi:10. 3972/heihe. 084. 2014. db
18	常学向	黑河排露沟流域海拔 2800m 2012 年青海云杉林叶面积指数数据集	黑河计划数据管理中心	2014	doi:10. 3972/heihe. 011. 2014. db
19	常学向	黑河排露沟流域海拔 2800m 2011-2013 年青海云杉林冠层截留数据集	黑河计划数据管理中心	2014	doi:10. 3972/heihe. 003. 2014. db
20	常学向	黑河排露沟流域 2011 年青海云杉林样地调查数据集	黑河计划数据管理中心	2014	doi:10. 3972/heihe. 007. 2014. db
21	常学向	黑河排露沟流域 2011-2013 年青海云杉林冠层导度数据集	黑河计划数据管理中心	2014	doi:10. 3972/heihe. 002. 2014. db

续表

序号	数据联系人	数据名称	提供单位	数据上传时间	DOI
22	赵成章	黑河流域肃南裕固族自治州干扰状态下草地生产能力对土壤水分的响应数据	黑河计划数据管理中心	2014	
23	赵成章	黑河流域肃南裕固自治州草地主要植物功能性状多样性与环境因子的关联性数据	黑河计划数据管理中心	2014	
24	冯起	黑河流域生态水文样带调查:2013 年上游植被数据	黑河计划数据管理中心	2014	doi:10. 3972/heihe. 041. 2014. db
25	冯起	黑河流域生态水文样带调查:2012 年上游植被数据	黑河计划数据管理中心	2014	doi:10. 3972/heihe. 106. 2014. db
26	冯起	黑河流域生态水文样带调查:2011 年上游植被数据	黑河计划数据管理中心	2013	doi:10. 3972/heihe. 116. 2013. db
27	彭红春	黑河流域 2012 年生态系统优势种的生理生态学参数集	黑河计划数据管理中心	2014	doi:10. 3972/heihe. 053. 2014. db
28	范闻捷	黑河流域 2011 年 LAI 地面观测数据集	黑河计划数据管理中心	2014	doi:10. 3972/heihe. 109. 2014. db
29	范闻捷	黑河流域 2012 年 LAI 地面观测数据集	黑河计划数据管理中心	2014	doi:10. 3972/heihe. 110. 2014. db
30	赵传燕,马文瑛	祁连山天老池流域土壤物理性质—土壤容重、机械组成数据	黑河计划数据管理中心	2013	doi:10. 3972/heihe. 093. 2013. db
31	何志斌,杜军,杨军军,陈龙飞,朱喜	排露沟流域 2012–2013 年土壤水分数据集	黑河计划数据管理中心	2013	doi:10. 3972/heihe. 226. 2013. db
32	赵传燕,马文瑛	黑河祁连山天老池流域 2013 年土壤水分数据集	黑河计划数据管理中心	2013	doi:10. 3972/heihe. 043. 2014. db
33	常学向	黑河排露沟流域 2800m2011 年海拔青海云杉林土壤水分数据集	黑河计划数据管理中心	2014	doi:10. 3972/heihe. 067. 2014. db
34	常学向	黑河排露沟流域 2800m 2012–2013 年海拔青海云杉林土壤水分数据集	黑河计划数据管理中心	2014	doi:10. 3972/heihe. 010. 2014. db

续表

序号	数据联系人	数据名称	提供单位	数据上传时间	DOI
35	冯起	黑河流域生态水文样带调查:2011 年上游土壤数据	黑河计划数据管理中心	2014	doi:10. 3972/heihe. 047. 2014. db
36	何志斌,杜军,杨军军,陈龙飞,朱喜	黑河流域排露沟 2011-2012 年微气象数据	黑河计划数据管理中心	2012	doi:10. 3972/heihe. 230. 2013. db
37	常学向	黑河排露沟流域 2011-2013 年生长季节降水量数据集	黑河计划数据管理中心	2014	doi:10. 3972/heihe. 003. 2014. db
38	常学向	黑河排露沟流域 2011-2013 年生长季节青海云杉林林分蒸腾耗水量数据集	黑河计划数据管理中心	2014	doi:10. 3972/heihe. 069. 2014. db
39	常学向	黑河排露沟流域 2800m2011-2013 年海拔青海云杉林内气象数据	黑河计划数据管理中心	2014	doi:10. 3972/heihe. 009. 2014. db
40	常学向	黑河排露沟流域海拔 2800m2011-2013 年青海云杉林林地蒸量数据集	黑河计划数据管理中心	2014	doi:10. 3972/heihe. 004. 2014. db
41	何志斌,杜军,杨军军,陈龙飞,朱喜	排露沟流域 2012 年蒸散发数据集	黑河计划数据管理中心	2013	doi:10. 3972/heihe. 227. 2013. db
42	何志斌,杜军,杨军军,陈龙飞,朱喜	排露沟流域 2013 年微气象场数据集	黑河计划数据管理中心	2013	doi:10. 3972/heihe. 228. 2013. db
43	何志斌,杜军,杨军军,陈龙飞,朱喜	排露沟流域海拔 3200m 微气象站数据集	黑河计划数据管理中心	2014	doi:10. 3972/heihe. 073. 2014. db

附录B 青海云杉林生态水文参数集

序号	参数类型	变量名	单位	取值范围	数据补充说明	数量	平均值	最大	最小	备注
1	植被结构参数	总盖度	%	≥0	按植被类型	392	61.89	90.00	50.00	
2	植被结构参数	冠层厚度	m	≥0	按植被类型	179	6.38	15.10	1.10	
3	植被结构参数	冠幅平均直径	m	≥0	按植被类型	225	3.73	5.98	0.83	
4	植被结构参数	平均密度	株/m^2或丛/m^2	≥0	按植被类型	281	0.166	0.90	0.007 5	
5	植被结构参数	树木平均胸径	cm	≥0	按植被类型	406	18.59	89.92	2.43	
6	植被结构参数	T-最大叶面积指数	m^2/m^2	≥0	乔木层	2	3.80	3.90	3.70	
7	植被结构参数	T-最小叶面积指数	m^2/m^2	≥0	乔木层	2	1.27	1.50	1.03	
8	植被结构参数	T-高度	m	≥0	乔木层	397	11.15	24.70	1.30	
9	植被结构参数	T-盖度	%	≥0	乔木层	392	61.89	90.00	50.00	
10	植被结构参数	S-最大叶面积指数	m^2/m^2	≥0	灌木层	2	5.57	5.15	3.00	
11	植被结构参数	S-最小叶面积指数	m^2/m^2	≥0	灌木层	2	1.14	1.80	0.49	
12	植被结构参数	S-高度	m	≥0	灌木层	87	0.49	1.90	0.12	
13	植被结构参数	S-盖度	%	≥0	灌木层	126	14.83	90.00	0.00	
14	植被结构参数	G-最大叶面积指数	m^2/m^2	≥0	草本层					根据甘肃省祁连山水源涵养林研究院多年观测结果,青海云杉林下草本很少,可忽略
15	植被结构参数	G-最小叶面积指数	m^2/m^2	≥0	草本层					根据甘肃省祁连山水源涵养林研究院多年观测结果,青海云杉林下草本很少,可忽略

续表

序号	参数类型	变量名	单位	取值范围	数据补充说明	数量	平均值	最大	最小	备注
16	植被结构参数	G-高度	m	≥0	草本层	120	0. 10	0. 40	0. 02	
17	植被结构参数	G-盖度	%	≥0	草本层	108	50. 75	98. 00	1. 00	
18	植被结构参数	最大根深	m	≥0	按植被类型		0. 85			甘肃省祁连山水源涵养林研究院研究报告
19	植被结构参数	T-优势种	/		乔木层					青海云杉
20	植被结构参数	S-优势种	/		灌木层					鬼箭锦鸡儿、小叶金露梅、银露梅、吉拉柳、高山柳、沙棘
21	植被结构参数	G-优势种	/		草本层					薹草、珠芽蓼、马先蒿、黄芪、火绒草
22	植被结构参数	开始展叶期	/	0–365	按建群种		194. 00	193. 00	196. 00	海拔 2900m 两年平均
23	植被结构参数	盛叶期	/	0–365	按建群种		198. 00	196. 00	199. 00	海拔 2900m 两年平均
24	植被结构参数	开始落叶期	/	0–365	按建群种		265. 00	259. 00	270. 00	海拔 2900m 两年平均
25	植被结构参数	完全落叶期	/	0–365	按建群种					青海云杉无完全落叶期
26	植被结构参数	凋落物厚度	cm	≥0	按植被类型	115	4. 55	14. 00	0. 80	
27	植被结构参数	苔藓层厚度	cm	≥0	按植被类型	3	8. 85	12. 34	6. 00	
28	植被生产力参数	总生物量	g/m^2	≥0	按植被类型	19	20786. 72	33209. 40	919. 00	青海云杉林乔木层
						26	267. 35	4719. 37	8. 17	青海云杉林灌木层
						29	559. 69	2434. 00	1. 81	青海云杉林草木层
29	植被生产力参数	T-茎生物量	g/m^2	≥0	乔木层	22	10318. 18	20665. 80	161. 00	青海云杉干
30	植被生产力参数	T-叶生物量	g/m^2	≥0	乔木层	22	1061. 57	2225. 00	201. 00	
31	植被生产力参数	S-茎生物量	g/m^2	≥0	灌木层	5	58. 20	96. 00	28. 00	灌木层干
32	植被生产力参数	S-叶生物量	g/m^2	≥0	灌木层	14	43. 74	496. 92	0. 75	
33	植被生产力参数	G-茎生物量	g/m^2	≥0	草本层					草无法区分茎和叶
34	植被生产力参数	G-叶生物量	g/m^2	≥0	草本层	10	20. 43	93. 91	0. 65	

续表

序号	参数类型	变量名	单位	取值范围	数据补充说明	数量	平均值	最大	最小	备注
35	植被生产力参数	根生物量	g/m^2	≥0	按植被类型	19	4607. 23	8949. 70	340. 00	青海云杉林乔木层
						12	332. 24	3538. 84	4. 69	青海云杉林灌木层
						9	23. 64	46. 00	1. 41	青海云杉林草木层
36	植被生产力参数	0-5cm 细根生物量	g/m^2	≥0	按植被类型		104. 00			0 ~ 20cm<2mm 细根
37	植被生产力参数	5-15cm 细根生物量	g/m^2	≥0	按植被类型		63. 00			20 ~ 40cm<2mm 细根
38	植被生产力参数	15-30cm 细根生物量	g/m^2	≥0	按植被类型		25. 00			40 ~ 60cm<2mm 细根
39	植被生产力参数	30-50cm 细根生物量	g/m^2	≥0	按植被类型		4. 00			60 ~ 80cm<2mm 细根
40	植被生产力参数	50-100cm 细根生物量	g/m^2	≥0	按植被类型					
41	植被生产力参数	100-250cm 细根生物量	g/m^2	≥0	按植被类型					
42	植被生产力参数	凋落物生物量	g/m^2	≥0	按植被类型	69	5948. 12	17300. 00	268. 90	
43	植被生产力参数	苔藓层生物量	g/m^2	≥0	按植被类型	14	2865. 21	7900. 00	100. 00	
44	植被生产力参数	凋落物碳储量	gC/m^2	≥0	按植被类型	2	1514. 00	1514. 00	1514. 00	
45	植被生产力参数	苔藓层碳储量	gC/m^2	≥0	按植被类型	1	779. 00	779. 00	779. 00	
46	植被生产力参数	土壤碳储量	gC/m^2	≥0	按植被类型	3	24105. 00	25654. 00	23150. 00	
47	植被生产力参数	植被碳储量	gC/m^2	≥0	按植被类型	1	10107. 00	10107. 00	10107. 00	
48	生理生态参数	根分配比例	%	≥0	按优势种	14	24. 63	37. 00	13. 35	青海云杉
49	生理生态参数	茎分配比例	%	≥0	按优势种	14	50. 95	67. 15	17. 52	青海云杉干
50	生理生态参数	叶分配比例	%	≥0	按优势种	14	7. 20	21. 87	2. 31	青海云杉
51	生理生态参数	根碳含量	g/kg	≥0	按优势种	2	516. 91	548. 90	484. 92	青海云杉
52	生理生态参数	茎碳含量	g/kg	≥0	按优势种	2	507. 63	511. 85	503. 40	青海云杉干
53	生理生态参数	叶碳含量	g/kg	≥0	按优势种	2	483. 82	569. 60	398. 03	青海云杉
54	生理生态参数	根碳氮比	/	≥0	按优势种	2	65. 91	72. 68	59. 13	青海云杉
55	生理生态参数	茎碳氮比	/	≥0	按优势种	2	92. 86	103. 17	82. 55	青海云杉干

续表

序号	参数类型	变量名	单位	取值范围	数据补充说明	数量	平均值	最大	最小	备注
56	生理生态参数	叶碳氮比	/	≥0	按优势种	2	26.83	30.65	23.01	青海云杉
57	生理生态参数	土壤有机碳含量	g/kg	≥0	按植被类型		77.82			2900m 青海云杉林 0 ~ 10cm
							67.55			2900m 青海云杉林 10 ~ 20cm
							56.64			2900m 青海云杉林 20 ~ 30cm
							49.79			2900m 青海云杉林 30 ~ 40cm
							46.94			2900m 青海云杉林 40 ~ 60cm
58	生理生态参数	凋落物有机碳含量	g/kg	≥0	按植被类型		418.86			2900m 青海云杉林
59	生理生态参数	苔藓有机碳含量	g/kg	≥0	按植被类型		417.20			2900m 青海云杉林
60	生理生态参数	比叶面积	m^2/g	≥0	按优势种	18	0.0035	0.0055	0.0028	
61	生理生态参数	叶片平均宽度	mm	≥0	按优势种		2.5	3.00	2.00	刘兴聪 . 1992. 青海云杉 . 兰州大学出版社
62	生理生态参数	叶片平均长度	mm	≥0	按优势种		23.5	35.00	12.00	刘兴聪 . 1992. 青海云杉 . 兰州大学出版社
63	生理生态参数	叶倾角	°	≥0	按优势种		15.0			无青海云杉资料，用云杉数据代替（基于 Campbell 椭球分布函数的大兴安岭地区主要树种叶倾角分布模拟）
64	生理生态参数	叶水势	MPa	≤0	按优势种	4	−2.35	−2.25	−2.52	中国科学院植物所郑元润老师提供
65	生理生态参数	净光合速率	$\mu molCO_2/(m^2 \cdot s)$	≥0	按优势种	4	11.97	18.27	8.34	
66	生理生态参数	气孔导度	$mol\ H_2O/(m^2 \cdot s)$	≥0	按优势种	4	0.09	0.10	0.09	
67	生理生态参数	胞间 CO_2 浓度	$\mu molCO_2/mol$	≥0	按优势种	4	183.02	234.93	93.83	
68	生理生态参数	蒸腾速率	$mmol/(m^2 \cdot s)$	≥0	按优势种	4	0.99	1.17	0.87	
69	生理生态参数	大气 CO_2 浓度	$\mu molCO_2/mol$	≥0	按优势种	4	400.38	401.16	399.74	
70	生理生态参数	叶面积	cm^2	≥0	按优势种	4	0.74	1.18	0.32	
71	生理生态参数	气温	℃	≥0	按优势种	4	14.86	16.76	13.40	

续表

序号	参数类型	变量名	单位	取值范围	数据补充说明	数量	平均值	最大	最小	备注
72	生理生态参数	叶面温度	℃	≥0	按优势种	4	14.14	15.40	12.84	中国科学院植物所郑元润老师提供
73	生理生态参数	光合有效辐射	μmol/(m^2·s)	≥0	按优势种	4	999.80	1001.08	999.10	
74	生理生态参数	相对湿度	%	≥0	按优势种	4	48.52	57.01	39.68	
75	植被水文数据	最大冠层截持能力	(mm/m^2单位叶面积)	≥0	按植被类型	5	0.24	0.31	0.18	mm/LAI
76	植被水文数据	冠层截留率	%	≥0	按优势种	20	37.51	86.00	18.70	青海云杉
77	植被水文数据	穿透雨	%	≥0	按优势种	203	23.34	394.30	0.00	青海云杉
78	植被水文数据	树干茎流	%	≥0	按优势种	117	0.34	14.37	0.00	
79	植被水文数据	植物蒸腾量	mm	≥0	按优势种		0.47	1.10	0.05	mm/d,6~10月平均
80	植被水文数据	冠层截留率	%	≥0	按植被类型	20	37.51	86.00	18.70	青海云杉林内灌丛和草地覆盖度都很小,故可忽略
81	植被水文数据	穿透雨	%	≥0	按植被类型	203	23.34	394.30	0.00	青海云杉林内灌丛和草地覆盖度都很小,故可忽略
82	植被水文数据	产流量	mm	≥0	按植被类型	3	6.64	11.37	0.23	地表径流
83	植被水文数据	产流系数	/	≥0	按植被类型	1	0.02	0.02	0.02	径流系数
84	植被水文数据	土壤蒸发量	mm/d	≥0	按植被类型		0.80	2.75	0.00	
85	植被水文数据	土壤蒸发深度	cm	≥0	按植被类型		30.0			
86	土壤参数	土壤类型	/		按植被类型					森林灰褐土、山地灰褐土、山地灰钙土
87	土壤参数	土壤厚度	cm	≥0	按植被类型	34	97.74	780.00	50.00	
88	土壤参数	土壤容重	g/cm^3	≥0	按植被类型	36	0.98	1.46	0.37	0~100cm平均
90	土壤参数	机械组成	砂粒%,粉粒%,黏粒%	≥0	砂粒	17	26.00	57.79	13.40	0~100cm平均
					粉粒	17	71.40	85.80	24.89	0~100cm平均
					黏粒	17	2.60	17.34	0.10	0~100cm平均

续表

序号	参数类型	变量名	单位	取值范围	数据补充说明	数量	平均值	最大	最小	备注
91	土壤参数	土壤孔隙度	%	≥0	按植被类型	22	64.63	75.81	46.36	0~60cm 平均
92	土壤参数	饱和含水量	%	≥0	按植被类型	33	71.49	174.40	26.80	0~60cm 平均
93	土壤参数	田间持水量	%	≥0	按植被类型	33	57.06	139.07	15.90	0~60cm 平均
94	土壤参数	萎蔫系数	%	≥0	按植被类型	1	81.30	81.30	81.30	0~60cm 平均
95	土壤参数	饱和导水率	%	≥0	按植被类型	2	7.59	11.20	3.98	0~60cm 平均
96	土壤参数	非饱和导水率	%	≥0	按植被类型	2	13.50	21.00	6.00	0~60cm 平均

索　引